作者简介

刘瑞璞，1958年1月生，天津人，北京服装学院教授，博士研究生导师，艺术学学术带头人。研究方向为服饰符号学，创立中华民族服饰文化的结构考据学派和理论体系。代表作：《中华民族服饰结构图考（汉族编、少数民族编）》《清古典袍服结构与文章规制研究》《中国藏族服饰结构谱系》《旗袍史稿》《苗族服饰结构研究》《优雅绅士1-6卷》等。

郑宇婷，1994年10月生，东华大学设计学博士。研究方向为服饰史论与美术考古。代表作：《"杭州织造"乾隆八旗棉甲的规制与成造》《八旗兵丁棉甲胄标本"号记"释读》《汉唐风格瑞鸟衔绶纹的演变历程探究》等。

满族服饰研究

(伍) 清代戎服结构与满俗汉制

刘瑞璞 郑宇婷 著

东华大学出版社·上海

内容提要

《清代戎服结构与满俗汉制》系五卷本《满族服饰研究》的第五卷。本书以清中期标志性成建制的八旗兵丁棉甲胄标本整理为线索,追考早清和晚清戎服实物并进行比较研究,结合文献、图像史料考证,对清代戎服结构与形制的历史文脉、规律特征、成造技艺、戎章制度等进行系统整理和呈现。基于标本结构的研究显示,清朝戎服"满俗汉制"不仅从没有离开上古先秦、中古汉唐、近古宋明的中华古老戎服文化传统,而且从兵丁棉甲到将军、皇帝大阅甲是完善甲衣、护肩、护腋、前挡、左侧挡和甲裳格物致知儒家思想集大成的物化体现。如何融入"满俗",就是在礼服衣冠制度上执行"即取其文,不沿其式"的乾隆定制,在戎服制度建设上表现草原民族的满族智慧"即取其式,不沿其文"。这就有了清代戎服结构形制坚守从先秦汉唐到宋明的中华文脉,戎服徽帜导入八旗制度,成为满族在中国古代戎服制度上的一个伟大创举。读者通过本丛书总序《满族,满洲创造的不仅仅是中华服饰的辉煌》的阅读,会有更深刻的认识。

图书在版编目(CIP)数据

满族服饰研究. 清代戎服结构与满俗汉制 / 刘瑞璞,郑宇婷著. —上海:东华大学出版社,2024.12
ISBN 978-7-5669-2440-7

Ⅰ. TS941.742.821

中国国家版本馆CIP数据核字第2024KE5769号

责任编辑　吴川灵　谢　未　季丽华
装帧设计　刘瑞璞　吴川灵　璀采联合
封面题字　卜　石

满族服饰研究：清代戎服结构与满俗汉制
MANZU FUSHI YANJIU： QINGDAI RONGFU JIEGOU YU MANSUHANZHI

刘瑞璞　著
郑宇婷

出　　　版：东华大学出版社（上海市延安西路1882号，200051）
本 社 网 址：http://dhupress.dhu.edu.cn
天猫旗舰店：http://dhdx.tmall.com
营 销 中 心：021-62193056　62373056　62379558
电 子 邮 箱：805744969@qq.com
印　　　刷：上海颛辉印刷厂有限公司
开　　　本：889 mm×1194 mm　1/16
印　　　张：16.75
字　　　数：585千字
版　　　次：2024年12月第1版
印　　　次：2024年12月第1次
书　　　号：ISBN 978-7-5669-2440-7
定　　　价：228.00元

总 序

满族，满洲创造的不仅仅是中华服饰的辉煌

一

满族服饰研究或许与其他少数民族服饰研究有所不同。

中国古代服饰，没有哪一种服饰像满族服饰那样，可以管中窥豹，中华民族融合所表现的多元一体文化特质是如此生动而深刻。因为，"满族"是在后金天聪九年（1635年），还没有建立大清帝国的清太宗皇太极就给本族定名为"满洲"，第二年（1636年）于盛京（今辽宁省沈阳市）正式称帝，改国号为清算起，到1911年清王朝覆灭，具有近300年的辉煌历史的一个少数民族。"满洲开创的康雍乾盛世是中国封建社会发展的最后一座丰碑；满洲把中国传统文化推上中国封建社会最后一个高峰，……是继汉唐之后一代最重要的封建王朝"（《新编满族大辞典》前言）。这意味着满族历史或是整个大清王朝的历史，满族服饰或是整个清朝的服饰，是创造中华古代服饰最后一个辉煌时代的缩影。旗袍成为中华民族近现代命运多舛且凤凰涅槃的文化符号。无论学界有何种争议，满族所创造的中华辉煌却是不争的事实。至少在中国古代服饰历史中，还没有以一个少数民族命名的服饰而彪炳青史，而且旗袍在中国服制最后一次变革具有里程碑的意义就是成为结束帝制的文化符号，真可谓成也满族败也满族。不仅如此，研究表明，还有许多满族所创造的深刻而生动的历史细节，比如挽袖的满奢汉寡、错襟的满繁汉简、戎服的满俗汉制、大拉翅的衣冠制度、满纹必有意肇于中华等。这让我们重新认识满族和清朝的关系，满族在治理多民族统一国家中的特殊作用。这在满学和清史研究中是不能绕开的，特别是进入21世纪，伴随我国改革开放学术春天的到来，满学和清史捆绑式的研究模式凸显出来，且取得前所未有的成就。正是这样的学术探索，发现满族不是一个简单的族属范畴，它与清朝的关系甚至是一个硬币的两面不可分割，这就需要弄清楚满族和满洲的关系。

二

满族作为族名的历史并不长，是在中华人民共和国成立之后确定的，之前称满洲。自皇太极于1635年改"女真"定族名为"满洲"，成就了一个大清王朝。满洲作为族名一直沿用到民国。值得注意的是，在改称满洲之前所发生的事件对中华民族政权的走势产生了深刻影响。建州女真首领努尔哈赤，对女真三部的建州女真、东海女真和海西女真实现了统一，这种统一以创制"老满文"为标志。作为准国家体制建设，努尔哈赤于1615年完成了八旗制的创建，使原松散的四旗制变为八旗制的族属共同体，1616年在赫图阿拉（辽宁境内）称汗登基，建国号金，史称后金。这两个事件打下了大清建国的文化（建文字）和制度（八旗制政体）的基础。1626年，努尔哈赤死，其子皇太极继位后也做了两件大事。首先是进一步扩大和强化"族属共同体"，为提升其文化认同，对老满文进行改进提升为"新满文"；其次为强化民族认同的共同体意识，在1635年宣布在"女真"族名前途未定的情况下，最终确定本族族名为"满洲"。"满"或为凡属女真族的圆满一统；"洲"为一个更大而统一的大陆，也为"中华民族共同体"清朝的呼之欲出埋下了伏笔。历史也正是这样书写的，皇太极于宣布"满洲"族名的转年（1636年）称帝，国号"大清"。然而，满洲历史可以追溯到先秦，或与中原文明相伴相生，从不缺少与中原文化的交往、交流、交融。有关满洲先祖史料的最早记载，《晋书·四夷传》说"肃慎氏在咸山北"，即长白山北，是以向周武王进贡"楛矢石砮"[1]而闻名。还有史书说，肃慎存在的年代大约在五帝至南北朝之间，比其后形成的部落氏族存续的时间长。红山文化考古的系统性发现，或对肃慎氏族与中原文明同步的"群星灿烂"观点给予了有力的实物证据，也就是发达的史前文明，肃慎活跃的远古东北并不亚于中原。满洲先祖肃慎之后又经历了挹娄、勿吉和靺鞨。史书记载，挹娄出现在

---

[1] 楛（hù）是指荆一类的植物，其茎可制箭杆，楛矢石砮就是以石为弹的弓砮，这在西周早期的周武王时代算是先进武器。在国之大事在祀与戎时代，肃慎氏族进贡楛矢石砮很有深意。

东汉，勿吉出现在南北朝，南北朝至唐是靺鞨活跃的时期。然而据《北齐书》记载，整个南北朝是肃慎、勿吉、靺鞨来中原朝贡比较集中的时期，南北朝后期达到高峰。这说明两个问题，一是远古东北地区多个民族部落联盟长期共存，故肃慎、挹娄、勿吉、靺鞨等并非继承关系，而是各部族之间分裂、吞并形成的长期割据称雄的局面。《北齐书·文宣帝纪》："天保五年（554年）秋七月戊子，肃慎遣使朝贡。" 而挹娄早在东汉就出现了。同在北齐的天统五年（569年）、武平三年（572年）分别有靺鞨、勿吉遣使朝贡的记载，而且前后关系是打破时间逻辑的，说明它们是各自的部落联盟向中央朝贡。虽然有简单的先后顺序出现，也在特定的历史时期共治共存。这种局面又经历了渤海国，到了女真政权下的金国被打破了。1115年，北宋与辽对峙已经换成了金，标志性的事件就是，由七个氏族部落组成的女真部落联盟首领完颜阿骨打建国称帝，国号大金，定都会宁府。这意味着，肃慎、挹娄、勿吉、靺鞨等氏族部落相对独立而漫长的分散格局，到了金形成了以女真部落联盟为标志的统一政权。蒙元《元史·世祖十》："定拟军官格例"……"若女直、契丹生西北不通汉语者，同蒙古人；女直生长汉地，同汉人。"唯继续留在东北故地的女真族仍保持本族的语言和风俗，也为明朝的女真到满洲的华丽变身保留了根基和文脉。这就是满洲形成前的建州女真、海西女真和东海女真的格局。1635年，皇太极诏改"诸申"（女真）为"满洲"，真正实现了女真大同。

这段满洲历史可视为，上古东北地区多个氏族部落联盟的共存时代和中古东北地区女真部落联盟时代。它们的共同特点是，即便发展到女真部落联盟，也没有摆脱建州女真、海西女真和东海女真的政权割据。因此，"满洲"从命名到伴随整个清朝历史的伟大意义，很像秦始皇统一六国，开创大一统帝制纪元一样，成为创造中华最后一个辉煌帝制的见证。

三

"满洲"作为统治多民族统一的最后一个帝制王朝的少数民族，它所创造的辉煌、疆域和史乘，或在中国历史上绝无仅有。这里先从中国历代帝制年代的坐标中去看清王朝的历史，发现"满洲"（满族）的历史正是整个清朝的历史。这种算法是从1635年皇太极诏改"女真"为"满洲"，转年1636年称帝立国号"大清"算起，到1911年清灭亡共276年，而官方对清朝纪年是从1644年入关顺治元年算起是268年。值得注意的是，正是在入关前的这不足十年里孕育了一个崭新的"民族共同体"满洲，它为创建清朝的"中华民族共同体"功不可没。不仅如此，清朝历史也在中国历代帝制的统治年代中名列前茅，若以少数民族统治的帝制朝代统计，清朝首屈一指。

根据官方的中国帝制历史年代的统计：秦朝为公元前221至前206年，历时16年；西汉为公元前206至公元25年，历时231年；东汉为公元25至公元220年，历时196年；三国为公元220至280年，历时61年；西晋为公元265至317年，历时53年；东晋为公元317至420年，历时104年；南北朝为公元420至589年，历时170年；隋朝为公元581至618年，历时38年；唐朝为公元618至907年，历时290年；五代十国为公元907至960年，历时54年；北宋为公元960至1127年，历时168年；南宋为公元1127至1279年，历时153年；元朝为公元1271至1368年，历时98年；明朝为公元1368至1644年，历时277年。统治时间在200年以上的朝代是西汉、唐、明和清，如果根据统治时间长短计算依次为唐、明、清和西汉；以少数民族统治帝制王朝的时间长短计算，依次为清268年、南北朝170年和元98年。

从满洲统治的清朝历史、民族大义和民族关系所呈现的史乘数据，只说明一个问题，满族——满洲创造的不仅仅是一个独特历史时期的中华服饰文化，更是一个完整的多民族统一的帝制辉煌。满洲在中国近古历史所发挥的作用，从清朝的治理成就到疆域赋予的"中华民族共同体"都值得深入研究。《新编满族大辞典》前言给出的成果指引值得思考与探索：

满洲作为有清一代的统治民族，主导着中国社会近300年历史的发展。它打破千百年来沿袭的"华夷之辨"的传统观念，确立并实践了"中外一体"的新"大一统"的民族观；它突破传统的"中国"局限，重新给"中国"加以定位。……把"中国"扩展到"三北"地区，将秦始皇创设的郡县制推行到各边疆地区：东北分设三将军、内外蒙古行盟旗制；在西北施行将军制、盟旗、伯克及州县等制；在西藏设驻藏大臣；在西南变革土司制，改土归流。一国多制，一地多制，真正建立起空前"大一统"的多民族的国家，实现了至近代千百年来制度与管理体制的第一次大突破，以乾隆二十五年（1760）之极盛为标志，疆域达1300万平方公里。

满洲创建的"大清王朝"享国268年，其历时之久、建树之多、政权规模之宏大，以及疆域之广、人口之巨，实集历代之大成，是继汉唐之后一代最重要的封建王朝。

满洲改变和发展近代中国，文"化"中国，为近代中国定型，又是清以前任何一代王朝所不可比拟的。……如果没有满洲主导近代中国历史的发展，就没有当今中国的历史定位，就没有今日中国辽阔的疆域，亦不可能定型中华民族大家庭的新格局。

四

学界就清史和满学而言，惯常都会以清史为着力点，或以此作为满学研究的纵深，而忽视了满学可以开拓以物证史更广泛的实证系统和方法。这种以满学为着力点的清史研究的逆向思维方法，通常会有学术发现，甚至是重要的学术发现。满族服饰研究确是小试牛刀而解决长久以来困扰学界的有史无据问题。通过实物的系统研究，真正认识了满族服饰研究，不是单纯的民族服饰研究课题，并得到确凿的实证。其中的关键是要深入到实物的结构内部，因此获取实物就成为研究文献和图像史料的重要线索，这就决定了满族服饰研究不是史学研究、类型学研究、文献整理，而是以实物研究引发的学术发现和实物考证。《满族服饰研究》的五卷成果，卷一满族服饰结构与形制、卷二满族服饰结构与纹样、卷三满族服饰错襟与礼制、卷四大拉翅与衣冠制度、卷五清代戎服结构与满俗汉制，都是以实物线索考证文献和图像史料取得的成果。当然，官方博物馆有关满族服饰的收藏，特别是故宫博物院的收藏更具权威性，同时带来的问题是，它们偏重于清宫旧藏，难以下沉到满族民间。在实物类型上，由于历史较近，实物丰富，并易获得，更倾向于华丽有经济价值的收藏，因此像朴素的便服、便冠大拉翅等表达市井的世俗藏品，即便是官定的戎服，如果是兵丁棉甲等低品实物都很少有系统的收藏，"博物馆研究"自然不会把重点和精力投注上去。最大的问题还是，"国家文物"面向社会的开放性政策和学术生态还不健全。而正是这些世俗藏品承载了广泛而深厚的满俗文化和族属传统。这就是为什么民间收藏家的藏品成为本课题研究的关键。清代蒙满汉服饰收藏大家王金华先生，不能说"藏可敌国"，也可谓盛世藏宝在民间的标志性人物。他的"蒙满汉至藏"专题收藏和学术开放精神令人折服。重要的是，需要深耕和系统研究才会发现它们的价值。经验和研究成果告诉我们，"结构"挖掘成为"以物证史"的少数关键。

五

关于"满族服饰结构与形制"。王金华先生的"蒙满汉至藏"，这个专题性收藏不是偶然的，因是不能摆脱蒙满汉服饰"涵化"所呈现它们之间的模糊界限。如果没有纹饰辨识知识的话，单从形制很难区分，正是结构研究又使它们清晰起来。

学界对中华服饰的衍进发展，认为是通过变革推进的，主流有两种观点。第一种观点是"三次变革"说。第一次变革是以夏商周上衣下裳制到战国赵武灵王"胡服骑射"为标志、深衣流行为结果，确立为先秦深衣制；第二次变革是从南北朝到唐代，由汉魏单一系统变为华夏与鲜卑两个来源的复合系统；第三次变革是指清代，以男子改着满服为标志，呈现华夏传统服制中断为表征。第二种观点是"四次变革"说，是在以上三次变革说的基础上，增加了一次清末民初的"西学中用说"，强调女装以旗袍为标志的立足传统加以"改良"，男装以中山装成功中国化为代表的"博采西制，加以改良"（孙中山1912年2月4日《大总统复中华国货维持会函》），成为去帝制立共和的标志性时代符号。然而，上述无论哪种说法都有史无据，忽视了对大量考古发现实物的考证，即便有实物考证也表现出重形制、轻结构的研究，更疏于对形制与结构关系的探索。就"三次变革"和"四次变革"的观点来看，有一点是共通的，就是无论第三次还是第四次变革都与满族有关；还有一个共同的地方，就是两种观点都没有指出三次或四次形制变革的结构证据。而结构的解读，对这种三次或四次变革说或是颠覆性的。满族服饰结构与形制的研究，如果以大清多民族统一王朝的缩影去审视，它不仅没有中断华夏传统服制，更是为去帝制立共和的到来创造了条件，打下了基础。我们知道，清末民初不论是女装的旗袍还是男装的中山装，都不能摆脱"改良"的社会意志，而这些早在晚清就记录在满族服饰从结构到形制的细节中。

　　从满族服饰的形制研究来看，无论是男装还是女装都锁定在袍服上，而袍服在中国古代服饰历史上并不是满族所特有。台湾著名史学家王宇清先生在《历代妇女袍服考实》中说，袍为"自肩至跗（足背）上下通直不断的长衣……曰'通裁'；乃'深衣'改为长袍的过渡形制"。可见，满族无论是女人的旗袍，还是男人的长袍，都可以追溯到上古的深衣制。这又回到先秦的"上衣下裳制"和"深衣制"的关系上。事实上，自古以来从宋到明末清初考据家们就没有破解过这个谜题，最大的问题就是重道轻器，重形制轻格物（结构），当然也是因为没有实时的文物可考。今天不同了，从先秦、汉唐、宋元到明清完全可以串成一个古代服饰的实物链条，重要的是要找出它们承袭的结构谱系。"上衣下裳"和"深衣制"衍进的结构机制是相对稳定的，且关系紧密。"上衣下裳"表现出深衣的两种结构形制：一是上衣和下裳形成组配，如上衣和下裙组合、上衣和下裤组合；二是上衣和下裙拼接成上下连属的袍式。班固在汉书中解释为《礼记·深衣》的"续衽钩边"。还有一种被忽视的形制就是"通袍"结构，由于古制"袍"通常作为"内私"亵衣（私居之服），难以进入衣冠的主流。东汉刘熙《释名·释衣服》曰："袍，丈夫著下至跗者也。袍，苞也；苞，内衣也。"明朝时称亵衣为中单，且成为礼服的标配。袍的亵衣出身就决定了，它衍变成外衣，或作为外衣时，就不可以登大雅之堂。这就是为什么在汉统服制中没有通袍结构的礼服，而深衣的"续衽钩边"是存在的，只是去掉了"上衣下裳"的拼接。这就是王宇清先生考证袍为"通裁"，是"深衣"（上下拼接）改为长袍的过渡形制。这种对深衣结构的深刻认知，在大陆学者中是很少见的。

　　由此可见，自古以来，"上衣下裳制"、"深衣制"和"通袍制"所构成的结构形制贯穿整个古代服饰形态。值得注意的是，三种结构形制有一个不变的基因，即"十字型平面结构"中华系统。这就意味着，中华古代服饰的"三次变革"的观点是存疑的，至少在结构上没有发生革命性的益损，这很像我国的象形文字，虽经历了甲骨、篆、隶、草、楷，但它象形结构的基因没有发生根本性的改变。如果说变革的话，那就是民族融合涵化的程度。汉族政权中，"上衣下裳制"和"深衣制"始终成为主导，"通袍制"为从属地位。即便是少数民族政权，为了宣示正宗和儒统，也会以服饰三制为法统，如北魏。这种情形的集大成者，既不是周汉，也不是唐宋，而是大明，这正是历代袍服实物结构的考证给予支持的。

明朝服制"上承周汉，下取唐宋"，这几乎成为明服研究的定式，而实物结构的研究表明，其主导的结构形制却呈现"蒙俗汉制"的特征，或是上衣下裳、深衣和通袍制多元一体民族融合的智慧表达。朝祭礼服必尊汉统，上衣下裳（裙），内服中单，交领右衽大襟广袖缘边；赐服曳撒式深衣，交领右衽大襟阔袖云肩襕制；公常服通裁袍衣，盘领右衽大襟阔袖胸背制。所有不变的仍是"十字型平面结构"。所谓上承周汉，就是朝祭礼服坚守的上衣下裳制，而赐服和公常服系统从唐到宋就定型为胡汉融合的风尚了，到明朝与其说是恢复汉统不如说是"蒙俗汉制"。这种格局，从服饰结构的呈现和研究的结果来看，清朝以前的历朝历代都未打破，只有在清朝时被打破了，袍服被推升到至高无上的地位。朝服为曳撒式深衣，圆领右衽大襟马蹄袖；吉服为通裁袍服，圆领右衽大襟马蹄袖；常服为通裁袍服，圆领右衽大襟平袖。这种格局，深衣制为上，袍制为尊，上衣下裳用于戎甲或亵衣；形制从盘领右衽大襟变为圆领右衽大襟，废右衽交领大襟；袖制以窄式马蹄袖为尊，阔袖为卑。这或许是第三次变革，华夏传统服制被清朝中断的依据。然而满族服饰结构的研究表明，它所坚守的"十字型平面结构"系统，比任何一个朝代更充满着中华智慧，正是窄衣窄袖对褒衣博带的颠覆，回归了格物致知的中华传统，才有了民初改朝易服的窄衣窄袖的"改良"。这种情形在满族服饰的错襟技术中表现得更加深刻。

六

关于"满族服饰错襟与礼制"。错襟在清朝满人贵族妇女身上独树一帜的惊艳表现，却是为了弥补圆领大襟繁复缘边结构的缺陷。礼制也因此而产生：便用礼不用，女用男不用，满奢汉寡。且又与历史上的"盘领"和"衽式"谜题有关。盘领右衽大襟在唐朝就成为公服的定制，公服作为官员制服，盘领右衽大襟是它的标准形制，又经历了两宋内制化的修炼，即便在蒙元短暂的停滞，到了明代又迅速恢复并成集大成者，这就衍生出盘领右衽大襟的公服和常服两大系统，盘领袍也就成为中国古代官袍的代名词。明盘领袍和清圆领袍在结构上有明显的区别，而在学术界的混称正是由于对结构研究的缺失所致。还有一个"衽式"的谜题。事实上这两个问题的关键都是结构由盘领到圆领、从左右衽共存到右衽定制，才催生了错襟的产生。关键因素就是袍制结构在清朝被推升为以"满俗汉制"为标志的至高无上的地位。

那么为什么在清以前的明、宋、唐的官袍称盘领袍，而清朝袍服称圆领袍？在结构上有什么区别？明、宋、唐官袍的盘领都是因为素缘而生，而清代袍服的圆领多为适应繁复缘边而盛行。为什么会出现这种现象仍是值得研究的课题，但有一点是肯定的，前朝官袍盘领结构，是为了强调"整肃"，而在古制右衽大襟交领基础上，存右衽大襟，改交领为圆领且向后颈部盘绕更显净素，但就形制出处已无献可考。据史书记载，盘领袍式多来自北方胡服，这与唐朝不仅尚胡俗，还与君主有鲜卑血统有关。北宋沈括在《梦溪笔谈》记："中国衣冠，自北齐以来，乃全用胡服。"初唐更是开胡风之先河，"慕胡俗、施胡妆、着胡服、用胡器、进胡食、好胡乐、喜胡舞、迷胡戏，胡风流行朝野，弥漫天下。"而官服制度是个大问题，尤其"领"和"袖"，因此右衽大襟盘领和素缘便是"整肃"的合理形式。清承明制，从明盘领官袍到清圆领袍服正是它的物化实证。而随着繁复缘边的盛行，盘领结构是无法适应的。这也并非满人的审美追求所致，而与完善"清制"有关。乾隆三十七年上谕内阁的谕文，中心思想就是"即取其文，不沿其式"，也就是承袭前制衣冠，可取汉制纹章，不必沿用其形式。这就是为什么在清朝，以袍式为核心的满俗服制中汉制服章大行其道的原因，这其中就有朝服的云肩襕纹、吉服的十二章团纹、官服的品阶补章。十八镶滚的错襟正是在这个背景下产生的，从明盘领结构到清圆领结构正是"不沿其式"的改制为繁复缘边的错襟发挥提供了条件。值得注意的是，它"独树一帜的惊艳表现"，是让结构技术的缺陷顺势发挥"将错就错"的智慧，"以志吾过，且旌善人"（《左传·僖公二十四年》），大有强化右衽儒家图腾的味道。因为女真先祖"被发左衽"的传统，到了满洲大清完全变成了"束发右衽"的儒统,"错襟"或出于蓝而胜于蓝。

中华服制,东夷西戎南蛮北狄左衽,中原右衽,最终"四夷左衽"被中原汉化,右衽成为民族认同的文化符号。这种观点在今天的学界仍有争议。有学者认为:"左衽右衽自古均可,绝非通例。"这确实需要证据,特别是技术证据。成为主流观点的"四夷左衽、中原右衽"是因为它们都出自经典,《论语·宪问》中孔子说:"管仲相桓公,霸诸侯,一匡天下,民到于今受其赐。微管仲,吾其被发左衽矣。"意为惟有管仲,免于我们被夷狄征服。《礼记·丧大记》说:"小敛大敛,祭服不倒,皆左衽,结绞不纽。"世俗右衽,逝者不论入殓大小,丧服都左衽不系带子。《尚书·毕命》说:"四夷左衽,罔不咸赖,予小子永膺多福。"四方蛮夷不值得信赖。不用说它们都出自儒家经典,所述之事也都是原则大事,这与后来贯通的儒家右衽图腾的中华衣冠制不可能没有逻辑关系。

争议的另一个焦点是考古发现和文化遗存的左右衽共存。比较有代表性的是河南安阳殷商墓出土的右衽玉人;四川三星堆出土了大量左衽青铜人,标志性的是左衽大立人铜像;山西侯马东周墓出土的男女人物陶范均为左衽;山西大同出土了大量的彩绘陶俑,表现出左右衽共治;山西芮城著名的元代永乐宫道教壁画,系统地表现众天神帝王衣冠,也是左右衽共治。对这些考古发现和文化遗存信息分析,不难发现衽式的逻辑。凡是出土在中原的多为右衽,山西侯马东周墓出土的男女人物陶范均为左衽,翻造后正是右衽;在非中原的多为左衽,如四川三星堆。在中原出现左右衽共治的多为少数民族统治的王朝,如大同出土的北魏彩绘陶俑和元朝永乐宫的壁画。

由此可见,只有满洲的大清王朝似乎比其他少数民族政权更深谙儒家传统。自皇太极1635年定族名为"满洲",1636年称帝,大清王朝建立,从努尔哈赤到最后一个清帝王御像都是右衽袍服。但这不意味着它没有"被发左衽"的历史,一个很重要的例证就是太宗孝庄文皇后御像,就是左衽大襟常服袍(《紫禁城》2004年第2期)。其中有三个信息值得关注,清早期,女袍和非礼服偶见右衽,这只是昙花一现。进入到清中期之后,女性的代表性非礼服就由氅衣和衬衣取代了,典型的圆领右衽大襟也为各色繁复缘边错襟的表达提供了机会。值得注意的是,十八镶滚缘饰工艺和错襟技术,必须确立统一的右衽式，也就不可能一件袍服既可以左衽又可以右衽。追溯衽式的历史，就结构技术而言，任何一个朝代必须确认一个主导衽式才能去实施，左衽？右衽？必做定夺。因此，"左衽右衽自古均可，绝非通例，"清朝满洲坚守的错襟右衽儒家图腾给出了答案。

七

关于"满族服饰结构与纹样"。纹必有意，意必吉祥，纹肇中华的服章传统在清朝达到顶峰。然而，人们过多关注清代朝吉礼服的纹章制式，如朝服的柿蒂襕纹、吉服的团纹、朝吉礼服的十二章纹、官服的补章等，它们形式布局有严格的制度约束，纹章等级是严格对应形制等级的。而真实反映满族日常生活的却是在满族妇女的常便服上，但捕捉它们并不容易，寻找服饰结构与纹样的规律更是困难。因为根据清律，女人常便之服不入典，实物研究就成为关键。值得注意的是，不论是朝吉礼服还是常便之服，特别是满洲统治最后一个多民族一统的帝制王朝，都不能摆脱国家服制的制约，即便是不入典的妇女常便之服。实物研究表明了深隐的大清衣冠治国与民族涵化的智慧，且都与乾隆定制有关。这在乾隆三十七年的《嘉礼考》上谕可见"国家服制"是如何塑造民族涵化的国家社稷。为了完整了解乾隆定制的民族涵化国家意志，这里将上谕原文呈录并作译文，可深入认识满人如何处理服制的"式"和"文"的关系并治理国家的。

○癸未谕，朕阅三通馆进呈所纂嘉礼考内，于辽、金、元各代冠服之制，叙次殊未明晰。辽、金、元衣冠，初未尝不循其国俗，后乃改用汉唐仪式。其因革次第，原非出于一时。即如金代朝祭之服，其先虽加文饰，未至尽弃其旧。至章宗乃概为更制。是应详考，以征蔑弃旧典之由，并酌入按语，俾后人知所鉴戒，于辑书关键，方为有当。若辽及元可例推矣。前因编订皇朝礼器图，曾亲制序文，以衣冠必不可轻言改易，及批通鉴辑览，又一一发明其义，诚以衣冠为一代昭度。夏收殷冔，不相沿袭。凡一朝所用，原各自有法程，所谓礼不忘其本也。自北魏始有易服之说，至辽、金、元诸君，浮慕好名，一再世辄改衣冠，尽去其纯朴素风。传之未久，国势寖弱，洊及沦胥，……况揆其议改者，不过云衮冕备章，文物足观耳。殊不知润色章身，即取其文，亦何必仅沿其式？如本朝所定朝祀之服，山龙藻火，粲然具列，皆义本礼经，而又何通天绛纱之足云耶？且祀莫尊于天祖，礼莫隆于郊庙，溯其昭格之本，要在乎诚敬感通，不在乎衣冠规制。夫万物本乎天，人本乎祖，推原其义，实天远而祖近。设使轻言改服，即已先忘祖宗，将何以上祀天地，经言仁人飨帝，孝子飨亲，试问仁人孝子，岂二人乎，不能飨亲，顾能飨帝乎。朕确然有见于此，是以不惮谆复教戒，俾后世子孙，知所法守，是创论，实格论也。所愿奕叶子孙，深维根本之计，毋为流言所惑，永永恪遵朕训，庶几不为获罪，祖宗之人，方为能享上帝之主，于以永绵国家亿万年无疆之景祚，实有厚望焉。其嘉礼考，仍交馆臣，悉心确核，辽金元改制时代先后，逐一胪载，再加拟案语证明，改缮进呈，候朕鉴定，昭示来许。并将此申谕中外，仍录一通，悬勒尚书房。

参考译文：

乾隆三十七年十月壬辰十月癸未上谕:朕阅览三通馆所呈纂订的《嘉礼考》，有关辽、金、元三代的衣冠制度，尚未明确。起初辽、金、元未必没有遵循本国族俗，只是后来改用汉唐礼仪形式。这种因袭的依次变革并非一时之举。以金代朝祭服制为例，尽管先前曾有一些纹饰增加，但并未完全摒弃旧制。直到金章宗时期才大体上完成改制。应详细考察诠释这种改变和蔑视废弃旧典的原因，并酌情附上相应的解释，以使后人知晓应该借鉴的教训，这有助于编撰史书且非常重要。辽、元两代可以此为例类推。在前期编订《皇朝礼器图式》时，我曾亲自写序，强调衣冠不可轻易更改。在审阅《通鉴辑览》时，我又一一阐明其义，诚然衣冠制度是一个朝代的文化彰显，需有一个朝代的样式。正如夏收冠和殷冔（xú）冠两者也并未相照沿袭，每一个朝代都有每个朝代的章程法度，这正是所谓"礼不忘本"的道理。自北魏开始就有了易服之说，到了辽、金、元，人们追逐虚名，一再更换衣冠，尽失朴素风尚。因此难以传续，国势便日渐衰弱，一次次沦丧。更何况那些提出改变的人，无非是说衮冕应齐备章纹，不过满足体统观瞻罢了。殊不知章服饰色润制，即取其章制，又何需限制它的形式?就像我朝所规定的朝祀之服，山、龙、藻、火等章纹齐备，都是合乎礼经的本义，又何必用通天冠、绛纱袍之类?而且,祭祀天祖是最崇高的礼仪,礼仪最隆重的地方在于郊庙。追溯其根本,重点是要诚敬地感应先祖,而不在于衣冠的规制。万物都本源于天,人的根本在于先祖,推究其本义,实际上天离我们很远,祖先更近。如果轻言改变服饰,那已经是先忘记了祖宗,那么又如何虔诚地祭祀天地呢?经言:有德行的人祭祀天帝,孝顺之祀供奉亲祖。试问,仁者和孝子能否是两个不同的人?不能尽孝于亲人,又怎能尽敬于天帝呢?朕对此深有感触,因此毫不犹豫地反复教导和告诫后世子孙,要知道应该如何依循和坚守我们创建的法度。我朝衣冠制度看似是一个创造性的举措,实际上是从格物而致知,穷其礼法本义的论理。故所愿满洲子孙(奕叶子孙)能深刻理解这个根本道理,不要被流言所迷惑,永远恪遵我的这个箴训,以免成为亵渎祖宗的罪人,只有这样才能献享昊天之主的恩赐,厚望国家繁荣昌盛万世无疆。这个《嘉礼考》,仍由三通馆官员务必"其文直,其事核",逐一详载辽、金、元改制的先后次序,并附拟考证说明,修订完善呈朕,待审定后,并将宣告昭示内外,同时著录尚书房。

乾隆上谕这段文字足见乾隆帝儒家修养的深厚,这本身就说明了国家意志的顶层设计。他揭示了乾隆定制"即取其文,不沿其式"的服制国策。最重要的是,他暗喻满洲祖先创建的国家,自北魏开始就有了易服之说,到了辽、金、元,人们追逐虚名,一再更换衣冠,尽失朴素风尚,因此难以传续,国势便日渐衰弱,一次次沦丧。因此他毫不犹豫地反复教导和告诫后世子孙,要知道应该如何依循和坚守创建的法度。清朝衣冠制度看似是一个创造性的举措,实际上是从格物而致知,穷其礼法本义的论理。他愿满洲子孙(奕叶子孙)能深刻理解这个根本道理,不要被流言所迷惑,永远恪遵这个箴训,以免成为亵渎祖宗的罪人,只有这样才能献享昊天之主的恩赐,厚望国家繁荣昌盛万世无疆。这才有了我们从满族妇女氅衣、衬衣这些便服,将汉制襕纹变成满俗的隐襕,将汉人妇女挽袖纹饰前寡后奢的礼制教化,变成满人妇女"春满人间"的人性自由追求。

八

关于"大拉翅与衣冠制度"。这是从王金华先生提供系统的大拉翅标本研究开始的，它也是满洲妇女的便服首衣。大拉翅所承载的满俗文化信息，或是清朝礼冠所不能释读的，但又可以逆推它的衣冠制度。

大拉翅有太多的谜题值得研究：为什么大拉翅到晚清几乎成为满族妇女的标签；它作为满族贵族妇女常服标志性首衣，尽管女人常便之服不入典章，但它为什么受到当时实际掌权人慈禧太后的极力推崇；从便服系统的氅衣和衬衣来看，春夏季配大拉翅，秋冬季配坤秋帽，这种组配已经主导了当时满族妇女的社交生活，成为慈禧和格格们会见包括外国公使夫人在内的社交制服。客观上以氅衣配冬冠或夏冠的标志性便服，已经被慈禧太后塑造成事实上的礼服，而最具显示度的便是"氅衣拉翅配"，代表性的形制元素就是氅衣华丽的错襟和大拉翅硕大的旗头板与头花。无怪乎在近代中国戏剧装备制式中，形成了以"氅衣拉翅配"为标志的满族贵妇角色的标志性行头，这也在慈禧最辉煌的影像史料中几乎是疯狂的上镜表现，然而在清档和官方文献中甚至连大拉翅的名字都难觅其踪。

大拉翅的称谓、结构形制和便冠定位是在晚清形成的，据说"大拉翅"是慈禧赐名，但无据可考。如果从两把头和大拉翅所保持直接的传承关系来看，其历史可以追溯到清入关前的后金时代。这意味着满族妇女首服从两把头到大拉翅，正伴随了1635年皇太极定族名"满洲"转年称帝建大清一直到1911年清覆灭，近300年的历史。而大拉翅与满俗马蹄袖从族符上升到国家章制的命运完全不同，甚至连它的历史文脉都难以索迹，难道是儒家的"男尊女卑"思想在作祟？事实上，大拉翅最大的谜题是，在清朝不论男女还是礼便首服，没有哪一种冠像大拉翅那样由发髻演变成帽冠形制。它从入关前的"辫发盘髻""缠头"到入关后的"小两把头""两把头"，再到清晚期的"架子头"和"大拉翅"，都没有摆脱围绕盘髻缠头发展，只是内置的发架变得越来越大，最终还是脱离了盘髻缠头的"初心"，变成了没有任何实际意义的"冠"。讽刺的是,大拉翅的兴衰正应验了乾隆《嘉礼考》上谕"自北魏开始就有了易服之说,到了辽、金、元,人们追逐虚名,一再更换衣冠,尽失朴素风尚。因此难以传续,国势便日渐衰弱,一次次沦丧"的担忧成了现实。值得注意的是,表面上大拉翅衍变充斥着满俗传统,其实人们忽视了它最核心的部分——扁方。因为不论是小两把头、两把头、架子头,还是变成帽冠的大拉翅,扁方不仅始终存在,还作为妇女高贵的标志。因此,扁方成为大拉翅的灵魂所在,通常被藏家珍视而将冠体抛弃。扁方材质不仅追求非富即贵,而且它的图案工艺"纹必有意,意肇中华"的儒家传统比汉人有过之无不及。大拉翅走到"尽失朴素风尚"的地步,在实物研究中真正地呈现在人们面前,成为清王朝覆灭的实证,所思考的或许有更深更复杂的原因。

九

关于"清代戎服结构与满俗汉制"。清代戎服是满人的军服还是标志大清的国家戎服,从一开始就模糊不清,或是历朝历代从没有离开中华古老戎服文化这个传统,清朝戎服的"满俗汉制"也不例外。这个结论是从完整的清代兵丁棉甲实物系统的研究得出的,特别是对棉甲结构形制的深入研究发现,它们和秦兵马俑坑出土成建制的各兵种、士官、将军等铠甲的结构形制没有什么不同。同时在兵丁棉甲实物研究的基础上拓充到将军、皇帝大阅甲,尽管不能直接获得皇帝棉甲的实物标本,但可以从权威发表的实物图像和兵丁棉甲实物结构研究的结果比较发现。它们的形制都是由甲衣、护肩、护腋、前挡、左侧挡和甲裳构成,只是将军甲和皇帝甲增加了甲袖部分。兵丁棉甲实物结构的研究表明,这些构成的棉甲部件都是分而制之,并设计出组装的规范和程序。这些都是基于实战,以最大限度地保护自己和有效地攻击敌人的设计。这意味着将军甲和皇帝甲也要保持与兵丁甲一样的结构形制。这也完全可以逆推到秦兵马俑成建制的各兵种、士官、将军等铠甲为什么呈统一的结构制式。这不能简单地理解为秦代很早进入"近代工业化生产"的证据,而是"国之大事在祀与戎"的长期军事文化实践的结果。大清王朝无论是时间还是成就所创造的辉煌,都不会忽视"国之大事在祀与戎"的帝制祖训。那么"满洲"在戎服中是如何体现的？清朝的成功或许从满俗融入华统的戎服制度建设可见一斑。

清朝服制是以乾隆定制为标志的，从前述乾隆《嘉礼考》上谕的帝训，可以归结到"即取其文，不沿其式"。但如果审视全文的语境就会发现"即取其文，不沿其式"根据实际情况是会发生变化的，并"故所愿满洲子孙（奕叶子孙）能深刻理解这个根本道理。"这个根本道理就是"我朝衣冠制度看似是一个创造性的举措，实际上是从格物而致知，穷其礼法本义的论理"。因此在大清戎服这个问题上，先要"穷其礼法本义"，这个"本义"就是"以最大限度地保护自己和有效地攻击敌人"总结出来的结构形制的戎服传统必须坚守。清朝戎服规制就不是"即取其文，不沿其式"，而正相反，"即取其式，不沿其文"。"即取其式"是保持它的结构形制传统，"不沿其文"就有机会导入八旗制度：正黄旗、镶黄旗、正白旗、镶白旗、正蓝旗、镶蓝旗、正红旗、镶红旗。这在中国古代戎服制度上确是一个伟大的创举。有学者认为，清朝作为少数民族统治的帝制王朝时间最长，最具成就。这并不在清本朝，而是在清之前努尔哈赤统一建州女真、东海女真以及海西女真大部分的同时创制了满文和创立了八旗制度，这不仅成为皇太极定族名"满洲"、称帝建清的基础，也预示着一个辉煌中华的肇端。

2023年5月13日于北京洋房

目录

第一章 绪论 / 1

一、从清史研究的观点说起 / 3
1. 汉化说？新清史说？ / 3
2. 清朝武备传统与汉文化融合的制度化建构 / 4
3. 满族骑射传统下棉甲胄标本研究的独特性 / 6

二、文献综述 / 8
1. 古籍文献 / 8
2. 相关研究成果 / 12
3. 国外文献 / 16

三、标本研究路径和方法 / 17

四、文献研究与学术调查 / 26

第二章 八旗制度与尚武文化 / 27

一、八旗制度的"神武开基" / 30
二、八旗制度职能的"多元一体" / 34
三、从弓马骑射到军事仪制 / 37
1. "大阅"制 / 37
2. 木兰秋狝 / 41
3. 南巡演武 / 45

四、本章小结 / 48

第三章 清代戎服系统 / 49

一、甲胄与行服二元戎服系统 / 51
二、甲胄系统 / 54
1. 棉甲胄从务造精良到万乘旌旄 / 54
2. 锁子甲清制神器 / 58
3. 藤牌营兵与虎衣 / 61

三、行服系统 / 65
1. 行冠 / 66
2. 行褂 / 67
3. 行袍 / 69
4. 行带 / 72
5. 行裳 / 74

四、本章小结和余论 / 76
1. 成也甲胄，败也甲胄 / 76
2. 行服满俗汉制的范式 / 77

第四章 清早期甲胄规制 / 81

一、努尔哈赤、皇太极甲胄的清承明制 / 84
二、顺治、康熙皇帝甲胄及其规制初定 / 91
三、本章小结 / 96

第五章 清早期校甲的标本研究 / 97

一、清早期校甲标本 / 100
二、清早期校甲标本形制特征 / 103
三、清早期校甲标本信息采集与结构图复原 / 112
1. 校甲标本结构数据信息 / 112
2. 前锋校甲标本结构图复原 / 115
3. 骁骑校甲标本结构图复原 / 124

四、清早期校甲标本织物纹样信息 / 131

五、本章小结 / 134

第六章 乾隆大阅甲 / 135

一、乾隆皇帝大阅甲规制 / 138

二、乾隆大阅甲成造的奢华与节俭 / 145

三、乾隆皇帝各式大阅甲 / 147

四、本章小结 / 152

第七章 乾隆八旗兵丁棉甲标本研究 / 153

一、八旗兵丁棉甲胄标本的形制特征 / 156

二、八旗兵丁棉甲胄标本信息采集与结构图复原 / 166

三、八旗兵丁棉甲胄标本的满文"号记"信息 / 176

四、八旗兵丁棉甲与苏州码 / 178

五、八旗兵丁棉甲的官营与"杭州织造" / 180

六、八旗兵丁棉甲胄的贮藏 / 187

七、本章小结 / 190

第八章 晚清棉甲的结构与规制 / 191

一、晚清的裈甲和棉甲规制 / 194

二、晚清亲王锁子锦棉甲标本形制与《皇朝礼器图式》的记载 / 199

三、晚清亲王锁子锦棉甲标本结构图复原 / 204

四、晚清亲王锁子锦棉甲标本织物和纹饰细节 / 212

五、本章小结 / 214

第九章 结论 / 215

一、满俗汉制的棉甲结构图谱 / 218

二、定结构，分章制 / 221

三、满俗汉制的棉甲"号记"信息 / 223
四、八旗制度与五行学说 / 225
五、成也骑射败也骑射 / 226

参考文献 / 227

附录 / 230

附录1　清代棉甲胄复原 / 230
附录2　术语索引 / 235
附录3　图录 / 236
附录4　表录 / 241

后记 / 242

第一章

绪 论

一、从清史研究的观点说起

1. 汉化说？新清史说？

清朝是我国历史上最后一个少数民族统治的封建王朝，关于其起始时间，从努尔哈赤(1559-1626)建立后金算起，共历296年（1616-1912）；从皇太极(1592-1643)[1]改国号为清起，传十一帝，享国276年（1636-1912）；从顺治帝（1638-1661）入关，建立全国性政权算起，则为268年（1644-1912）。清代前期开疆拓土，极大地扩大了国家疆域。清代中期国家富庶，军备强大，使中国这个多民族统一的封建国家达到鼎盛时期。清王朝军事上的强大，使其能够抵御早期殖民主义的入侵，平定国内藩属国分裂势力的叛乱，维护社会的安定。但在盛清以后，因封建社会固有的矛盾和闭关锁国的政策而落后于当时正在进行工业革命的西方资本主义国家，终被西方的坚船利炮打开了大门。清代中期及之前的军制、军备和军事思想正是当时这个大环境下的产物，一面恪守满族的八旗制度与弓马骑射传统，一面又不免陷入封闭的自我陶醉之中，最终走向没落。

作为少数民族政权的大清王朝缘何能够统治中国近三百年，在清史学界主要存在两种观点，分别是汉化说[2]和新清史说[3]。汉化说认为满洲人接受并实行与汉文化同行同构的政策是清朝成功的基础，新清史说则认为满族主体性才是维系清帝国的关键。前者多强调清朝对明代官制与儒家思想的承袭，后者更关注于非中国传统官僚体制的清帝国对多民族的治理方式等方面。但是新清史说

---

1 清太宗爱新觉罗·皇太极（1592-1643），又译"黄台吉"，清太祖爱新觉罗·努尔哈赤第八子，是清初杰出的政治家，军事家，后金第二位大汗，清朝开国皇帝。
2 汉化说："汉化"是指以汉民族为主体，各少数民族在文化、族群上与之相融的一种过程或结果。以何炳棣为代表的汉化说学者重视中国传统官僚制度与文化在清代的传承，强调清朝是通过行使中国传统的王权思想来获取汉人的支持，以中国本土社会为范围，聚焦于满人对汉人政治传统的接受与容纳。
3 新清史说：主张把清朝作为一个帝国来理解。以欧立德（Mark C. Elliott）、罗友枝（Evelyn Rawski）、柯娇燕（Pamela K. Crossley）等为代表的美国学者，认为清史不只是中国历史的一部分，也是世界历史的组成部分，故应将清朝作为一个帝国与其他帝国进行比较。新清史说认为满洲人在其统治的近三百年间从未失去过自己的族群认同，以至满汉分殊一直到清末以后都始终存在。新清史说反对"汉族中心论"，强调清朝统治中的满族因素，侧重满洲独特的八旗制度与尚武文化，认为清朝统治成功的关键在于满洲特性的维持。
其实，两种观点都忽视了一个基本事实，就是在清朝政权之前的满族文化从未中断，与中原文化进行交往、交流、交融。宋辽金的刀光剑影和政权分立，还有西夏王朝，满族文化无不渗透其中，这是大北夷的概念。其中最有力的支持就是物质文化证据。例如，唐朝的团窠纹，宋元的"胸背"，明朝的官补到清朝的补服制；再如，唐宋明的盘领官袍直接就演变成清朝的圆领官袍，等等。

并不否认汉化的影响，只是两方讨论中所关注的视角不同，对于"汉化"的定义也未必一致[1]。台湾学者王成勉曾说两者是"没有交集的对话"[2]。清朝一统既要靠本民族的弓马骑射传统，也要继承汉文化巩固政权的正统性，故无论是新清史说还是汉化说都不能独立解答这一命题。换句话说，清朝统治者虽维持了满人集团的凝聚性，但也不能忽视对大多数汉人的统治，即便采纳了汉人传统的王权思想，以儒家文化作为汉化政策的核心，却也未必会让汉人长期接受满人的统治，赢得儒家精英的长久支持。这其中或许还要通过其他的机制与手段才得以确立并维系，特别是民族交流史的多元一体物质形态的文化特质。

2. 清朝武备传统与汉文化融合的制度化建构

跳出汉化说与新清史说的两种观点，借用安东尼奥·葛兰西文化霸权的概念，来重新思考满人对汉人的支配关系，讨论统治阶级如何通过文化象征等作用[3]，促使被统治者默认接受其从属地位，这就是统治者军事文化的霸权。清代统治者将固有的武备传统与强大先进的汉文化进行融合，完成其制度化的建构，服装便是最适合的载体。从统治的角度来看，清代政权的建立，并不仅依靠武力取得，面对根深蒂固的汉族统治，清朝采取的"改冠易服"政策起到了很大的辅助作用。明清鼎革以后，满汉民族在文化上经历了一个从剧烈冲突到长期磨合，进而逐渐形成融合的过程。最显而易见的表现，就是服饰的改变。顺治二年（1645）六月，清廷下令中国南方各地军民一律剃发易服，否则军法处置，以铁腕手段迫使汉人服从满族文化。这事实上极大地强化了满汉的中华民族认同感，起到维护满族统治的作用。

清代统治者将衣冠制度视为"国策要典"，建立以章制[4]为核心，等级分明的服饰制度，高度符号化地区分身份位阶，以强化制度管理，巩固封建统

---

1 马雅贞：《刻画战勋——清朝帝国武功的文化建构》，社会科学文献出版社，2016，第3页。
2 王成勉：《没有交集的对话——论近年来学界对"满族汉化"的争议》，载汪荣祖、林冠群主编《胡人汉化与汉人胡化》，中正大学台湾人文研究中心，2006，第57–81页。
3 Antonio Gramsci, *Selections from the Prison Notebooks* (New York: International Publishers, 1971), p12.
4 纹章制度在清朝官服中达到了顶峰，如官补制、团章制、缘章制、十二章制等。在戎服中存在着独立章制，如正四旗、镶四旗就是典型的军服章制。

治。当然清代的衣冠服饰有着极强的民本意识，以入关前的满族传统衣冠形制为蓝本，承继契丹女真一脉的传统，制度上吸取中国古代传统服饰宗族礼教的法统，将以汉族为主的中土尚礼文明有意或无意地保存下来。千百年来深藏于改朝换代因袭变革的制度文化中的这些元素，可以赋予原本被视作异族的外来者以正统继承者的形象[1]。清代服饰主要分为朝服、吉服、常服、行服、雨服、便服和戎服七大类。事实上在七大类中都渗透着骑射文化传统，行服和戎服可谓完全的军服，可见"武备制度"在清代统治中的地位。然而在服装史界鲜有对于清代戎服的研究。因其处于清代主流服饰的边缘地带，历来被忽视，且熟知的存世标本主要集中在皇帝大阅甲上，图像史料呈现远远大于学术研究。体现国力和军力的兵丁棉甲更鲜有学术成果，但它是最能显示满俗文化本真的事物。

在清代戎服系统中，棉甲为其下的一个重要分支，是清代重大典礼时八旗军士所穿着的礼服。清代棉甲成制于清入关前，历经顺治、康熙、雍正朝，直至乾隆年间才最后定制，是最能反映大清国家军备强弱与国运兴衰的一种服饰。且清代棉甲的特殊之处，在于它既联系着满族的骑射传统，是清代武备的重要组成部分，更重要的它是清代武备传统与汉文化融合制度化建构的生动实证，也关系到清代的政治史、军事史，是清王朝由盛转衰的历史物证，故对它的研究具有重要的史学意义。

---

[1] 包铭新、孙晨阳：《中国北方古代少数民族服饰研究（匈奴、鲜卑卷）》，东华大学出版社，2013，第5页。

3. 满族骑射传统下棉甲胄标本研究的独特性

"纸上得来终觉浅，绝知此事要躬行"[1]，研究棉甲的制度与文化意涵，最可靠而有价值的路径就是承袭"二重证据法"[2]。因此，成系统棉甲标本的获取成为研究的关键。清代棉甲传世实物数量虽然很大，但分散且难以获得。一方面，世人认为它的经济艺术价值有限而在民间鲜有收藏，成系统的样本多为有收藏价值的阅甲，且配有胄饰才能列为博物馆级藏品，想要对其进行深入研究会有各种限制。另一方面，它作为非主流的服饰，学界疏于对其标本的学术研究。然而，研究有着骑射传统的满族，对棉甲的研究就不是可有可无的了，在一定程度上这种研究可以成为我国少数民族统治历史上具有标志性的学术成果。无独有偶，二十世纪50年代，在新中国文化建设中，国家倡导"百花齐放，百家争鸣"的文艺方针，对历史与传统文化提倡"古为今用"。在经济尚处于百废待兴的新中国第一个五年计划时期，国家将现存的文物资源进行分类整理，由于历史的原因，有相当一部分被认为不具文物价值。当时，有一些包括服饰在内的文物被划拨到相关文化部门作为拍摄电影、资料片的道具使用，其中就包括一批清代乾隆年间的棉甲胄[3]。改革开放以后，国家对这些文物进行了重新评估，大部分回归到文物不得使用，只作研究。得力于相关文化部门的大力支持，有机会对这批清中期棉甲作深入研究，并取得重要成果。除此之外，对于清代高等级棉甲胄（如校尉甲、职官甲等）的收藏，除故宫与各大博物馆外，民间收藏也有高手。中国古典服饰收藏家李雨来先生，对清代宫廷服饰收藏、整理、研究和保护已逾三十载。其收藏品已编辑成书，收录在

---

1 此诗出处：宋代陆游的《冬夜读书示子聿》，全诗为："古人学问无遗力，少壮工夫老始成。纸上得来终觉浅，绝知此事要躬行。"
2 "二重证据法"由王国维提出："吾辈生于今日，幸于纸上之材料外，更得地下之新材料。由此种材料，我辈固得据以补正纸上之材料，亦得证明古书之某部分全为实录，即百家不雅训之言亦不无表示一面之事实。此二重证据法惟在今日始得为之。"意即运用存世标本、考古与古文献记载相互印证来考证古代历史文化，这一方法也成为学术界公认的科学研究方法。
3 乾隆年间棉甲胄被下拨文化部门作拍摄道具，一方面说明这个时期的棉甲胄数量之多，另一方面成系统地用于文艺创作而使其流向民间。这就为本研究提供了一个重要线索。为什么在乾隆年间棉甲胄数量多且成系统？结合史料研究，正是揭示清王朝由盛转衰的重要实物证据，而隐藏在棉甲中的物质文化的真实面貌也可由此浮出水面。

《明清绣品》[1]和《明清织物》[2]之中,广泛受到国内外收藏家与学者的重视。李雨来先生收藏有罕见的清代甲胄标本,其中两套清早期暗甲[3]标本与一套清晚期高等级棉甲标本,为本课题有关棉甲发展的时间链提供了可靠的实物证据。无论是文化机构藏清中期的棉甲胄,还是李雨来先生收藏清早期与清晚期的棉甲胄,都品相上乘,保存完好,具有很高的研究价值。在集齐清早期、清中期、清晚期三个时期棉甲胄标本的前提下,通过系统的信息采集工作为清代棉甲的研究提供一手实物史料。

在封建社会"国之大事,在祀与戎"[4]的大背景下,军队是政权存在的支柱,在国家政治中始终具有举足轻重的地位。历朝历代的君王无一不对军队的建设给予高度重视,这其中自然要强化督造制度,因为它是最能发挥军队战斗力的保证,也是便于管理指挥军戎服饰的武备制度。作为少数民族统治的大清王朝更是如此,棉甲便是清代戎服文化的标志。在对清代棉甲标本进行近距离信息采集的过程中发现,每一时期的清代棉甲,它的系统性和规范性越强,国家就越兴盛,政权就越强有力,且它的结构、颜色、面料等元素特点更具制度化,可见棉甲的形态随着清朝的国力兴衰而发生改变。因此,对清早期、清中期、清晚期三个时期的棉甲进行研究,既是对清代棉甲系统的梳理与完整呈现,也是从军戎服饰研究中认识清代从早期入关到康乾盛世、再到闭关锁国走向灭亡历史进程的生动实证。

---

[1] 李雨来、李玉芳:《明清绣品》,东华大学出版社,2012。
[2] 李雨来、李玉芳:《明清织物》,东华大学出版社,2013。
[3] 暗甲,与明甲相对,在棉甲布面外侧钳装铁叶称明甲,在里侧钳装铁叶称暗甲,这种实战甲一直延续到清中期。
[4] 出自《左传·成公》,引自杨伯峻:《春秋左传注》,中华书局,1981,第860-861页。

二、文献综述

目前，国内外关于清代棉甲的研究大多停留于形制与制度的记述和整理，有关清代棉甲的信息和研究成果在各类文献中都有记载和阐释，它们包括古籍文献、专著与论文等。古籍文献分为明代文献、清代官修史书等，文字文献和图像文献都有记载，特别是官方文献，说明棉甲在清代戎服中成为兵服成造主体。有关专著与论文是针对清代武备服饰所著的书籍和以此为主题的研究性文章。国外文献，日本学者的研究论文比较多，且主要集中于对中国古代兵器的整理，鲜有专门针对清代棉甲抑或是戎服的著作。从中国古代戎服文献的整体面貌来看，疏于"结构规制"的研究，或许苦于没有标本掌握，即使有标本，匠艺研究需要有专业的技术知识，何况它又是非主流的雕虫小技。因此，王国维的"二重证据法"对传统文献考据是颠覆性的。有了标本，必须结合前人的古籍文献相互印证，这使比较研究成为可能，抑或对解决满俗汉制有史无据的问题提供实证。可见以实物为线索追考古籍文献是本研究的既定方法。

1. 古籍文献

清代古籍文献十分丰富，加上乾隆时期官修《四库全书》，几乎所有的学科门类都能从中找到源头与史脉，这为探寻清代棉甲的规制提供了完整的文史基础。基于棉甲的史料特点，特别要关注清代官方文字文献和图像文献相互补充的史料。其中文字类文献有《清宫内务府造办处档案》，它主要采用编年体收录了清宫内务府造办处的档案，涵盖清代六十多个专业作坊的信息记录，包括记载关于皇室御用品、兵工制造、布匹织造等的规制、用料、开销、工序等信息，是研究清代宫廷文化、宗藩礼仪、服饰史、工艺史等最直接的一手史料。《钦定大清会典事例》系典制史书、法典汇编，是研究清代典章制度的官方文书，其中在兵部卷中有关于"盔甲之制"的记载，兵制史料价值明显。乾隆时期是清朝最后的盛世，也是清朝车舆武备、礼仪服制等方面完成"定制"的关键时期。因此，这个时期的官修典籍处于重要的时间节点，对认识研究整个清代具有标志性意义的武备制度更是如此。《乾隆朝上谕档》属于清代军机处档案，按年月日编排，记载乾隆皇帝的谕令和指示，上谕档中记载的只言片语，便可透露乾隆朝棉甲胄的成造、历史等各种信息，极具史料价值。《钦定八旗通志》续记乾隆一朝的八旗典制，是研究清代八旗制度的重要政书，棉甲制正是八旗制的物化形态。

此外，还有汇集清代工部主管营造规则和定式的《中国古代匠作资料丛刊》，它记载了器物的修造程式、用工、用料、工价等，是研究中国古代匠作历史、工艺史、科技史不可多得的官修史料，其中与清代军戎服饰相关的册目更加突出，包括《钦定工部则例三种》《钦定内务府则例二种》《钦定军器则例》等。

除了官方正史的相关文献，还有一些民间史料、地方志等恰能弥补正史中的欠缺与不足。清礼亲王昭梿著《啸亭杂录》，具体地叙述了清代前期政治、军事、经济、文化和典章制度等内容，文笔简练、内容丰富，直言不讳地记述了诸多正史中所省略的细节，对了解当时的社会真实情况很有帮助。由于所研究的清中期棉甲标本为杭州织造局所制，故《杭州府志》《杭州府志风俗物产单行本》《嘉庆余杭县志》等府志文献记载的杭州地区的风俗物产，也为探究棉甲成造的社会背景、物质条件提供了有力的支撑材料。当然还有很多对本研究起到重要作用的古籍文献，书中已有标注，在此不一一列述。

图像文献是以图式为主的图解文献，最具代表性的是《皇朝礼器图式》，由清允禄、蒋溥奉敕初撰，于乾隆二十四年（1759）完成。它是记载清代典章制度器物的政书，图文并茂，其中卷十三至卷十八为武备卷。每器、每服皆列图于右，文记于左。《钦定四库全书总目》评价该书："所述则皆昭典章，事事得诸目验，故毫厘毕肖，分寸无讹，圣世鸿规粲然明备。"[1] 无疑它是了解清代典章制度、礼仪用具的权威史料。《兵技指掌图说》是清道光时期直隶总督讷尔经额为训练直隶绿营兵之兵技所绘制的图解教材，其中清晰地描绘了军中绿营兵在操练各种兵器时的穿着状态，较为真实地反映了兵士作训时的军戎兵服样貌。纪实史料也不可忽视，在《清实录》第一册《满洲实录》中，收录有描绘努尔哈赤生平战功的板刻画，这是乾隆皇帝命人复制的版本，原版是皇太极命两汉人为努尔哈赤所刻，以期展现努尔哈赤的英勇形象，只可惜没有流传下来。至于《满洲实录》中的板刻画，是否是乾隆皇帝命人完全按照原版

---

[1] [清]纪昀：《钦定四库全书总目（卷1）》，文渊阁四库全书电子版。

复制，学界尚且存疑，在原版基础上增加了多少自己的主观意愿也无从考证。复制版成为孤本，极具史料价值。画中人物穿着的甲胄仅可作为研究清早期棉甲的参考，它的存在着实弥补了清早期戎服图像文献的空缺，虽鲜被关注，却也为清代戎服制度的研究提供了重要的早期图像史料。此外，在清代中兴战勋武功文化的强势背景下，还留存了大量的戎装画、战图。如《平定准噶尔回部得胜图》，历时十二年从法国定制，经中西宫廷画师反复校改御制，具有记录历史的职能，高度纪实性使得史料价值很高。还有《平定两金川得胜图》《平定苗疆得胜图》等，均是描绘清代历史上重要战争的大场面图绘，真实记录了大规模戎服实战的场景和样貌（表1-1）。

表1-1 清代戎服研究相关的古籍文献

序号	名称	作者或整理者	出版机构
1	《皇朝礼器图式》武备卷	[清]允禄、蒋溥等	剑桥：哈佛燕京学社中日图书馆，1959
2	《清宫内务府造办处档案总汇》	中国第一历史档案馆、香港中文大学文物馆	北京：人民出版社，2005
3	《乾隆朝上谕档》	中国第一历史档案馆	北京：档案出版社，1991
4	《钦定八旗通志》（第一册）	[清]官修	吉林：吉林文史出版社，2002
5	《金汤借箸十二筹》(卷16)	[明]李盘、周鉴、韩霖	北京：全国图书馆文献缩微复制中心，2001
6	《钦定大清会典事例》（卷710·兵部·盔甲之制）	[清]官修	台北：文海出版社，1991
7	《钦定内务府则例二种》(第五册)	故宫博物院	海口：海南出版社，2000
8	《钦定工部则例三种》	故宫博物院	海口：海南出版社，2000
9	《钦定军器则例》	故宫博物院	海口：海南出版社，2000
10	《清实录》（第一册《满洲实录》）	[清]官修	北京：中华书局，1986
11	《啸亭杂录》	[清]昭梿	台北：新兴书局，1973
12	《清代军政资料选粹》（第三册）	国家图书馆分馆	北京：全国图书馆文献缩微复制中心，2002
13	《清国史》（兵志卷15）	[清]国史馆	北京：中华书局，1993
14	《杭州府志风俗物产单行本》(物产卷2、4)	[清]陈璚	北京：国家图书馆藏铅印本，1924
15	《杭州府志》(卷80 物产)	杭州市地方志编委会	北京：中华书局，2008
16	《余杭县志》(卷38 物产)	杭州市余杭区地方志编委会	杭州：浙江古籍出版社，2012
17	《皇朝文献通考》	[清]官修	上海：商务印书馆，1936
18	《清会典事例》（卷704·兵部·大阅一·大阅规制一）	[清]官修	台北：文海出版社，1992
19	《清史稿校注》（第一册）	国史馆	台北：台湾商务印书馆，1999
20	《三才图会》	[明]王圻、王思义	上海：上海古籍出版社，1988

2. 相关研究成果

当代有关清代戎服研究成果大体分为四类。第一类，古代服饰通史类涉及清代戎服的著作；第二类，针对中国古代兵器领域的研究，这类著作有的以考古报告为基础，有的以图像为素材整理成图像史料成果，其中包含清代甲胄、戎服部分；第三类，以清代武勋类图绘为主要素材的图录或学术著作；最后一类，是古代戎服专项研究课题或论文。这些都反映了当代学界对清代戎服文化研究的现状，不但对本课题研究具有借鉴作用，而且为"清代戎服结构与满俗汉制"的命题提供了重要依据。

研究中国古代物质文化需将其放入历史坐标中综合考虑。好在清史研究的学术成果足够丰硕和完备，提供了可靠的清代军戎服饰文化研究的历史背景知识和成果，特别是"乾隆定制"的研究成果。台湾著名清史专家庄吉发教授的《清史论集》系列中有关乾隆皇帝及其时代的论述、有关东珠朝珠及清代百官服饰的论述、有关得胜图铜版画与中西方交流的论述等都为本研究提供了独特的视角和丰富的素材。陈捷先、常建华的《乾隆事典》，通过对乾隆皇帝的生平介绍评判功过得失，引领读者了解乾隆盛世国家富庶繁荣、生产力水平兴旺发达的"英雄效应"。孙文良的《满族大辞典》，以满族文化整理的族属辞书成果在学界还不多见，这足以说明满族在中国历史上的重要作用，甚至具有改变汉文化崇儒的核心内容，"满俗汉制"或以《满族大辞典》给予准确的专业解释。

清代服饰研究的成果，以实物文献的整理为基础，以清代实物为线索划分历史阶段和服饰类别，需要有国家级博物馆研究资质和条件，如严勇、房宏俊、殷安妮的《清宫服饰图典》，胡建中的《清宫武备图典》。图书作者具有故宫研究员的背景，图书完整介绍了清代宫廷服饰的衣冠制度，形成了清宫服饰和武备较完整的物质文献，单独列出"清宫武备"专题。这对认识戎服在清代整体服制中的地位和特殊作用提供了完整的物质文献坐标系，其权威性和可靠性需要重视。王云英的《清代满族服饰》，以清代服饰的发展演变为主线，记录清入关前满俗衣冠文化，重点突出满族传统服饰对清朝服饰的影响。宗凤英的《清代宫廷服饰》图文并茂，从清代服饰制度起源讲起，详细描述了清代各级官员，上至皇帝亲王，下至文武官员在不同场合的穿衣法则。作为本课题研究，对于服饰通史类文献特别要关注的是周锡保的《中国古代服饰史》。该书中清代服饰部分包含清代军戎服饰的介绍，注重文献资料，从文献考证与发展演变的角度进行整理。再有就是周汛的《中国历代服饰》中的清代部分，它以文物为依据，结合文献记载，综合比较和介绍了清代服饰沿革、服饰特点和服饰制度。其他还有很多专题性专著和论文，主要关注古代戎服，包括从戎服的史脉到民族融合，具有参考价值。

有关古代兵器的研究成果有周纬的《中国兵器史稿》，此书作为我国第一部系统研究中国古代兵器史的拓荒之作，内容丰富，资料详赡。杨泓的《古代兵器通论》，运用考古学的研究方法，注重结合历史文献及出土环境，讨论古代战争中使用战车与兵器的情况，展现古人在战场上厮杀的实景，论据充实，立论审慎。毛宪民的《清宫武备兵器研究》，全面展示了故宫所藏清代武备，包括甲胄、武具、火器、庐帐等，辅助清代史料，全方位介绍了清宫武备的历史与兵器制备状况。胡建中的《清宫武备图典》中的故宫武备实物也是以兵器为主，再现了清朝以满族为特色的武备制度样貌。值得注意的是，清朝武备的研究成果多以物质文献呈现，史料可靠，而学术研究不足。

清代武勋图像文献是认识和图解历史的重要线索，特别是铜版印刷技术的应用和引进，是照相技术应用之前的重要纪实史料。台湾"清华大学"历史系副教授马雅贞的《刻画战勋——清朝帝国武功的文化建构》，从文化霸权的角度思考清廷如何通过刻画武勋图，塑造崇尚武功的清代视觉文化，进而起到宣扬战功、不战而威、通过军威强化文化霸权统治的作用。此书也为本课题研究的切入角度提供了启发。胡忠良、吴小新的《乾隆西域战图密档荟萃》，以乾隆年间为平定西域所制铜版画战图为主要研究对象，结合清代历史背景，描绘铜版画的作者、设计和制作历史，是研究清代艺术史、军事史不可多得的图像文献研究成果。王宏钧的《乾隆南巡图研究》，首次对《乾隆南巡图》以图像文献研究成果发表，并以此为线索进行赏析和考释，亦有重要学术发现。《海国波澜——清代宫廷西洋传教士画师绘画流派精品》为澳门艺术馆举办的清代宫廷西洋传教士画师绘画精选展的图录，将康熙、雍正、乾隆时代西洋传教士画师所创作的、融合中西方美术风格的艺术作品汇总，包括大量描绘清代骑射围猎场景的图绘，画中人物服饰对研究清代行服系统具有重要史料价值。《崇威耀德——故宫博物院藏清代武备展》是故宫博物院与嘉德艺术中心联合举办的清代武备展的图录，综合反映了清代武备文物在皇家祭祀、大阅典礼、行军打仗等方面的应用，对清代武备制度研究具有重要的实物价值。此外，亦有相关的专题论文，如聂崇正的《两幅〈乾隆戎装像〉》、孟森的《八旗制度考实》、严勇的《清代的官营丝织业》等，都提供了很好的研究视角和重要的史料背景。

通过上述文献的梳理发现，无论是通史类、断代类还是专题类，有关主导清代戎服的棉甲史料和研究成果很少，大多是一般性的描述，起于图像罗列，止于图片介绍，缺少以兵丁棉甲为核心的清代戎服系统的体系建构和考据研究，特别是在研究的过程中结合标本的结构信息、成造制度的理论挖掘与学术探索。对于清代棉甲标本的考察与研究也存在问题，在现今问世的各种专著、论文等研究成果中，所涉及的内容大多局限于对现存清代甲胄某个标本的局部研究或形制的表面呈现，缺少对传世标本的全因素、系统性、专业性的考证和研究，特别是结构与制度的关系。然而任何一门学科，局部性与整体性研究都是相互补充、缺一不可的，整体虽由部分组成，却也是部分依存的根据。没有对实物每一局部的信息采集，就没有对整体的把握；没有对整体的把握，也不会对实物有更深入的分析[1]。把清代棉甲实物和文献视为一个整体，以清代的历史发展进程为线索，以实物为依据进行全因素的梳理和研究，才能相互印证。其中对清代棉甲结构与制度文献相结合的研究是关键，也是一次以物证史、以史证文的尝试与探索（表1-2）。

---

1 曾慧：《满族服饰文化变迁研究》，博士学位论文，中央民族大学，2008，第5页。

表1-2 清代戎服研究相关成果文献

序号	名称	作者	出版机构或刊物
1	《清代史》	孟森	台北：正中书局，1960
2	《清史论集（1-22）》	庄吉发	台北：文史哲出版社，2008
3	《清代前期》	魏成光	台北：地球出版社，1995
4	《乾隆事典》	陈捷先、常建华	北京：紫禁城出版社，2010
5	《清史论集》	陈捷先、成崇德、李纪祥	北京：人民出版社，2006
6	《满族大辞典》	孙文良等	沈阳：辽宁大学出版社，1990
7	《刻画战勋——清朝帝国武功的文化建构》	马雅贞	北京：社会科学文献出版社，2016
8	《中国古代服饰研究》	沈从文	上海：上海书店出版社，2002
9	《中国古代服饰史》	周锡保	北京：中国戏剧出版社，1984
10	《中国古舆服论丛》	孙机	北京：文物出版社，2001
11	《中国历代服饰艺术》	黄能馥、陈娟娟	北京：中国旅游出版社，1999
12	《中国服饰》	高春明	上海：上海外语教育出版社，2002
13	《清宫服饰图典》	严勇、房宏俊、殷安妮	北京：紫禁城出版社，2010
14	《清宫生活图典》	万依、王树卿、陆燕贞	北京：紫禁城出版社，2007
15	《清代宫廷服饰》	宗凤英	北京：紫禁城出版社，2004
16	《大清盛世——沈阳故宫文物展》	台北"故宫博物院"	台北："故宫博物院"，2011
17	《清史图典》系列	朱诚如、任万平	北京：故宫出版社，2019
18	《故宫图像选粹》	台北"故宫博物院"	台北："故宫博物院"，1971
19	《清代满族服饰》	王云英	沈阳：辽宁民族出版社，1985
20	《清古典袍服结构与纹章规制研究》	刘瑞璞、魏佳儒	北京：中国纺织出版社，2017
21	《中华民族服饰结构图考》	刘瑞璞、何鑫、陈静洁	北京：中国纺织出版社，2013
22	《满族服饰文化研究》	曾慧	沈阳：辽宁民族出版社，2010
23	《中国传统服饰形制史》	周汛、高春明	台北：南天书局，1998
24	《清宫武备图典》	胡建中	北京：故宫出版社，2014
25	《清宫武备兵器研究》	毛宪民	北京：文物出版社，2013
26	《中国兵器史稿》	周纬	北京：中华书局，2018
27	《古代兵器通论》	杨泓	北京：紫禁城出版社，2005
28	《中国古代军戎服饰》	刘永华	上海：上海古籍出版社，2003
29	《乾隆西域战图密档荟萃》	胡忠良、吴小新	北京：北京出版社，2007
30	《海国波澜——清代宫廷西洋传教士画师绘画流派精品》	澳门艺术博物馆	澳门：澳门艺术博物馆，2004
31	《崇威耀德——故宫博物院藏清代武备展》	故宫博物院、嘉德艺术中心	石家庄：河北教育出版社，2022
32	《乾隆南巡图研究》	王宏钧	北京：文物出版社，2010
33	两幅《乾隆戎装像》	聂崇正	《紫禁城》，2010
34	《八旗制度考实》	孟森	《中央研究院历史语言研究所集刊》，1936
35	《清代服饰等级》	严勇	《紫禁城》，2008
36	《清代的官营丝织业》	严勇	《故宫博物院院刊》，2003

3.国外文献

以清代甲胄为研究对象的国外文献较少,但不乏有一些外国的文化探索者记述清代生活的摄影和纪实性图像文献。由于当时照相术刚刚兴起,这些文献以外国人的视角和全新的技术手段将当时清代的样貌真实地记录下来,对当时强调版画时事的写真技术产生很大的推动作用。如果说清代官修史料中的记载有美化修饰的成分,那么这些文献则有助于了解和还原真实的清代社会与历史片段。例如日本冈田玉山等人编绘的《唐土名胜图会》,是描绘清代北京的皇宫和宫廷生活的插图卷集,一直被公认为是清朝中日文化交流的标志性文献,被视作是大清朝的百科全书,其中武备内容是重要的组成部分。其他一些国外文献也以图录的形式出版了专题的清代戎装画、战勋图以及甲胄的实物图像,其中不乏有流失海外的珍贵文物。这些文献为本课题的研究提供了丰富而相对客观的史料,对清代棉甲结构与规制研究的学术发现提供了新的证据线索(表1-3)。

表1-3 与课题研究相关的国外文献

序号	名称	作者	出版机构
1	《唐土名胜图会》(卷3,卷4)	[日]冈田玉山等	日本文化二年影印版,1805
2	Splendors of China's Forbidden City	Chuimei Ho, Bennet Bronson	Chicago: Merrell Holberton, 2004
3	《世界武器甲胄图鉴》	[日]市川定春、有田满弘、原宽幸	台北:尖端出版社,2006
4	Arms & Armour	[英]马歇尔·拜恩	北京:电子工业出版社,2009
5	Selections from the Prison Notebooks	Antonio Gramsci	New York: International Publishers, 1971
6	The Culture of War in China	Joanna Waley-Cohen	London: I.B.Tauris, 2006
7	Illustrations of China and its People	John Thomson	London: Sampson Low, 1874

三、标本研究路径和方法

　　早期孔子学说就深谙格物致知[1]的科学道理，且成为儒家经典之一。从宋朱理学、明王（阳明）心学到晚清的洋务运动，虽对格物致知有各自的解读，但从不缺少科学精神，只是更强调探索物理规律的"格物"本源，而不是西方破坏性的见物解剖。因此，以物证史，以格物证人文只是回归践行古人的科学方法，不可"解体"的古物更是如此。本课题侧重于对清代棉甲结构与规制的研究，标本成为不可或缺的研究对象。运用"二重证据法"，将文献典籍与标本研究相互补充比较，旨在系统、全面地探究清代棉甲制度的实证依据。

　　无论是博物馆藏品还是私人藏品，对文物的研究，都是以保护作为前提，尤其是纺织品文物。由于古代纺织物年代久远，织物表面存在腐蚀、氧化、裂痕、污渍、破损等程度比其他任何文物都强烈，出于保护的原则，测绘过程不可以采用任何破坏性方法和手段，且要尽量减少标本的翻动次数。这也使得标本的信息采集工作难度增加，甚至有些数据无法获取，如隐藏在服饰内侧的缝份填充物、记录的符号信息等。所测数据也会存在一定误差，需要专业的技术手段把误差控制在0.2cm～0.5cm之间，这样不会影响对纺织品结构复原与研究的准确性。

　　清代棉甲标本珍贵且稀少，成系统的棉甲实物主要收藏在故宫博物院、沈阳故宫博物院，一般博物馆的收藏不成系统也难以触及，故散落在文化机构和民间成系统的清代棉甲真品收藏为此次研究提供了很大的支持，作出了很大的贡献，弥补了文献的不足。可贵的是，相关文化部门与民间收藏家李雨来提供的清代棉甲胄标本，无论在类型上，还是在历史分期上，基本构成了一个完整的标本系统。这对于清代棉甲结构与规制的文献研究提供了不可或缺的一手实物史料，成为本研究学术发现的关键所在（表1-4）。

---

1 格物致知，在孔子时代就已成为自然科学研究的指导思想，一直到晚清的洋务运动将格物致知思想视为救亡图存的求索方针。格物致知在孔子时代强调家国情怀的"始教"功能，按今天的话说是通识教育，而非雕虫小技。《大学》说："物格而后知至，知至而后意诚，意诚而后心正，心正而后身修，身修而后家齐，家齐而后国治，国治而后天下平。"它在解释格物致知时说："所谓致知在格物者，言欲致吾之知，在即物而穷其理也。盖人心之灵莫不有知，而天下之物莫不有理。惟于理有未穷，故其知有不尽也。是以《大学》始教，必使学者即凡天下之物，莫不因其已知之理而益穷之，以求至乎其极。至于用力之久，而一旦豁然贯通焉，则众物之表里精粗无不到，而吾心之全体大用无不明矣。此谓物格，此谓知之至也"。可见"格物"是在做学术研究过程中不可缺少的"修齐治平"的精神与品质。

表1-4 清代棉甲胄标本系统

序号	名称	数量	来源
1	清早期黄缎面前锋校甲	一套	李雨来藏
2	清早期蓝布面骁骑校甲	一套	李雨来藏
3	清中期（乾隆）八旗兵丁棉甲 （正蓝旗、正白旗、镶蓝旗、镶白旗四色）	七套	相关文化部门藏
4	清中期（乾隆）八旗兵丁棉胄 （正白旗、镶蓝旗、镶黄旗、校尉胄四款）	七套	相关文化部门藏
5	清晚期亲王棉甲	一套	李雨来藏

　　根据标本的实际情况，确定分三个阶段对清代棉甲标本进行科学研究。第一阶段，对清代棉甲实物进行图像、结构等数据信息采集，绘制手稿，获得标本准确客观的一手数据。第二阶段，基于采集的信息，利用电脑软件，将手稿进行数字化整理，通过数字化手段完整还原标本结构、形制工艺、织物等信息，获得标本基础性研究成果，为进一步深入研究提供物证支持。第三阶段，利用"二重证据法"将实物基础性研究成果与古籍文献记载相对比、互证，对清代棉甲标本和文献信息进行全方位整理，最终以学术发现和文献成果呈现。

　　第一阶段实物信息采集包括标本的图像、结构、形制、织物等信息，它们是一个整体，相互之间有互证作用，不可偏废。在对标本进行图像采集之前，要先确定采集标本的构成要素与工作流程，做到一次性工作到位，避免多次返工对文物造成伤害。首先要对标本外观的整体和细节进行图像采集，再对其形制、结构、工艺、织物等局部细节进行图像采集，局部细节包括构成服装结构的关键部位、工艺、符码标记等，如门襟、领口、袖口、开衩、纹饰、印章和墨书等。标本的织物信息包括面料、里料、充料等。为保证拍摄质量，尽量选择在柔和的光源下进行工作，并根据拍摄条件选用独脚架、三脚架、闪光灯等设备。拍摄时尽量将标本平展，使信息最大程度地展现出来，以得到标本清晰客观的图像（图1-1~图1-3）。

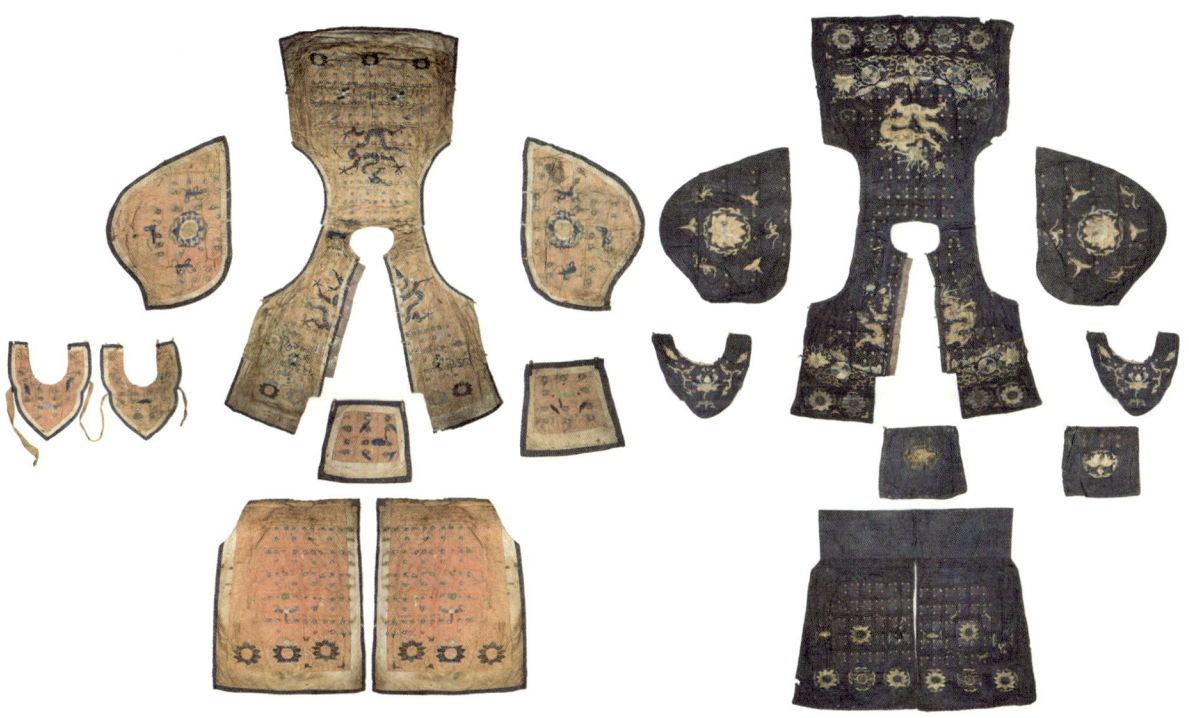

清早期黄缎面前锋校甲　　　　　　清早期蓝布面骁骑校甲

图1-1　清早期暗甲标本图像采集
（来源：李雨来藏）

校尉棉胄及衬帽　　　　　　　　　　　　镶黄旗棉胄及盔帽

镶蓝旗棉甲正背面及配套棉胄三视图　　　正白旗棉甲正背面及配套棉胄三视图

镶白旗棉甲正背面　　　　　　　　　　　正蓝旗棉甲正背面

图1-2　清中期（乾隆）八旗兵丁棉甲胄标本图像采集
（来源：相关文化部门藏）

图1-3 清晚期亲王棉甲标本图像采集
（来源：李雨来藏）

标本的结构数据采集工作是一项细致、专业性强又耗时的工作，需要事先做好规划，提前掌握标本的基本结构和确定所需要采集的部位。在采集数据的实际操作中，虽然标本整体呈现左右对称的结构，但是为最大限度地还原标本的真实情况，需要全要素地毯式地进行测量作业，充分发挥专业手段与职业素质，争取不错过任何一个微小的细节。整个过程要有详细专业化的手绘文字记录，为后期数字化处理、复制工作和学术分析提供完整可靠的一手材料（图1-4、图1-5）。

做好规划

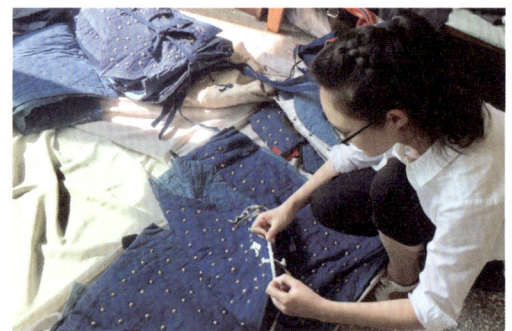
作业布置

全要素测量作业

细节信息采集

图1-4 标本结构测绘过程

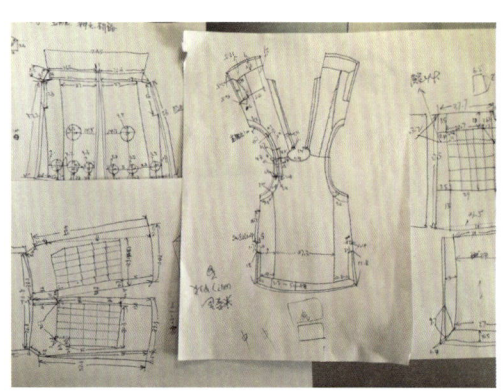
标本主结构测绘手稿1

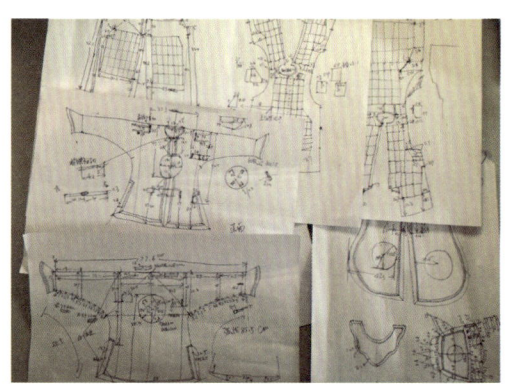
标本主结构测绘手稿2

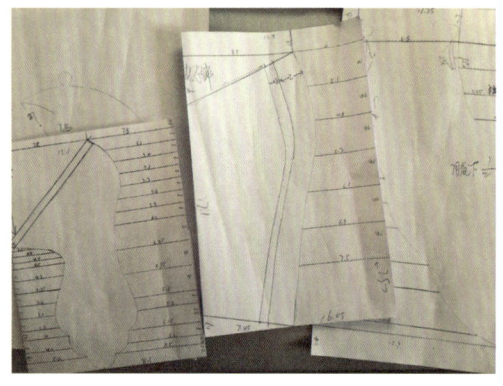
标本部件结构等比例测绘手稿1

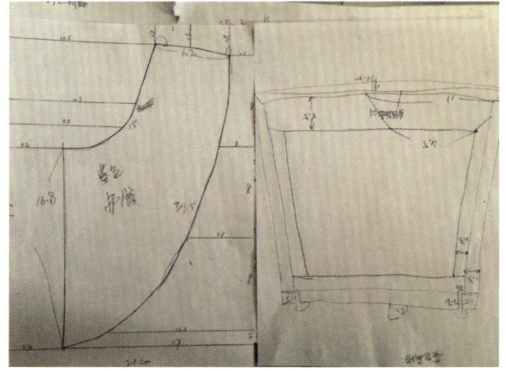
标本部件结构等比例测绘手稿2

图1-5 标本信息采集的手绘和文字记录

在对标本的主结构、部件结构、饰边结构、系带、贴布、饰物等表面信息进行采集的同时，也要对织物的组织结构、工艺细节和保存状况进行手稿记录和仪器探测。接着进入第二阶段，数字化整理。运用Photoshop、Illustrator等图形处理工具进行图像处理，绘制规范专业的标本结构图。运用服装CAD排版系统进行制板与模拟排料。由此，把标本采集的一手材料变成数字化信息数据，并完成初步实验，获得一个标本的图像、结构、形制、材料、工艺和纹饰完整的数字化信息成果（图1-6~图1-8）。

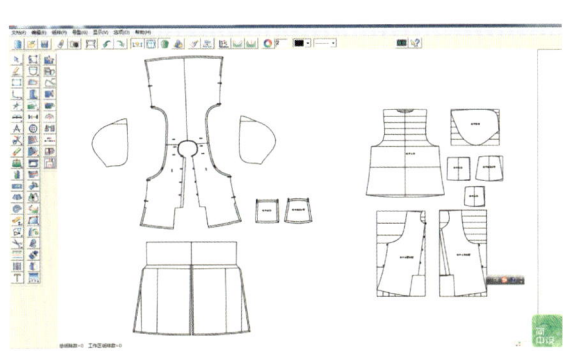
清早期棉甲标本数字信息

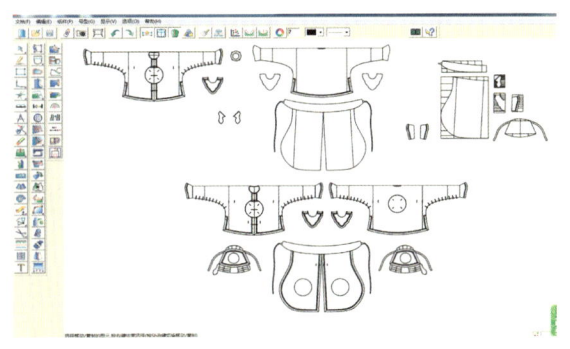
清晚期棉甲标本的整体数字信息

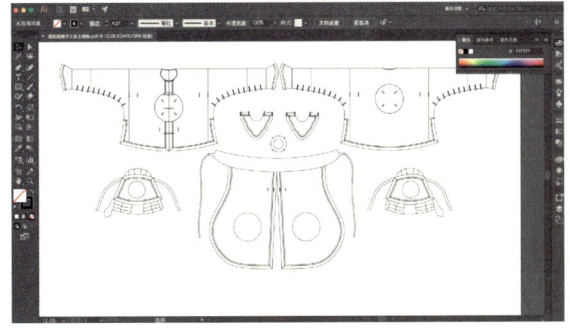
清晚期棉甲标本的个体数字信息

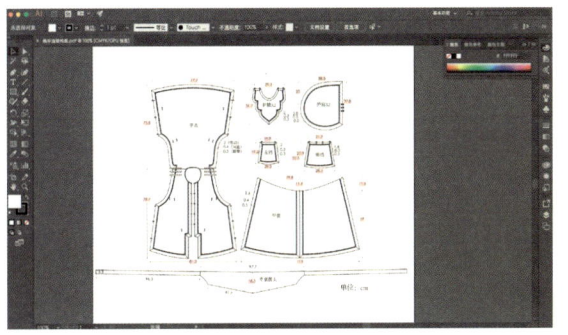
清中期棉甲标本数字信息

图1-6 标本结构信息数字化整理

第一章 绪论

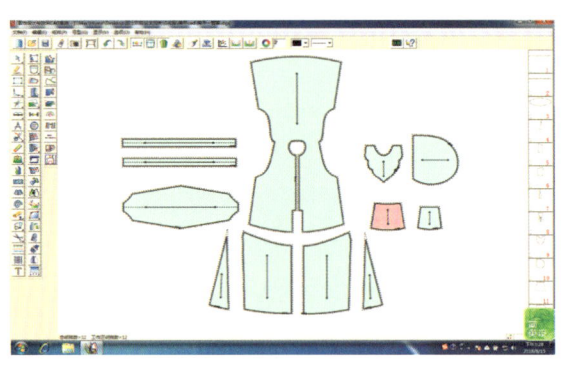

| 清中期棉甲标本的分解纸样数字信息 | 清中期棉甲标本纸样的排料实验 |

图1-7　标本纸样与模拟排料数字化整理

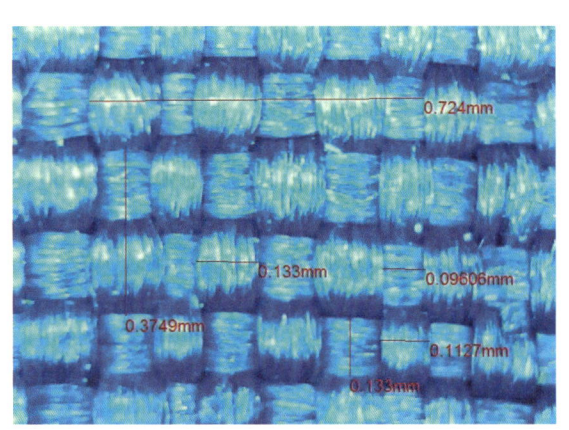
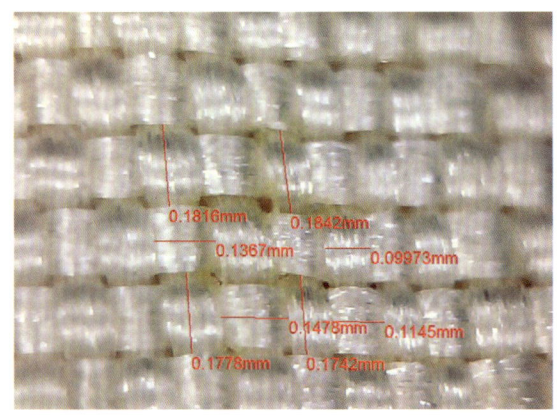

| 正蓝旗棉甲标本织物组织放大图 | 正白旗棉甲标本织物组织放大图 |

| 清晚期棉甲标本织物组织放大图 | 清晚期棉甲标本局部纹饰放大图 |

图1-8　标本织物组织与工艺信息的仪器采集

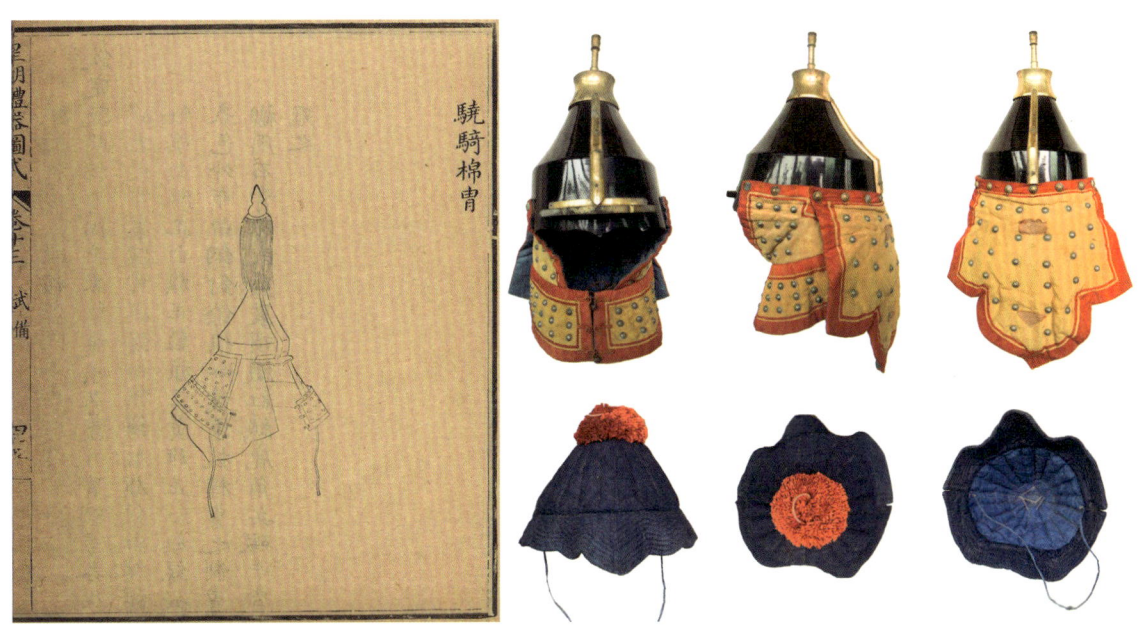

古文献中的骁骑棉胄　　　　　镶黄旗棉胄及衬帽标本三视图

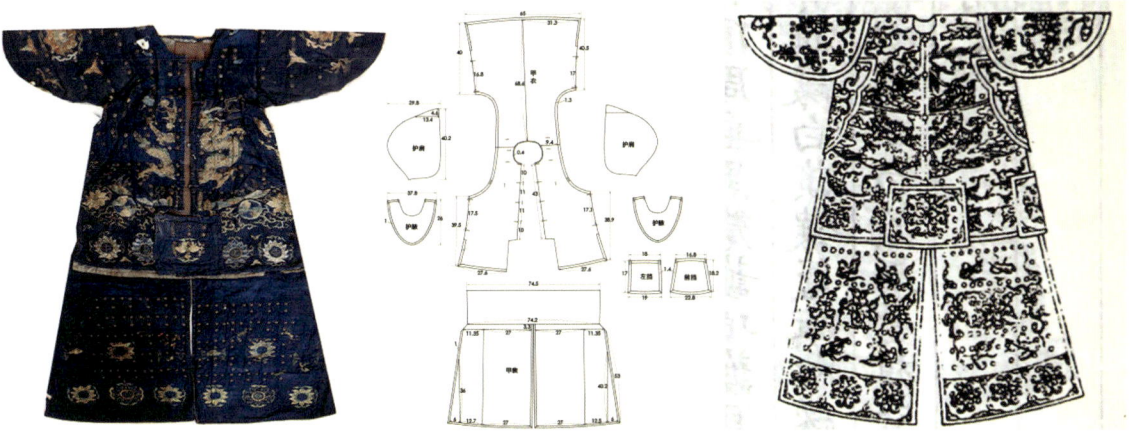

清早期暗甲标本正视图　　清早期暗甲标本结构图　　古文献中的清早期暗甲图示

图1-9　标本与文献互证呈现

前两个阶段均为基础性研究工作，在获得一手资料和数字化信息处理的阶段性实验成果后，运用"二重证据法"，将标本信息、实验成果与文献考证进行比较研究，两相印证，互为补充，从而得到扎实可靠、真实客观的学术结论。标本研究在学术上不仅有所发现，如满俗汉制的有史无据问题，而且在棉甲标本结构与规制的"图制"呈现上具有补遗的文献价值，即补充了古文献关键细节的严重不足（图1-9）。

第一章　绪论

四、文献研究与学术调查

就文献研究而言，历史文献对学术研究成果的基础性作用是不可忽视的，特别是对当世的历史文献研究。通过对清代正史和民间出版物等资料的研究来阐释清代棉甲的发展背景、成造和制度状况，最终目的是利用历史文献考释清代棉甲形制发展的过程和规律。清代正史包括典籍和图像文献，重要典籍如《大清会典》、清代各朝《礼部则例》《清实录》、地方志等。图像文献主要来源于清代及近代出土的考古报告、《皇朝礼器图式》《满洲实录》中的图像史料、康乾时期的战勋图、戎装像和《大阅图》，以及当代出版的各种关于清代武备与戎服的图像资料和博物馆的实物图像信息等。

然而，无论是文献研究还是学术成果，都不可能完整地将清代棉甲的全部信息记录在案。就实物研究而言，尽管可以掌握一定量的标本，但毕竟有限。要想获取更多的实物证据，只有通过博物馆研究和社会化学术调查。为扩充实物研究的范围，除检索相关文献资料外，还需要结合博物馆研究、走访专家、传承人和收藏家，寻求更多与清代棉甲相关的信息和线索。如故宫箭亭[1]武备馆、沈阳故宫博物院八旗陈列展、辽宁省博物馆满族民俗展、北京服装学院民族服饰博物馆、中央民族大学民族服饰博物馆等专业化博物馆的学术调查是重要补充。盛世藏宝在民间，非官方的民间收藏有两大优势：一是艺术品文物的保值规划，真品收藏不亚于博物馆收藏；二是合作或提供研究的深度、广度和时间优势要大于博物馆。本课题研究所取得的重要成果就得益于民间收藏家和非主流的文化机构。在北京访问了清代服饰收藏家李雨来、王小潇先生，赴天津拜访清代服饰收藏家何志华先生，"苏州码"在棉甲中的学术发现就是由此得到的。赴台北"故宫博物院"图书馆搜集清朝满汉文书往来的史料，台湾清史专家庄吉发教授帮助释读满文文献，接受了台湾师范大学历史学系"故宫档案专题研究"的课程训练等，为清代棉甲的结构与规制研究提供了新的角度与思路。这种学术调查无疑使清代军戎服饰的研究变得丰满立体，也使清代戎服文化满俗汉制有史无据的谜题得以破解。

---

1 箭亭，位于故宫三大殿东侧百亩广场北端，建筑面积达430m^2，相当于35个标准间，是北京城内最大的亭式建筑。其功用是清代皇帝及子孙练习骑射的地方，也是清代武科殿试的场所。引自王铭珍：《紫禁城的箭亭》，《北京档案》2004年第8期。

第二章

八旗制度与尚武文化

在中国古代军事史中，八旗制度是清朝特有的一种军政合一的组织形式，或是融于中国古代军事制度的满族范式，这本身就是满俗汉制的体现。清代统治者采用"分而治之"的政策，将满、蒙、汉不同部落、不同民族编入旗中，并将其分成八旗满洲、八旗蒙古、八旗汉军三股力量，可以说，八旗制度是游牧民族部落体制与汉族官僚体制长期交流融合的产物。在政治上，八旗制度与清王朝命运紧密相连；在军事上，八旗制度是清王朝统治者巩固政权的保障；在文化上，八旗制度以旗人身份强化中华民族的认同，从而成为古代军事制度上的一个创举。它是清代政权存在的基石，是以满、蒙、汉融合为标志的民族象征，其马背民族的传统铸就了清代游牧文明和农耕文明交融的尚武文化特征。清代戎服按照八旗制度的等级划分，在戎服的形制结构上有着严格的规制。因此，要研究清代棉甲结构与规制的关系，就要先了解它们的制度体系，而这种体系的核心就是八旗制度。

一、八旗制度的"神武开基"

八旗制度的建立是一个发展的过程，它是在女真人牛录[1]制的基础上创建的。女真人主要分布在我国的东北地区，分为建州女真、海西女真和野人女真三大部分。他们以狩猎为生，除单独狩猎外，主要采取族群围猎方式。围猎所形成的族群组织构成了"军队"的一个基本单位，每人各出箭一支，十人中立一总领，统九人而行，此总领被称为牛录额真[2]。清太祖努尔哈赤（1559-1626）出生于建州女真的一个小酋长家庭，因其祖父、父亲被明军冤杀，为复祖仇，努尔哈赤告天七大恨起兵伐明，带领军队四方征战。骁勇善战的军队所到之处势不可挡。随着降服人数逐渐增多，为便于管理，故扩充牛录，逐渐演变为八旗制度。《钦定八旗通志》有记载："太祖高皇帝辛丑年，以诸国来服人众，编三百人为一牛录，每牛录各设额真一。先是，我国凡出兵较猎，不计人之多寡，各随族党屯寨而行。猎时每人各取一矢，凡十人设长一领之，各分队伍，其长称为牛录额真，至是遂以名官。乙卯年，以削平诸国，每三百人设一牛录额真，五牛录设一甲喇额真，五甲喇设一固山额真，每固山额真左右设两梅勒额真。初设有四旗，旗以纯色为别，曰黄、曰白、曰红、曰蓝。至是镶之，添设四旗，参用其色，共为八旗。行军时，地广则八旗并列，分八路；地狭则八旗合一路而行。"[3]由此可见，八旗为努尔哈赤在万历二十九年（1601）初创四旗，万历四十三年（1615）增设四旗。初建的四旗为正黄旗、正白旗、正红旗和正蓝旗，后建的四旗为镶黄旗、镶白旗、镶红旗和镶蓝旗。在八旗制度中，定三百人为一牛录，五牛录为一甲喇，五甲喇为一固山，并分别设立牛录额真、甲喇额真、固山额真，此为满族官职称谓，固山即旗的意思，八固山即为八旗之意。

在皇太极时期，虽已称帝，但并未入关，更名满洲开始了多民族统一和国家制度建设，就在八固山（八旗）基础上增设八旗蒙古和八旗汉军，与八旗满

---

1 牛录，据李治亭《新编满族大辞典》记载："牛录，满语niru，汉义为箭。明代女真的一种生产和军事合一的社会组织。女真人出兵或打猎，按族党屯寨进行，后成为八旗制度的基层军政组织。屯垦田地，征兵披甲，纳税服役，均以其为计算单位派遣。"可见"牛录"构成北方游牧民族制度建设的核心。
2 牛录额真，据李治亭《新编满族大辞典》解释，"额真，汉义为头、主，即头目、首领。早期女真出师行猎，以十人为伍，内举一人领之，称为牛录额真。后金天聪八年（1634），皇太极改满语称牛录章京。清顺治十七年（1660），定汉名为佐领。
3 [清]官修等：《钦定八旗通志（第一册）》，吉林文史出版社，2002，第563页。

洲共同组成八旗制度的完整军事体系。天聪初年（1627），皇太极将新降蒙古人及原编入满洲旗下的部分蒙古人另编蒙古二旗。随着收编人数逐渐增多，天聪九年（1635）正式编立蒙古八旗，每旗设立一名固山额真，两名梅勒额真，五名甲喇额真，分统所属蒙古牛录。崇德七年（1642），皇太极又下令设立汉军八旗，汉军八旗旗色与满洲八旗相同，每旗设立一名固山额真，两名梅勒额真，五名甲喇额真，完成对汉八旗的编立。后于崇德八年（1643）六月，颁布旨意，"各旗闲散蒙古宜清查，人丁编入佐领，俱令披甲。现在满洲旗下者，察其壮丁，毋须混匿。其诸王、贝勒、贝子、公等家闲散蒙古编为小旗，设巴雅喇辖之"[1]，以此完善对满、蒙、汉八旗制度的管理。在《啸亭杂录》中也有记载："国家以神武开基，龙兴之初，建旗辨色，用饬戎行。始建两翼，其后归附日众，乃析为八，以本部所属者为满洲，蒙古部落而迁入者为蒙古，明人为汉军，合为二十四旗，制度备焉。每旗制，都统一人，副都统二人，参领五人，佐领以白丁为率，无定官，而每以骁骑校一人隶之。"[2]其中的都统、副都统、参领、佐领均为汉族官名，为了区分旗属，便于管理，就形成了满汉八旗官名的区别。因满蒙有着同族文脉，故蒙八旗官名与满八旗通用，仅与汉八旗官名有所区别（表2-1）。

表2-1 满汉八旗官名对照

满族官名	汉族官名	满族官名	汉族官名
固山额真	都统	巴雅喇纛章京	护军统领
梅勒章京	副都统	噶布什贤章京	前锋参领
甲喇章京	参领	巴雅喇章京	护军参领
牛录章京	佐领	噶布什贤专达	前锋校
谙班章京	总管	巴雅喇专达	护军校
乌真超哈	汉军	分得拨什库	骁骑校
噶布什贤噶喇谙班	前锋统领		

---

[1] [清]官修：《钦定八旗通志（第一册）》，吉林文史出版社，2002，第563页。
[2] [清]昭梿：《啸亭杂录》，载《笔记小说大观续编》，新兴书局，1973，第6036页。

不同官名的背后代表着武官级别的高低与军事职能的强弱，这一点也在八旗军队的站位与武器配备中反映出来。根据日本学者在《唐土名胜图会》中对八旗军妆之图的描绘，在行军布阵时，正旗与镶旗分别站位。每旗下都统居于第一排正中间，左右为两副都统，两参领居于第二排与两副都统对齐站位，两副参领居于第三排，站在前排参领的外侧，六名佐领右手执长刃大刀，左手执藤牌站在第四排，与第二排两参领及第一排两副都统对齐站位，此为八旗军官的排列方式。虽然参领与佐领的数目与清代典籍中的记载有所出入，但这种等级站位图的还原还是具有一定的学术价值。军官之后共站列有四排兵丁，每排十名兵丁的手中有不同的兵器。第一排兵丁左右手各执一把刷刀，第二排兵丁双手执挑刀，第三、四排兵丁右手执长刃大刀，左手执藤牌居于队伍最末。站在不同位置的兵丁手执不同兵器，规范明确，各司其职。由此可见，八旗的等级制度，从军队的站位到武器的配备均有详细规定，不得越雷池一步，是基于战例和实战经验确立的。这或许正是"国家以神武开基"八旗制度的实战初心，是它取胜的法宝。而治理国家时，八旗制度的民族融合便是关键，这一切也会反映在戎服上（图2-1）。

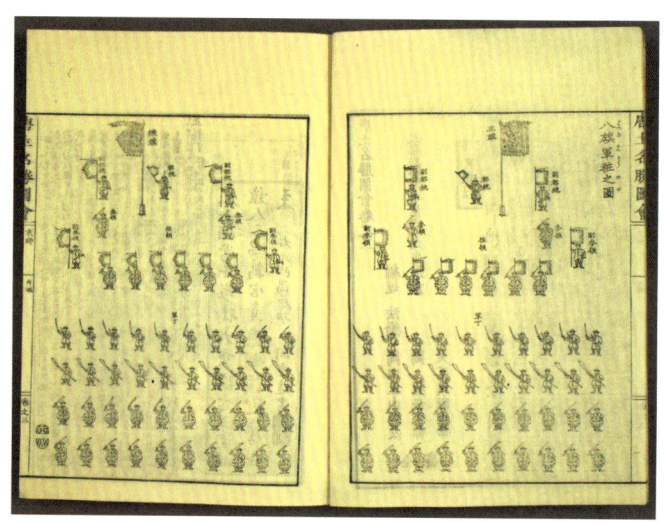

图2-1 八旗军妆之图[1]

---

[1] [日] 冈田玉山等：《唐土名胜图会（卷3）》，日本文化二年影印版，1805。

国家整个隶属于八旗，每旗隶属于旗主，旗下成员成为属人，属人与旗主有君臣之分。这可以说，清代政体打破了中国封建帝制以"文官国家制度"为主流的官僚体制，然而不论在统治时间还是中华文化建设上，它都是成功的。在努尔哈赤时期尚无八旗蒙古与八旗汉军，故命八贝勒分治其国，再由八家共同推举一人为首长，若八家意见不同，则可推翻重立。这种八旗制度类似于联邦制，更确切地说为联旗制[1]。随着八旗势力扩大，皇太极便开始抑制旗主的权利，制衡八方势力，不希望八旗子弟只知旗主而漠视皇威，故将八旗中的正黄、镶黄两旗由汗王（皇帝）直接统领，其它六旗分别由汗王的子侄统领。这便有了八旗的封建中央集权制，清承明制的色彩明显。

入关后，顺治七年（1650）多尔衮死，顺治帝亲政，收编多尔衮所统辖的正白旗归皇帝统领，形成上三旗与下五旗的格局，即正黄旗、镶黄旗和正白旗为上三旗，其余为下五旗。又对各旗做出更明确的职能划分："满洲、蒙古旗，每佐领下设亲军，上三旗隶属领侍卫府，下五旗隶属宗室亲王。设前锋，隶前锋统领。设护军，隶护军统领。设步军领催及步军，隶步军统领。其本营领催、骁骑及弓匠、铁匠、鞍匠等，各隶本旗都统。汉军旗，每佐领下设步军领催及步军，隶步军统领。其本营领催、骁骑，各隶本旗都统。"[2]编制职能的细化使清代统治者加强了对满洲等旗人的人身束缚并实现了军事职能的制度化。而作为一个行政组织，在八旗兵驻防地区，各级八旗衙属与州县系统并存[3]，此制度一直存在直到清朝灭亡。在满八旗、蒙八旗、汉八旗中，满八旗地位最高，蒙八旗略低于满八旗，汉八旗相对地位最低。八旗制度的确立不仅强化了军政一体化体制和有效管理，还极大扩充了清政府的兵源，更有利于对抗强蕃与和明朝的作战[4]，从根本上加强了对东北各民族的行政统治和管理，促进了全国各地政治、经济和文化的发展，进一步壮大了清王朝的实力。这其中还取决于八旗制度职能的完善。

---

1 孟森：《八旗制度考实》，《中央研究院历史语言研究所集刊》1936年第343-412页。
2 [清]官修：《钦定八旗通志（第一册）》，吉林文史出版社，2002，第563页。
3 孙文良：《满族大辞典》，辽宁大学出版社，1990，第9页。
4 1644年李自成农民军攻破北京，明朝被推翻，此后清军入关，建立清王朝。明亡后，明朝残余力量曾先后在南方建立弘光等政权，史称"南明"。故清初南方尚存晚明政权。引自夏征农、陈至立：《辞海》，上海辞书出版社，2010，第1316页。

二、八旗制度职能的"多元一体"

八旗制度无所不包，兼有军事、行政和生产三方面职能。清史专家陈捷先等认为："八旗制度不是单纯的军事组织，而是行政、民政、家族、经济及各种制度的综合体。"[1]由于《清史稿》将八旗制度列入"兵志"，人们会被误导认为"八旗"仅是清代的一种军制。事实上，八旗制度是清代特有的兵民军政合一的社会组织形式，学术研究早有定论。在清官修文献中也是明确的，"其制以旗统人，即以旗统兵"，八旗子弟"入则为农，出则为兵""隶乎旗者皆可为兵"[2]。这种形式可有效组织民众进行战争，也便于耕种管理，对清巩固政权、统一中原起到重要作用，故不能"舍其国而独认其为军也"[3]。可以说，这是从文官国家制度到武官国家制度的转变。

当然军事职能是八旗制度的首要职能。八旗制度本身是出于以强兵夺取政权的需要而建立的，蒙八旗和汉八旗的加入则是以善兵巩固政权的需要而增设，其核心便是兵制。八旗兵是清朝的主要军事力量，乃国之根本。八旗具体分为京师八旗与驻防八旗，顾名思义，负责守卫京城的为京师八旗，驻防八旗为地方八旗。《钦定八旗通志》兵制卷对京师八旗布防记载："顺治元年，世祖章皇帝定鼎燕京，分置满洲、蒙古、汉军八旗于京城内。镶黄、正黄居北方，正白、镶白居东方，正红、镶红居西方，正蓝、镶蓝居南方。镶黄、正白、镶白、正蓝为左翼，正黄、正红、镶红、镶蓝为右翼。左翼自北而东而南，镶黄在地安门内，正白在东直门内，镶白在朝阳门内，正蓝在崇文门内。右翼自北而西而南，正黄在德胜门内，正红在西直门内，镶红在阜成门内，镶蓝在宣武门内。"[4]《钦定八旗通志》兵制卷的卷首将满族的八旗制度与汉民族的阴阳八卦、相生相克之说结合在一起："至八旗之制，则实同于风后之握奇。盖天地之数皆以九为纪，而九数所积则皆八周外而一居中。河图、洛书皆四奇四偶统于五十，天有九宫，地有九野，皆以四正四隅环乎中央。即井田之制，以八家同养公田，亦因天地自然之象焉。风后之阵数用八，诸葛亮鱼腹石镇亦用八。其奇正相错而变化生，正隅相辅而弥缝密，盖以此也。大圣人规矩

---

1 陈捷先、成崇德、李纪祥：《清史论集》，人民出版社，2006。
2 [清]官修：《皇朝文献通考（卷1）》，商务印书馆，1936。
3 孟森：《八旗制度考实》，《中央研究院历史语言研究所集刊》1936年第343-412页。
4 [清]官修：《钦定八旗通志（第一册）》，吉林文史出版社，2002，第563页。

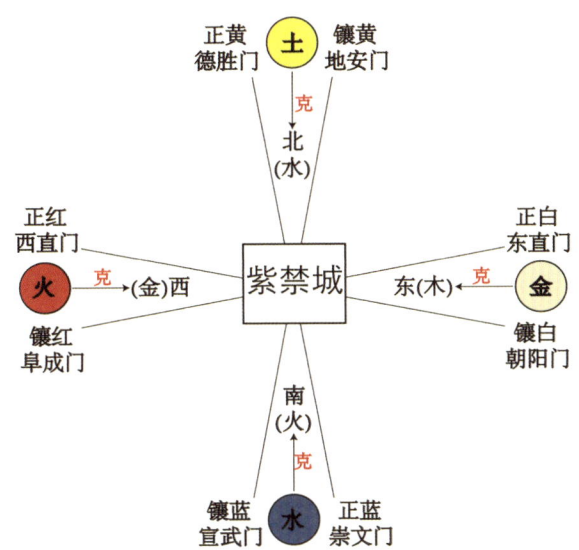
图2-2 京师八旗驻防与五行五色关系图

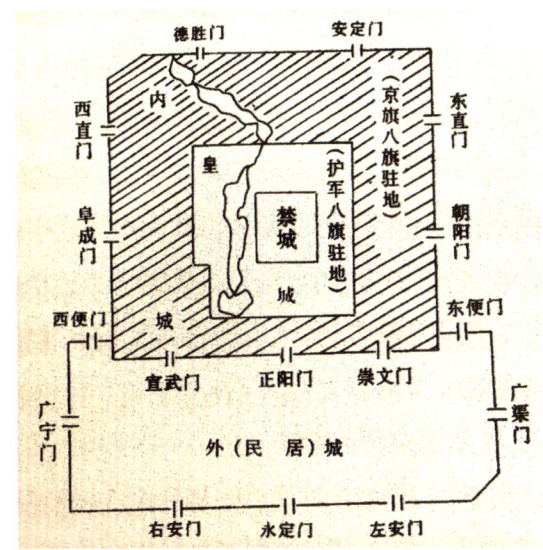
图2-3 金启孮《北京城区的满族》京师八旗驻防图

在握，造化生心，默与天地通，而暗与古之圣贤合。法立一时，制垂万祀。洵酌古今之宜，而得变通之利者矣。"[1]

满族统治者认为凡大智者皆懂得利用万物相生相克的法则，巧借天时地利，统御万方，其中不乏有与中华古之圣贤比肩的意图。虽在清史学界多半认为此乃满族统治者为巩固政权，获得民族认同所采取的附会之策，但另一方面也反映汉文化正统的根深蒂固，影响深远。按照文献记载，结合五行属性不难得出：黄色属土，北方主水，土能克水，故两黄旗置于北方；白色属金，东方主木，金能克木，故两白旗置于东方；红色属火，西方主金，火能克金，故两红旗置于西方；蓝色属水，南方主火，水能克火，故两蓝旗置于南方。将京师八旗的驻防方位转化为图示确有周易的方位传统（图2-2）。结合女真史学者金启孮《北京城区的满族》一书中的京师八旗驻防图加以比对，能够更直观地表达八旗方位与五行五色学说的关联，进一步证实满族统治者希望借助汉儒传统思想来巩固政权的政治意图（图2-3）。

京师八旗分有前锋、护军、骁骑、步军等营。前锋营由满洲、蒙古八旗中才能技勇优秀者编成，负责皇帝的安全亲随；护军营由满洲、蒙古八旗中才能技勇稍次者编成，负责皇帝外出巡幸时的警卫工作。骁骑营、步军营由所余满蒙及全部汉军组成，负责守卫工作。除此之外，还有专门演习枪炮的"火器营"，专门演习云梯的"健锐营"，专门演习各种兵器、火器及阵法的"神机营"，专备皇帝打猎的"虎枪营"和专供皇帝游玩宴乐时表演骑射和摔跤的"善扑营"。

---

1 [清] 官修：《钦定八旗通志（第一册）》，吉林文史出版社，2002，第563页。

驻防八旗负责驻守全国各省，多为满蒙汉八旗联合驻防。清朝在统一全国的过程中，每打下一座城池，便要划拨一定数量的兵力驻守。凡全国的重镇要塞、各省省会、边疆沿海都有驻防八旗镇守。驻防八旗是保障清王朝领土安全的堡垒，对稳定重要边塞的安宁、保障来往贸易互市的畅通、巩固边疆沿海的安全都起到重要作用。

除军事职能外，八旗制度还担负着重要的经济与生产职能。陈捷先等研究认为："从八旗的高级长官旗主到最小单位的牛录额真，他们战时领兵，平时则忙于登记户籍、查勘土地、分配财物、收纳赋税、解决民刑、摊派劳役、指导畜牧、监督生产、办理婚丧以及控制宗教等工作。"[1]可见，八旗制度与清王朝的政治、经济、生产生活紧密相连。从政治方面看，八旗制度是清朝满汉分治的有效手段。在清初民族矛盾较为尖锐的情况下，八旗制度将满族人口与汉族分离，一定程度上缓和了民族矛盾。清中期以后，满汉的分隔，也是防止满族消融于汉族汪洋大海中的手段之一。从生产方面看，八旗兵丁不分旗属，出则为兵，入则为农，既可上阵杀敌，又可从事农桑，保障生产生活的正常运行。

一部八旗史，既是一部清代史，亦是一部中华各民族共同打造土海疆域版图的融合史。八旗制度统辖了满蒙汉三个民族的子民，是清王朝创建多民族大一统国家的思想基础、民和基础和少数民族政权历史的成功体现。在这种多元治理下，清王朝出现了同时囊括游牧（东北）、农耕（中原）、藩属（西南各民族）、草原（蒙古、西藏、新疆）、海洋（沿海）的五种文化并存的制度模式，实施贯彻了"多元一体"的"中和"思想。而这种思想的实现，八旗制度功不可没。正是由于驻扎在各地的八旗官员、士兵和各民族的同心同德，忠于职守，才使得清王朝形成了政治、经济、军事、文化等方面多元融合的大一统盛世。清朝是中国古代历史上以少数民族统治实现民族大融合最成功的盛世王朝之一。

---

[1] 陈捷先、成崇德、李纪祥：《清史论集》，人民出版社，2006。

三、从弓马骑射到军事仪制

我国古代封建帝王对于天地的祭祀、神祇的膜拜，实质意义就在于证明其政权的合法性与正当性。而为了保卫国家安全、社会安宁与人民安居，国防军事上的大阅典礼便成为这种王权神授仪式的重要组成部分。虽然国家"好战必亡"，但同时也"忘战必危"，故我国古代王朝常于农隙时日的仲冬之日，举行大阅典礼等军事活动，一方面训练士卒，另一方面亦提醒勿忘居安思危的道理。尤其对于清朝这一有着深远尚武文化的民族而言，对弓马骑射传统的保持显得尤为重要。清王朝在政权巩固之后逐渐形成大阅典礼、木兰秋狝和南巡演武这些以践行八旗制度为目标的尚武文化活动。这种彰显国家武备的仪制在满人看来无疑对于清王朝具有非凡的意义。

1."大阅"制

如果说八旗制度是清朝尚武文化的兵制建设，大阅则是"勿忘武备，永垂法守"[1]的礼制建设。大阅成为国家制度，事关政权统治、江山社稷而载入清朝官方典籍，此种大阅典礼形式起到扶绥万邦、威慑四海、不战而胜的作用。清代的大阅制度早在入关之前便由清太宗皇太极始定。天聪七年（1633）十月和天聪九年（1634）三月，皇太极连续在盛京[2]北郊举行大规模阅兵活动，以弘扬武功，威慑天下[3]。顺治皇帝继位后，十分清楚保持骑射优势对于治国安邦的重要性，于顺治七年（1650）下达谕旨："我朝原以武功开国，历年征讨不臣，所至克捷，皆资骑射。今幸荷天庥，得成大业，虽天下一统，勿以太平而忘武备，尚其益习弓马，务造精良。"[4]并于顺治八年（1651）初定大阅清制[5]，顺治十三年（1656）确定每三年举办一次大阅典礼[6]。

康熙时将大阅典礼等军演程规纳入清代礼制典章，并对其形式、地点、服饰都做了详规定。康熙皇帝曾在御制诗《大阅》中写道："南苑风高水潦收，

---

1 永垂法守，出现于故宫箭亭内室宝座东侧的通卧碑中，其上镌刻着乾隆十七年（1752）皇帝谕教骑射的旨意。碑文上有"学习国语，熟练骑射，操演技勇"等文字，并告诫子孙要"永垂法守"，以警示八旗子弟勿忘祖先基业由来，莫因贪图安逸疏于武功骑射，以致武备废弛。
2 盛京，清朝（后金）在1625至1644年的都城，即今辽宁沈阳市。
3 [清]官修：《清太宗文皇帝实录(卷16、18)》，采自"档案数据库"。
4 [清]官修：《钦定大清会典事例（嘉庆朝·卷847）》，文海出版社，1991，第6页。
5 [清]官修：《清实录·大清世祖章皇帝实录（卷56）》，中华书局，1985，第4页。
6 [清]官修：《清实录·大清世祖章皇帝实录（卷103）》，中华书局，1985，第11页。

旋催羽队肃貔貅。九天鼓吹鸣金镯,万乘旌旄拥翠虬。马足过时残雪尽,銮声回处朔云浮。宣威端在承平日,自昔经邦有大猷。"[1]乾隆时大阅鼎盛并成定制,大阅多在京城南苑举行,满、蒙、汉八旗子弟参加人数高达数万人。足见乾隆皇帝经营天下的雄心壮志是以恢弘的大阅典礼昭告天下的,可见它的政治意义远大于军事意义[2]。

  在照相术发明之前,绘画毫无疑问是真实记录历史的最佳手段。宋代的院体画成宫廷"图记"的集大成者,明代的御容像和御行图成为"图记"的核心,清代乾隆朝除御容像和御行图外,"大阅图"是最具标志性的绘画,是研究清代戎服文化不可忽视的图像史料。1739年,登基四年的乾隆皇帝,首次在南苑检阅八旗部队,以壮军威。乾隆十一年(1746),以文治武功自诩的乾隆皇帝下旨,命郎世宁、金昆、梁诗正等当朝十位宫廷书画家将自己首次阅兵盛况绘制呈现,以永世珍藏。在尚存的乾隆《大阅图》中完整记录了大阅过程中"幸营""列阵""阅阵""行阵"四部分。而在"大阅"之前,还包括事前的准备工作。据《清会典事例》所载,在"大阅"举行的三个月前,就必须由负责天文气象的钦天监挑选阅兵的大吉之日,再由兵部向皇帝禀报并获得批准后,整个大阅典礼的准备工作才会正式开展。首先,八旗诸营必须开始修整兵器、甲胄等。到典礼举行的两个月前,各旗分别在原驻扎地开始操练大阅时的行阵之法。举行大阅的一个月前,由兵部整理大阅操场,进行实地演练[3]。大阅之时,由皇帝全面检阅八旗军队的武功技艺和军事装备。八旗军队各按旗分,依照上三旗与下五旗的顺序,分为前锋、护军、骁骑、步军等营,穿戴甲胄,整齐列队,等待皇帝的检阅。届时,八旗兵丁会依次在皇帝面前表演火炮、鸟枪、骑射、布阵、云梯等技艺。一切皆行礼如仪,行阵过后,皇帝于当日赐宴给参与校阅的八旗军队,标志大阅礼成。绘制的《大阅图》将清代最为强大的武备仪制的瞬间定格在画卷之上,成为中国冷兵器时代最后辉煌的见证(图2-4)。

---

1 [清]官修:《钦定八旗通志(第一册)》,吉林文史出版社,2002,第563页。
2 乾隆朝后不具攻防作用的棉甲在大阅中被广泛使用与此有关,不仅乾隆帝有谕旨,对这个时期棉甲的研究也提供了实物不为人知的细节(见第六章和第七章)。
3 [清]官修:《清会典事例(卷704 兵部·大阅一·大阅规制一)》,文海出版社,1992,第769页。

38 满族服饰研究:清代戎服结构与满俗汉制

图2-4 《大阅图》(局部)[1]

在清朝阅兵典礼中,军队官兵均需依照服制等级穿着甲胄。在乾隆《大阅第二图·列阵》的图记中记载了大阅时各级官兵穿着甲胄的规制:"甲胄之别,汉军火器营之异鹿角者,有两裆而无袖与下旅。炮手不介胄而衣黼袍短褂,取便捷也。蓝甲而饰其缘以其旗之色者,护军也。白甲而饰其缘以其旗之色者,护军校也。甲如其旗之色者,骁骑校及领催、兵丁也。护军、护军校胄皆饰以朱缨,而其将领之胄则黑缨。骁骑校领催、兵丁之胄皆黑缨,而将领则朱缨。大臣之胄,其上饰以豹尾、雁翎,明等威也。"[2]由此可见,在清朝走向最后帝制的中兴时代,通过大阅衣冠服饰辨明等级旗属的制度开创了历史先河,后再无此举(图2-5)。

---

1 台北"故宫博物院":《大清盛世——沈阳故宫文物展》,台北"故宫博物院",2011,第77页。
2 王宏钧:《乾隆南巡图研究》,文物出版社,2010,第365页。

图2-5 乾隆《大阅第二图·列阵》图记[1]

关于乾隆四年（1739）的这次大阅，乾隆皇帝十分满意，因此在给总理大臣的一道谕令中写道："武备一道，乃国家要紧之事。务于平素，演习技能，整齐器械，讲究兵法，使成健壮。皇考以武备关系甚重。蒙颁训谕。雍正六年阅兵之时，皇考施恩王大臣官员，以及兵丁，皆有赏赐。朕敬遵皇考圣意，定为三年一次阅兵。今看阅各兵，进退整齐，朕甚喜悦。著交总理大臣等，照雍正六年之例，查明奏闻赏给。寻加赐在事大臣官员等貂皮、银、俸，及兵丁等银、有差。"[2]由这道圣谕可知，乾隆深刻体会到武备对于国家的重要性，也了解大阅典礼的举行正是要求官兵能透过操演而居安思危，进而号召天下、振奋民心。然而它解决不了实战问题，因此太平无战事的休兵使木兰秋狝成为"制度"。

---

1 王宏钧：《乾隆南巡图研究》，文物出版社，2010，第362页。
2 [清]官修：《大清高宗纯（乾隆）皇帝实录（第二册）》，华联出版社，1964，第564-565页。

图2-6 《哨鹿图》清郎世宁绘 绢本设色(纵267.5cm 横319cm)[1]　　右图为《哨鹿图》局部，骑者为乾隆皇帝[2]
（来源：故宫博物院藏）

2. 木兰秋狝

木兰秋狝是清代皇帝在北京以北四百余公里的皇家猎场中秋季举行的围猎活动。每一次木兰秋狝实际上都是一次规模庞大的军事演习和仪式行动，是皇帝检验国家精锐部队战力、锻炼兵勇、保持本族尚武本色的操练制度。木兰，满语释读"muran"，意为"哨鹿"。在《啸亭杂录》中记载："上搜猎木兰时，于黎明亲御名骏，命侍卫等导引入深山叠嶂中，寻觅鹿群。命一侍御举假鹿头作呦呦声，引牝鹿至，急发箭殪毙。取其血饮之。不惟延年益壮，亦以为习劳也。"[1]秋狝即秋猎，是继承自周代帝王因时令而出猎的春蒐、夏苗、秋狝、冬狩之一，可见秋狝亦是上古中原从狩猎到农耕文明的见证，且是并未消失的传统。

乾隆六年（1741），乾隆皇帝第一次实施木兰秋狝的盛况，全体行列刚刚进入木兰山区的景象被当时的西洋画师郎世宁（1688-1766）以《哨鹿图》为题真实地描绘下来。画面近景清晰可见乾隆皇帝与扈从大臣，其中包括武英殿大学士来保（1681-1764）与保和殿大学士忠勇公富察·傅恒（1722-1770）。层峦叠嶂间绵延浩荡的队伍彰显木兰秋狝的盛大规模与皇家气派（图2-6）。

---

1 故宫博物院官网 http://www.dpm.org.cn/collection/embroider/230496.html。
2 Chuimei Ho and Bennet Bronson, *Splendors of China's Forbidden City* (Chicago：Merrell Holberton, 2004).

第二章　八旗制度与尚武文化

木兰围场是行围较射的习武场所，在今承德以北约一百五十公里的围场县境内，围场县亦由此得名。它北临巴林和克什克腾，东接翁牛特、喀喇沁，西至察哈尔，南与承德为界。最初是漠南蒙古喀喇沁、敖汉、翁牛特诸部献给康熙皇帝的猎场。从康熙二十二年（1683）六月康熙皇帝首次入围狩猎，到嘉庆二十二年（1817）九月嘉庆皇帝最后出围，共一百三十五年间，康熙、乾隆、嘉庆三帝共八十八次到木兰围场行围秋狝。每次入围大约在农历的八九月间，仲夏启銮，仲秋入哨，顺时而举，行围较射，绥柔外藩[1]。避暑山庄因此成为处理国家政务的第二个政治中心，这种行动抑或称作"围场政治"。

秋狝期间，除秋狝仪式之外，大规模的围猎每天都要进行两次，上下午各一次。每日黎明前撒围，暮色苍茫时罢围。康熙皇帝曾制定木兰行围仪制，规定行围时"皇帝临围场亲御弓矢，围合兽突，皇帝发矢殪之。御前大臣、侍卫皆射，轶于围外者，从官追射。遇大兽，虎枪官兵从之。既获兽，各比次其类以献，驾还行营，以所获兽颁赉从诸臣，大狝礼成，赐宴赏贡有差"[2]。秋狝是重要典礼，皇帝必须亲射示范，散围后举行宴会。狩猎后的猎物都要先呈给皇帝，皇帝根据将士捕获猎物的多少，执勤的优劣，分别论功行赏，注册备案，根据猎获成果分别赏赐，然后君臣兵属各执仪分享所获之物。郎世宁所绘《乾隆皇帝围猎聚餐图》描绘的便是乾隆十四年（1749），乾隆皇帝一行围猎结束后，正在等待侍从扒鹿皮、切鹿肉、烩鹿汤、烤鹿肉，享受战利品的场景，画面写实而富有生活气息，具有实景记录功能。围场的军事意义在于，皇帝宗室、官弁兵勇需要面对围场艰苦的自然环境，不畏艰难，射杀猛兽，这是一项需要付出代价才能完成的艰巨任务，甚至有人在这一过程中失去生命。所以，清帝举办木兰秋狝，首先是旨在艰苦环境中锻炼军队，保持本族的好战本性；其次，则是以满蒙两族共同的骑射文化传统来笼络蒙古上层，增进民族认同感情，形成上下联谊、恩威并济的旗属习俗，使其感服帝国的军事力量，不至心生异端。从巩固满蒙同盟的意义上看，木兰秋狝就是一座无形的坚固"长

---

1 绥柔外藩，通过对少数民族部落实行宽厚的怀柔政策，促进民族团结，进而达到巩固国家政权的目的，是清朝皇帝的一种政治策略。
2 庄吉发：《清史论集（二十三）》，文史哲出版社，2008。

城",维系着国家的长治久安。当从政治、军事和民族的高度来审视清帝的木兰秋狝仪制时,便极大地稀释了清代帝王射猎文化的娱乐属性[1](图2-7)。

图2-7 《乾隆皇帝围猎聚餐图》清郎世宁绘 绢本设色(纵317.5cm 横190cm)[2]
(来源:故宫博物院藏)

---

1 [清]官修:《皇朝通典(卷五十八·礼十八·军一·大狩)》,商务印书馆,1936,第47-48页。
2 故宫博物院官网 http://www.dpm.org.cn/collection/embroider/230496.html。

乾隆帝追求十全的性格使其成为大清王朝民族融合的推手，木兰秋狝便是标志性事件。乾隆皇帝自小受到康熙皇帝的养育，影响甚深。他即位后，便法效圣祖，习武训猎，励精图治，沿袭康熙皇帝定时狩猎的习惯。与先帝不同的是，他更重视木兰秋狝仪制，积极推广满族骑射传统，并以制度化成为保障，缔造了辉煌的乾隆盛世。乾隆皇帝多次秋狝木兰，勿忘武备，行围较射。更深层的意义是以此实施他的怀柔政策，联谊藩部，享永世太平。参加秋狝的人员除皇亲贵胄、文武官员和八旗将士外，还有以蒙古族为首的各少数民族的首领及属下，每次参加人数不等，最多时达数万人。《丛薄行诗意图》描绘的历史背景是乾隆二十三年（1758），与回部相邻的布鲁特部派出使臣觐见乾隆帝的场景。这一年的九月初三日，布鲁特使臣来到木兰围场，向正在那里围猎的乾隆帝称臣。乾隆帝在避暑山庄多次赐宴、赏灯、观烟火，还破例让这些部族使臣随驾进京，并谕令宫廷画家郎世宁与方琮为布鲁特部臣服一事作《丛薄行诗意图》。画绘成后悬挂于西苑瀛台听鸿楼，以作纪念。此图表现的是乾隆帝在木兰围场狩猎后，观看索伦武士贝多尔生擒幼虎，接受少数民族首领觐见的场面。图中共绘有8位布鲁特首领。这种通过观看军事演习的朝见，无疑起到了笼络蒙古各部，肆武绥藩与训练八旗将士的作用[1]（图2-8）。

盛清以降，嘉庆帝与道光帝虽然重视行围，一再提倡满族弓马骑射，然而八旗将士早已因国家承平日久而疏于训练，致使武艺废弛，清朝的武功国力大不如前。据史料记载，嘉庆二十四年（1819）十二月，嘉庆帝召见盛京副都统富祥询问行围情况，富祥奏称每次行围后，按照惯例每名兵丁要交一只鹿、两个鹿尾以验收成效。但兵丁们担心交不出足量猎物，竟然雇佣百名炮手用枪杀鹿，再插在弓箭上充数[2]。这件事情虽使嘉庆帝震怒，下令改制，但嘉庆皇帝却视此为个案，未能大刀阔斧进行改革，仅是治标不治本，逐渐使清朝武备废弛衰弱，走向不可挽回的深渊，木兰秋狝也就成为清朝盛世尚武的文化符号。其实在乾隆后期大阅兵士棉甲的装饰中就有所显现。

---

1 朱诚如、任万平：《清史图典（乾隆朝·上）》，故宫出版社，2019，第10页。
2 [清]官修：《清实录（卷365）仁睿宗皇帝实录："嘉庆二十四年十二月辛亥"》，中华书局，2008，第30-31页。

图2-8 清乾隆《丛薄行诗意图》(局部) 清郎世宁、方琮合绘 绢本设色(纵424cm 横348cm)[1]
（来源：故宫博物院藏）

3. 南巡演武

南巡演武的不忘武备、肄武绥蕃是从康熙朝开始的，形成北有木兰秋狝，南有南巡演武之制。乾隆皇帝在位期间效仿祖父康熙，先后六次南巡，在他七十五岁时曾说"余临御五十年，凡举二大事，一曰西师，一曰南巡"，将南巡视为他生平最重要的事项之一[2]。乾隆皇帝南巡的目的主要是巡视江南地区的河工海防、礼贤下士、减免赋税与游历山水。在南巡期间，乾隆皇帝还

---

[1] 朱诚如、任万平：《清史图典（乾隆朝·上）》，故宫出版社，2019，第79页。
[2] 王宏钧：《乾隆南巡图研究》，文物出版社，2010，卷首。

曾在苏州、杭州、江宁、嘉兴等地多次阅兵，检阅军队操练，整饬营务，并也像木兰秋狝一样下旨命宫廷画师将南巡演武如实绘呈。现存的《乾隆南巡图》将乾隆十六年（1751）首次南巡的盛况展现得淋漓尽致。该图卷由宫廷画师徐扬绘制，共十二卷，纸本设色，纵68.6cm，横总长15417cm。十二卷的内容分别为：第一卷，启跸京师；第二卷，过德州；第三卷，渡黄河；第四卷，阅视黄淮河工；第五卷，金山放船至焦山；第六卷，驻跸姑苏；第七卷，入浙江境到嘉兴烟雨楼；第八卷，驻跸杭州；第九卷，绍兴谒大禹庙；第十卷，江宁阅兵；第十一卷，顺河集离舟登陆；第十二卷，回銮紫禁城。其中第十卷江宁阅兵描绘的是乾隆皇帝此次南巡中继苏州、嘉兴、杭州之后，对地方驻防满汉军队一次最大规模的阅兵，其规模和宏大的场景堪比清朝国家的大阅典礼。

　　第十卷江宁阅兵图卷描绘的是乾隆皇帝在江宁太平门内覆舟山下校场阅兵的盛况。此图卷纵68.6cm，横915cm，在卷首右上角有："瞧暄晴午丽光春，映日晶晶组练陈。天堑长江称地利，省方要务重安民。放牛归马承平久，踞虎蟠龙指顾新。我适孝陵禋谒罢，当时创业想艰辛。"此诗大意是说，在春日明媚的中午，满汉大军严阵以待，太阳照射在盔甲兵器上闪闪发光。视察长江河工是最为要紧的事，关系到百姓安居乐业的长久之计。放牛于桃林，牧马于南山，指点江山，虎踞龙盘。我（乾隆皇帝）到孝陵祭奠明太祖，不禁想到祖上创业的艰辛。从乾隆皇帝为南巡阅兵所作的诗，可以看出南巡河工、民生要务与江南驻防的关系重大，表达了皇帝希望即便国家承平日久，八旗子弟也能够不忘武备，保持精进的骑射技艺。在此卷中所描绘的阅兵场上，各属旗帜迎风招展，旗帜下受检阅的队伍由江宁驻防满汉官兵组成。队伍分成左翼、右翼两大阵营，左翼由镶黄、正白、镶白、正蓝四旗组成，右翼由正黄、正红、镶红、镶蓝四旗组成。队伍各按旗属依次列队，组成不同的方阵。兵士们按兵种或肩扛火枪或手持刀械，队伍秩序严整。两翼中间是宽敞的通道，直达百十丈外的皇帝阅兵台。场面宏大隆重，是八旗制度定制之后以图像形式的完整记录，具有很高的史料价值（图2-9、图2-10）。

图2-9 《乾隆南巡图》第十卷江宁阅兵局部：镶白旗、正蓝旗兵丁阵营(左)与镶黄旗、正白旗校尉阵营(右)[1]

图2-10 《乾隆南巡图》第十卷江宁阅兵局部：镶黄旗、正白旗兵丁阵营(左)与汉军绿营校尉阵营(右)[2]

乾隆皇帝勤政务实，但也好大喜功。他在位期间六次南巡，有得也有失。通过南巡，乾隆皇帝真正了解了江南地区的官风民情，同时又大兴河工，减免赋税，检阅驻防，关乎百姓安居乐业与物产安全，促进了江南地区的经济发展、文化繁荣。从某种意义上讲，南巡在乾隆时期最盛，且又赋予"要务重实民，在于不忘武备，精进骑射"的军事意义，是乾隆盛世达到顶峰的标志性事件。但是，乾隆南巡的开支也十分巨大。每次南巡，都会历时四五个月，耗费上百万两白银，加剧国库的衰萎，也给百姓的正常生活带来了不小的搅扰。这些歌舞升平、演武浩大背后的信息或许是大清由盛转衰的信号。

---

1 王宏钧：《乾隆南巡图研究》，文物出版社，2010。
2 同上。

四、本章小结

　　以史为鉴，可以知兴替。站在历史的至高点，清朝能够入主中原长达二百六十余年，有其政治智慧；站在民族的至高点，清朝入关一统江山，能与多民族和谐共处、再造盛世，有其制度统御的智慧；站在文化的至高点，书画陶瓷、服绣纹章沛然勃兴，开启一代风华，有其生活艺术的智慧。而这些成就都离不开清王朝八旗制度的构建与对尚武文化的继承。清代八旗制度统辖多民族一体化的军队，集军事、政治、生产生活功能于一身。军戎服饰在帮助落实八旗制度的管理和旌表戎制国礼起到重要作用。上至皇亲贵胄，下至校尉兵丁，都有着明确的戎礼规范，彰显以服饰辨等级、垂裳而治的国家意志。同时，八旗制度也在创建民族多元一体的大清王朝的历史进程中发挥了重要作用，为实现中华民族大一统格局付出了本民族的"巨大牺牲"，在中国乃至世界史上留下了民族交往、交流、交融不可磨灭的篇章。清代尚武文化在几代英明之主中得到充分发展。大阅典礼抚绥安邦，彰显强国盛世的军事实力；木兰秋狝实战的制度化安排，激励八旗子弟不忘马上骑射的民族传统；南巡演武检阅民生要务的驻防，时刻保持江南驻防满汉部队的军备精进，铸就了康乾盛世。清代的《大阅图》《乾隆南巡图》等画作淋漓尽致地展现了尚武文化的重大事件，画作中人物的衣饰也真实地记录着清代军戎服饰文化的历史褶皱，它承载的信息甚至可以管窥一个王朝独特的制度系统。

第三章

清代戎服系统

一、甲胄与行服二元戎服系统

　　清代以骑射开国，天下一统，武备戎服在其历史发展中扮演着重要角色。清太祖努尔哈赤凭十三副铠甲起兵复祖仇，戎马一生，打下大清江山，十三副铠甲便成为努尔哈赤登上中国历史舞台成就最后一个帝制王朝的象征。皇太极继位后，秉承先父遗志，东征西战，披甲杀敌，终建都盛京，奠定大清基业。入关后，中兴的乾隆皇帝躬诣盛京，拜祭祖先，慨叹祖上创业艰难，为时刻警醒自己励精图治，教育臣民居安思危，遣人复制了努尔哈赤、皇太极曾穿过的铠甲以警示后人。可以说，武备对于大清王朝有着特殊的历史意义。

　　戎服系统的建设是治国的国家意志，也表现出弓马骑射的满人传统，形成了清代戎服实战与仪典用甲胄和围猎骑射时所穿行服两大类，即甲胄与行服二元戎服系统。甲有棉甲、明甲、暗甲、藤甲、锁子甲之分；盔胄有皮盔、铁盔等。依使用者的身份地位，将甲胄分为皇帝、亲王、贝勒、贝子、镇国将军一二三等、辅国将军一二三等、侍卫及兵丁甲胄等，同时又以八旗旗属等级分置，共六十种之多，且每一等级的甲胄形制大体统一，等级区分体现在面料、图案、颜色、装饰、部件的不同配备，区别繁复且等级严密。它在日本学者影印版的《唐土名胜图会》中有详细记录（图3-1、图3-2）。

　　行服是由行冠、行褂、行袍、行裳、行带五部分组成，它们通过组配、材料、颜色、饰物的不同来区别等级，依皇帝、亲王、都统、侍卫、兵丁而规制有别。但清代行服因介于服饰体系与武备体系之间，行服多为边缘化服饰类型，无论是作为常规服饰还是戎服都得不到重视，故一直以来成为学术研究的薄弱点，鲜有系统完整的学术成果出现，更没有行服的专题研究，多以碎片化呈现。通常情况是将行服单纯视作骑射时穿着的常服或便服，而未将其与甲胄结合视为完整的武备服饰体系。虽不乏有对清甲胄品类的形制介绍，但也只有类属图例的展示，没有对清代戎服体系进行全面完整的梳理与学术研究。因此，对清代戎服体系建构与制度文化的探讨是本章的主要任务。通过对清代甲胄系统和行服系统的研究，发现戎服系统的两大分支从形制到结构有明显的渊

1　十三副铠甲：在《钦定八旗通志·兵制志一》中记载："太祖高皇帝初设四旗。先是，癸未年，以显祖宣皇帝遗甲十三副征尼堪外兰，败之。又得兵百人，甲三十副。"

源关系，或许可以勾勒出一个从行袍、行褂到马褂和棉甲的发展路径。值得研究的是，当一个新的戎服形态出现之后，并不是取而代之，而是共治或丰富这个戎服系统。制度形态表现在材料、工艺、配色、装饰的形制系统中。在艺术上赋予满汉文化融合的审美取向与特殊的民族意涵。因此，戎服系统是清代尚武治国不能绕开的物证。

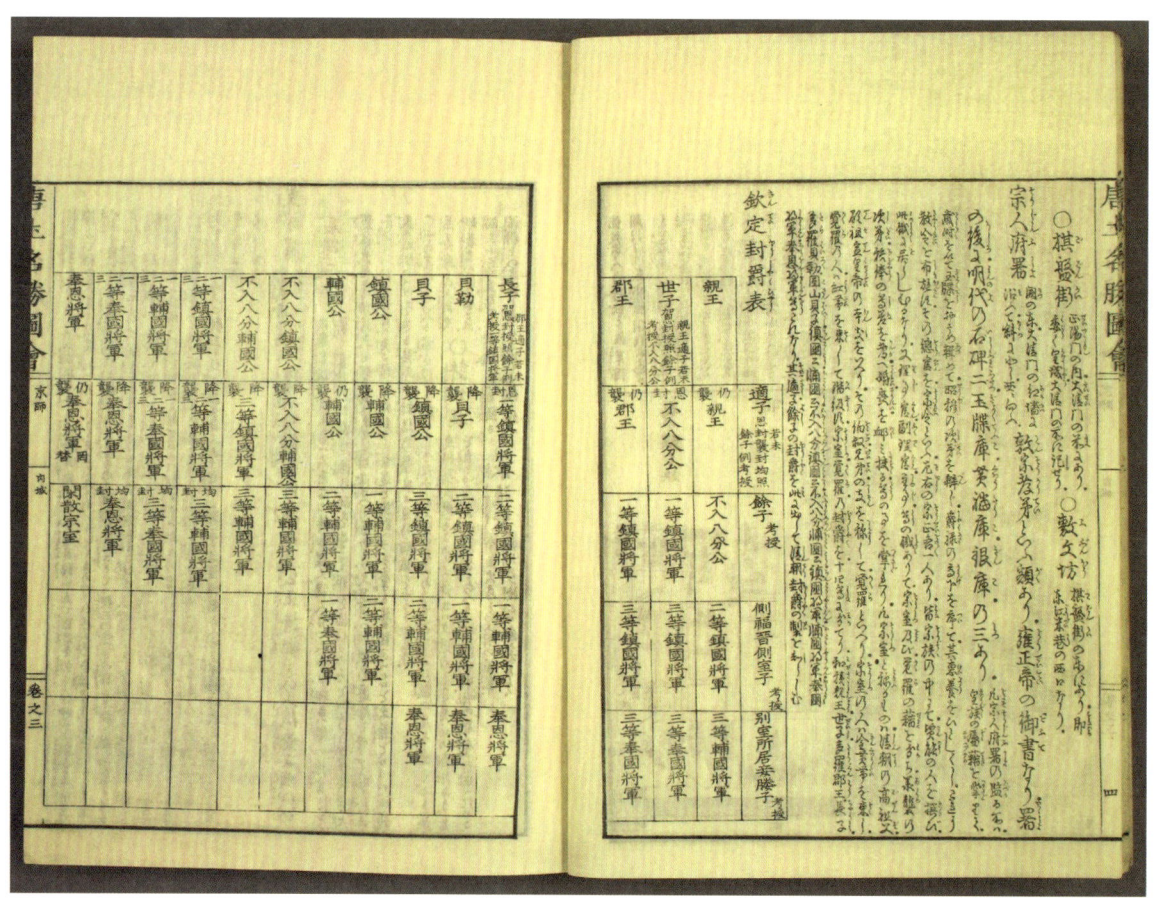

图3-1 八旗等级列表[1]
（来源：《唐土名胜图会》）

---

[1] [日] 冈田玉山等：《唐土名胜图会（卷3）》，日本文化二年影印版，1805。

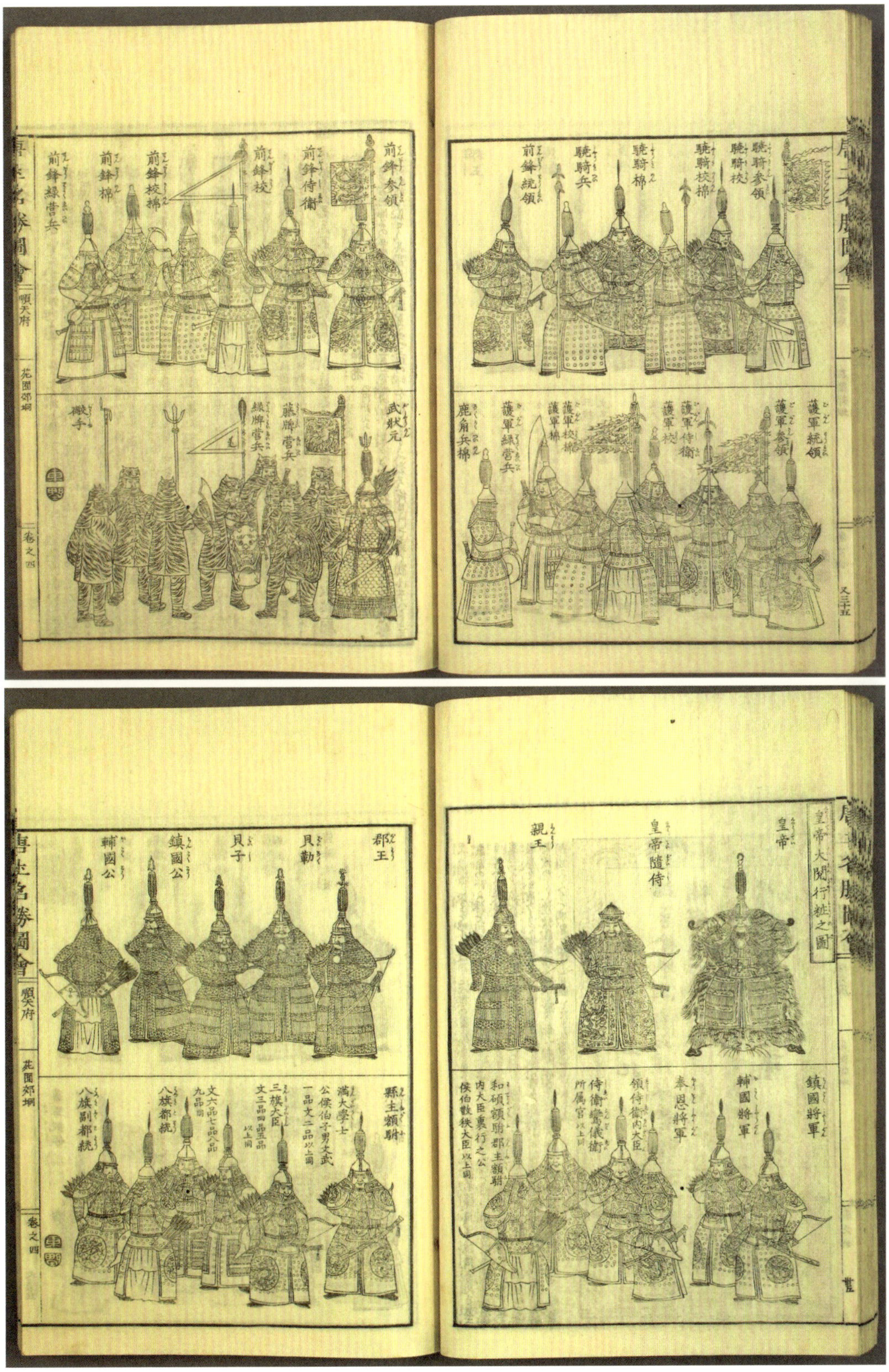

图3-2 八旗甲胄图绘[1]
（来源：《唐土名胜图会》）

---

[1] [日]冈田玉山等：《唐土名胜图会（卷4）》，日本文化二年影印版，1805。

第三章 清代戎服系统 53

二、甲胄系统

1. 棉甲胄从务造精良到万乘旌旄

在清代甲胄系统中，棉甲数量最多，形制也最为典型。大清以武功立业，故制定等级森严的甲胄制度以区别身份位阶，明确规定了不同等级甲胄的形制、用料、颜色等方面的差异[1]。棉甲可拆装上衣下裳的形制成为清代戎服主体形制，虽与北方马背民族有直接关系，但棉花的种植和使用还是要靠中原农耕文明和发达的纺织绣作技术，它们是支持庞大军服棉甲制造的国力保障。因此江南三织造可以说是贯穿整个大清的国家制造体系，棉甲呈现满俗汉制或许更具标志性。棉甲的管理制度十分完备，棉甲分为皇帝大阅甲、随侍甲[2]、护军校棉甲、骁骑校棉甲、骁骑棉甲与鹿角兵棉甲；棉胄分为皇帝大阅胄、骁骑校棉胄、前锋棉胄与骁骑棉胄。棉甲为上衣下裳制，甲衣可拆装部分，在肩上装有左右护肩，肩的下部装有左右护腋，前中系挂梯形护腹称为前挡，左侧有左挡，右侧因挎箭囊而遮挡故以此替代。高等级棉甲臂膊均配甲袖。甲裳分为左右两幅，用带子系于腰间后再穿甲衣。清朝棉甲形制和成为规范的组配并非满人独有的规制，而是明显继承了古甲文脉。从具有标志性古甲的曾侯乙墓和秦始皇陵兵马俑坑出土的情况看，甲胄也是上衣下裳制，最典型的护肩始终存在，甲袖也是在高级别甲衣中才有，只是清代甲胄的护腋和前挡更具满人特色，或与日常成俗的弓马骑射有关。棉甲配套的盔胄仍不乏古制的影子，盔前后中各有一梁，额前正中有一尖突形铁质遮眉，盔身由舞擎及覆碗组成，覆碗上有一形似倒扣酒盅的盔盘[3]，其中部竖一根铜管用以承接缨枪，盔帽后垂棉质护项，左右垂护耳，颔下有护颈，这些盔帽组配形制与曾侯乙墓中的战国甲士俑没有根本的区别。对于此种形制的清代甲胄系统，从先秦到宋明的考古发现来看，甲胄的乾隆定制并非不遵古制，也不会放弃祖俗，智慧就在于它们结合得天衣无缝（图3-3、图3-4）。

---

1 [清]官修：《钦定大清会典事例（卷710·兵部盔甲之制）》，文海出版社，1991。
2 皇帝大阅甲、随侍甲，包括了镶缀铁叶的甲胄制式。清中期戎服典章定制时，明甲与暗甲皆在棉甲的基础上进行改变，此时的棉甲已成为广义上的清代甲胄的代名词。故附加铁叶具有实战功能的皇帝大阅甲、随侍甲也划归于棉甲的范畴。在清后期铁叶的存废也使棉甲发生了从实战到象征意义的重要改变。
3 孙文良等：《满族大辞典》，辽宁大学出版社，1990，第659-660页。

54　满族服饰研究：清代戎服结构与满俗汉制

图3-3 曾侯乙墓（左）和秦始皇陵兵马俑坑（右）出土的甲士俑[1]

---

[1] 黄能馥、陈娟娟、黄钢：《服饰中华——中华服饰七千年》，清华大学出版社，2011，第127、171页。

图3-4 清乾隆八旗兵丁棉甲和各部位名称[1]

棉甲胄虽种类繁多，但结构形制相同[2]，制式在面料、图案、装饰、颜色等细节处有所区别。据《钦定大清会典》记载，"皇帝大阅甲明黄绮表，月白里青缯缘，联以明黄条金铰，通绣金龙二十有三，裳幅以金线相比为金鍱五重，前悬护心镜，后横金云叶，勒以明黄绦，中敷棉。亲王以下至入八分公甲，石青锁子锦表月白绸里青缯缘裳幅，护肩皆露铁叶，饰珊瑚绿松青金石，金云龙中敷铁，外布金钉，前悬护心镜，勒以绦。亲王郡王金黄色，贝勒以下石青色，固伦额驸同领侍卫内大臣都统，统领内大臣散秩大臣。公侯伯子男、宗室、将军、县主、额驸以上，文武一品、文二品、副都统、直省总兵均石青绮表，蓝布里青缯缘，通绣蟒十，护肩露铁叶。文三品以下、骁骑参领、郡君额驸以下，直省副将均通绣蟒六。侍卫銮仪卫官、前锋护军、参领、侍卫、王府长史、护卫典仪均通绣蟒四……"[3]将乾隆八旗兵丁棉甲标本与《皇朝礼器图式》中所绘皇帝大阅甲比较，它们在主体结构上并无差别，主要在图符系统

---

1 乾隆八旗兵丁棉甲，从标本中号记信息显示为乾隆时期八旗兵丁所著棉甲，是八旗兵丁在大阅典礼时所穿着的戎服。
2 通过标本研究得知，棉甲虽依等级不同规制有差，但其结构形制都是相同的。相关信息详见第五章。
3 [清]官修：《钦定大清会典（卷67）》，刻本。

图3-5 《皇朝礼器图式（内府彩绘本）》皇帝大阅甲的背视图（左）与正视图（右）[1]

上区别等级和表现礼制。由此可见，清代戎服等级制度森严，在基本结构形制不变的前提下，靠图符手段来体现等级尊卑，象征皇权威严，延续了汉制"垂裳而治"的政治理念，是满汉文化融合的生动实证（图3-5）。

清代棉甲从实战变得具有可观赏性实为粉饰太平的结果，特别在乾隆朝盛行。用于实战的棉甲在表面有铁叶镶缀，在乾隆朝以前的大阅典仪中也不例外，并有规制，以示勿忘武备的传统。铁叶镶缀于棉甲之表即为明甲，缀于其里则为暗甲。清代明甲多存在于乾隆朝之前的大阅甲胄之中，乾隆大阅甲起初镶缀铁叶于表，后考虑到甲胄仅大阅使用无需冗重铁叶，逐渐演变为无铁叶的棉甲。暗甲外观与棉甲无异，有着良好的保护功能，且舒徐可饰，根据标识分为亲王甲、贝勒甲、职官甲、前锋校甲、骁骑校甲、前锋甲、骁骑甲，其对应中敷铁叶的盔胄分为皇帝随侍胄、亲王胄、贝勒胄、职官胄、入八分公胄、王府长史胄、王府护卫胄、前锋校胄、护军校胄以及骁骑胄[2]。而随着大清王朝

---

1 图版引自故宫博物院、嘉德艺术中心：《崇威耀德——故宫博物院藏清代武备展》，河北教育出版社，2022，第22页。
2 [清] 允禄、蒋溥等：《皇朝礼器图式（卷13）》，哈佛燕京学社中日图书馆，1959，第40-47页。

政权的不断稳固，无大规模战事，国家长治久安，这种具有实战与防护功效的明甲、暗甲逐渐被废除，乾隆朝改造最为彻底，乾隆定制，可以说是去功效定礼制的过程，从早期棉甲和乾隆棉甲实物的研究来看也证实了这一点。清代内务府造办处档案也记载了这个过程的细节，乾隆成造御用甲胄多次下旨改造，要求铁叶装置得越少越好，后乾隆皇帝干脆命人去掉铁叶，用金叶模拟铁叶的效果[1]。改造后的御用棉甲穿着轻便舒适，十分美观，但已不复实战作用，这也从侧面揭示了从康乾盛世"尚其益习弓马，务造精良"到"九天鼓吹鸣金镯，万乘旌旄拥翠虬"的嘉道衰世信号。

2. 锁子甲清制神器

与棉甲不同，锁子甲纯属实战武备，不会用于大阅，又称锁铠。在宋朝宋金战斗中就有"铁布衫"的记载，但暂未发现实物。清朝锁子甲外形类似于八分袖套衫，由一个个铁制小圆环依次相连组成。上部为高领，通常缝有棉麻织物，以防磨伤肌肤。领口呈小开襟，以便"贯首被之"。清中期八旗大军收复新疆时，将领均穿用锁子甲，以确保指挥的有效性，提高防护等级和官兵士气。按照甲衣铁环制作的不同，有大圆环锁子甲、小圆环锁子甲、大扁环锁子甲、小扁环锁子甲、弦纹扁环锁子甲、细小圆环锁子甲等不同类型[2]，但彼此之间的材质、做工和外部造型基本相同。一副上好的锁子甲需20万枚小铁环，铁环密度越大，防护效果越佳。相传努尔哈赤在攻打一座城池时，曾两次中箭倒地，但因锁子甲和头盔的保护，没有形成致命伤，得以保全性命。这说明在满人定鼎中原之前，锁子甲至少在高级将领中作为保命神器已列入装备。据《皇朝礼器图式》记载，"锁子甲，谨按乾隆二十四年平定西域俘获军器无算，上命皆藏，紫光阁以纪，武成锁子甲炼铁为之，上衫下袴皆为铁连环相属。衫不开襟，白布缘领，贯首被之。西师深入屡得兹甲，即被以击贼，殊方异制克底肤功，敬登于册以附甲胄之末"[3]。乾隆皇帝曾在平定西域战争中缴

---

1 中国第一历史档案馆、香港中文大学文物馆：《清宫内务府造办处档案总汇（第11册）》，人民出版社，2005，第699-700页。
2 台北"故宫博物院"：《大清盛世——沈阳故宫文物展》，台北"故宫博物院"，2011。
3 [清] 允禄、蒋溥等：《皇朝礼器图式（卷13）》，哈佛燕京学社中日图书馆，1959，第53页。

获一套锁子甲作为战利品,锁子甲上衫下裤,皆为铁连环相属,衫不开襟,镶缀皮领,与官方记载无二[1]。乾隆命人陈列在紫光阁内,或许是想提醒人们勿忘满族先辈浴血奋战的艰难(图3-6、图3-7)。

对平定西域有功的将领,特别针对锁子甲戎服实战形象的绘制,等同于皇家功德祖绘,荣登史册,《玛瑺斫阵图》就是一则御制。玛瑺(?—1769),清高宗时武将,于平定新疆回部建立大功,五日四夜杀死回兵千余人。乾隆皇帝为奖励其功勋,也为建立清帝国武勋文化,命画师为其绘制画像,悬挂于清代重要的武勋功纪场所紫光阁之中。画中的玛瑺身着铁环锁子甲,勇猛冲锋,

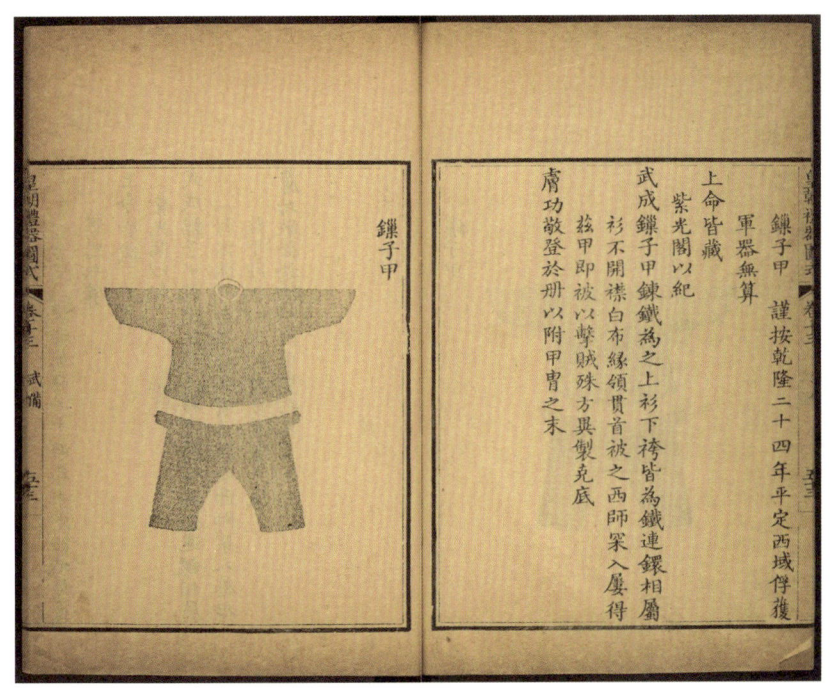

图3-6 《皇朝礼器图式》武备卷中锁子甲的记载[2]

---

1 胡建中:《清宫武备图典》,故宫出版社,2014,第82页。
2 [清] 允禄、蒋溥等:《皇朝礼器图式(卷13)》,哈佛燕京学社中日图书馆,1959,第53页。

第三章 清代戎服系统

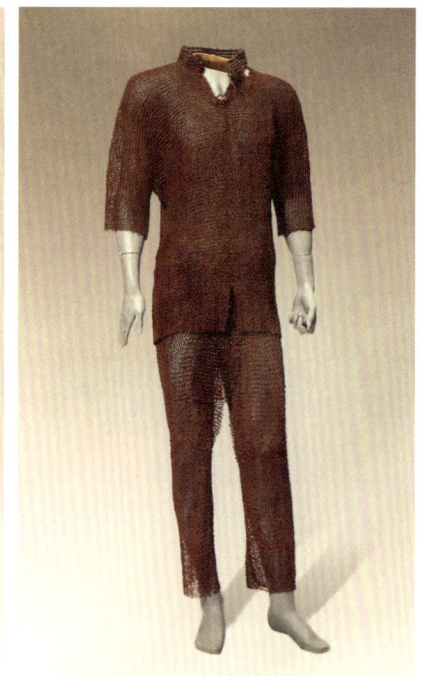

图3-7 锁子甲实物[1]
（来源：《清宫武备图典》）

握弓拔剑，射杀敌人，塑造出英勇无畏的形象。画面虽未画出作战背景，但其所着锁子甲的防护等级暗示着战争的凶险无比，传达出一个刀箭横飞的战争场面。赫功名将锁子甲戎装绘制，对应《皇朝礼器图式》记载"上命皆藏，紫光阁以纪"，相互印证了这一标志性事件，说明尚武文化在大清治国的重要地位（图3-8）。

图3-8 《玛瑺斫阵图》清郎世宁绘 纸本设色(纵38.4cm 横285.9cm)[2]
（来源：台北"故宫博物院"藏）

---

1 胡建中：《清宫武备图典》，故宫出版社，2014，第82页。
2 图版引自 *Collected Works of Giuseppe Castiglione*。

图3-9 藤牌
（来源：《清宫生活图典》[1]）

3. 藤牌营兵与虎衣

在乾隆定制后，营兵的藤牌与虎衣成标配，其为实战兵衣武备，与锁子甲有同等地位而列入典章，可见其特殊作用，也没有太多的存世实物。藤甲历史悠久，但多使用于西南民族部落征战中，发展至清代演化为军队虎衣藤牌。因士兵手中的护盾成为标志，又称藤牌兵。藤牌兵这一兵种兴起于明朝中期的抗倭战争，此后一直为军队特种部队。藤牌是盾牌的一种，为清军的常用之盾。它最初生产于福建，大都圆形，牌身用坚藤所制，表涂油漆，外形中凸，略如蛤蜊或反荷叶形，中心有孔，牌内有索以便手臂抓握或套腕。藤盾坚牢又有韧性，体轻易举，价廉易制，圆滑且不易砍射破入，故用来抵御刀剑枪斧及矢镞弹丸，再加上与虎首纹和虎甲成为一体突显威赫作用。美中不足的是藤盾不能经久耐腐，且畏火攻[2]。在康熙年间还未形成大规模火器战事中，清军在雅克萨抗击俄军入侵时，藤盾曾发挥重要作用，挫寇无数，克敌制胜[3]（图3-9）。

---

1 万依、王树卿、陆燕贞：《清宫生活图典》，紫禁城出版社，2007，第164页。
2 周纬：《中国兵器史稿》，中华书局，2018，第343页。
3 万依、王树卿、陆燕贞：《清宫生活图典》，紫禁城出版社，2007，第164页。

除藤盾外，藤牌兵的虎衣由虎纹上衣、护腿、护帽和护领组成。关于虎衣，据《皇朝礼器图式》记载，"谨按本朝定制藤牌营兵虎衣，黄布为之，其长半身，下袴如其色，通绘斑纹，袖端白布，以象虎掌，靴亦以黄布绘斑文，绿营藤牌兵亦被之"。藤牌兵虎帽则"制革为之，形如虎头，后垂护项，下为护耳，皆黄布为之，通绘斑文"[1]。藤牌兵虎衣辨识性很强，相较于其他甲胄，虽威赫作用很大，便捷性也大有提高，但内部不缀铁叶使防护功能减弱，实战声势明显而实效不足，也少有礼制传统，故清后期无论是实战还是阅典皆少用。不过，在《兵技执掌图说》《唐土名胜图会》等重要的图像典籍中却详细记录了藤牌营兵虎衣规制和手执藤牌护盾的操武样貌。在《兵技执掌图说》中，记载有藤牌营兵执藤牌、着虎衣的技战要领："藤牌练法须要腰身活便，步法矫捷。左手擎牌，右手持刀，幌牌以吓马，藏刀以击人。牌随身转，手眼相随，用以卫身，用以制敌。习练纯熟，为攻马队之劲卒，藤牌练法当如此。"[2]难得的是，它们均展示了藤牌营兵虎纹衣侧背面穿着效果图，弥补了《皇朝礼器图式》中只有正面款式图的缺憾。三种文献的记录相互吻合，虎衣形制为对襟，后有中缝，且沿后中缝有圆形"扣子"，此装置很有可能为连接左右两侧衣身，成为左右分制结构，这对紧身且有长袖上衣的穿脱是有意义的[3]（图3-10~图3-12）。

---

1 [清] 允禄、蒋溥等：《皇朝礼器图式（卷13）》，哈佛燕京学社中日图书馆，1959，第50页。
2 [清] 讷尔经额：《兵技执掌图说》，清道光二十三年清绘本影印版，1843。
3 [日] 冈田玉山：《唐土名胜图会（卷4）》，日本文化二年影印版，1805。

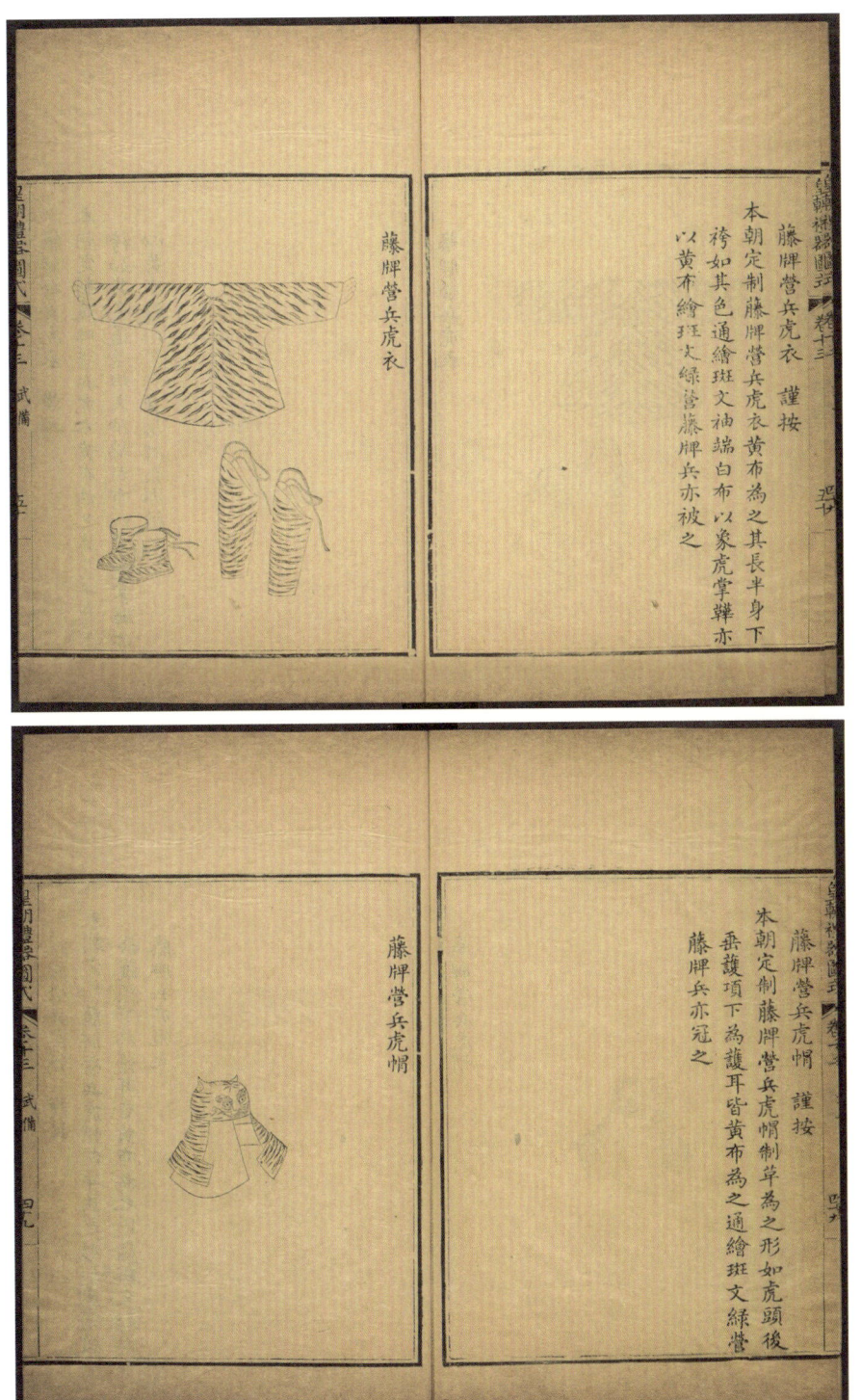

图3-10 《皇朝礼器图式》武备卷藤牌营兵虎衣、虎帽的记载[1]

---

1 [清] 允禄、蒋溥等：《皇朝礼器图式（卷13）》，哈佛燕京学社中日图书馆，1959，第49-50页。

图3-11 《兵技执掌图说》中的藤牌营兵[1]

图3-12 《唐土名胜图会》中的藤牌营兵[2]

---

1 [清]讷尔经额：《兵技执掌图说》，清道光二十三年清绘本影印版，1843。
2 [日]冈田玉山：《唐土名胜图会（卷4）》，日本文化二年影印版，1805。

三、行服系统

行服是清朝独特的戎服系统，因围猎骑射是满族男子的日常生活方式，故常被研究者划入便服或常服一类。而在满人看来，围猎骑射也是征战的重要组成部分，即非战事的战事，猎服也就成为非军事的军服，与甲胄同等重要，形成了行服武备制度。乾隆二十四年（1759）编撰完成的《皇朝礼器图式》，将行服组配列入武备卷也是符合祖制的。《皇朝礼器图式》被很多学者视为乾隆定制标志之一，是清代服饰制度成熟和稳固的分界点[1]，说明清代服饰制度的完备。行服被官方视为武备服饰并制度化的意义在于，无大规模战事，保持战力要靠日常的弓马骑射，作为标配的行服自成制度。因此，行服在穿着时，头戴行冠，内穿行袍，腰系行带，行褂罩于行袍之外，下系行裳，具有一整套衣冠定制，成为清代满族贵族一种独特的服饰类型，此标准的行服组配规制非便服所具备。在现存乾隆皇帝戎装御像中，完整绘制了行服系统的穿着样貌，和大阅戎装像一样有着同等的图像史记意义（图3-13）。

图3-13 清郎世宁绘《乾隆皇帝落雁图》及行服装备局部[2]
（来源：故宫博物院藏）

---

1 Schuyler Cammann, *China's Dragon Robes* (Chicago: Art Media Resources Ltd, 2001), p.29.
2 故宫博物院官网 http://www.dpm.org.cn/collection/embroider/230496.html。

1. 行冠

行冠分冬夏两式，据《皇朝礼器图式》记载，"本朝定制，皇帝行冠冬以黑狐、黑羊皮、青绒，如常服冠之制。皇帝行冠夏织藤丝为之，或织竹丝为之，红纱里缘如其色，上缀雨缨顶及梁皆黄色，前缀珍珠一"[1]（图3-14、图3-15）。皇帝行冠的冬冠以狐皮、羊皮、青绒、毡为质，周檐卷起，上缀朱纬，冠顶饰有各类珠宝或孔雀翎，以辨爵秩；夏冠织玉草或藤、竹丝为之，檐敞，上缀朱牦，顶饰如冬冠。清初期皇帝行服冠，玉草编成，顶缀朱纬，为皇帝春秋出行所带行冠，或为通用的行冠（图3-16）。乾隆定制，以冬夏两种行冠命名代替四季行冠，乾隆时期皇帝夏行冠，现藏于故宫博物院，与《皇朝礼器图式》记载无二（图3-17）。而亲王以下冬行冠则以貂毡为质，夏行冠则以玉草或藤丝为质，并缀有雨缨，此种形制下达庶官，凡扈行者皆冠之，翎顶依级别配有[2]。这足以说明行服是作为礼服序列记入典章的，也就证明了其在清朝政体中具有的重要地位。

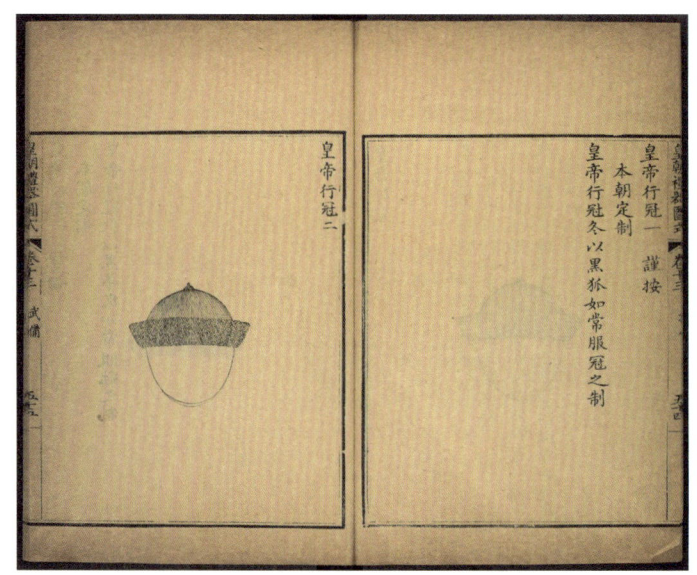

图3-14 《皇朝礼器图式》武备卷皇帝冬行冠[3]

---

1 [清] 允禄、蒋溥等：《皇朝礼器图式（卷13）》，哈佛燕京学社中日图书馆，1959，第54页。
2 故宫博物院官网 http://www.dpm.org.cn/collection/embroider/230496.html。
3 [清] 允禄、蒋溥等：《皇朝礼器图式（卷13）》，哈佛燕京学社中日图书馆，1959，第54页。

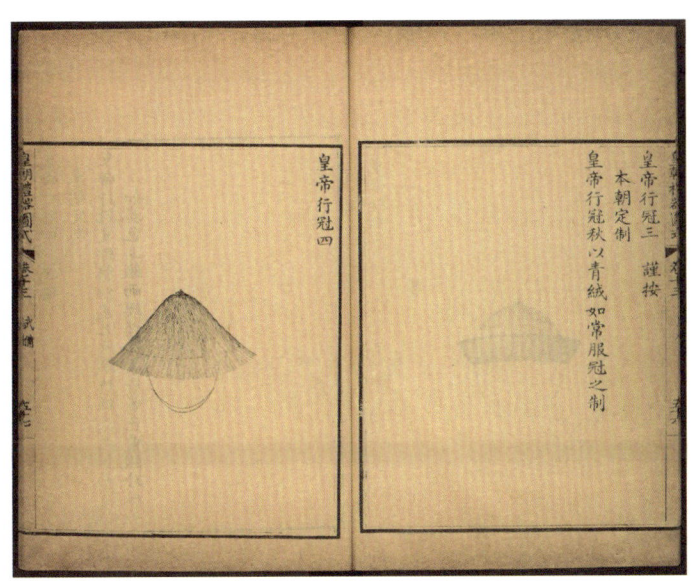

图3-15 《皇朝礼器图式》武备卷皇帝夏行冠[1]

图3-16 清初皇帝行服冠
（来源：故宫博物院藏）

图3-17 乾隆皇帝夏行冠
（来源：故宫博物院藏）

2. 行褂

行褂依品级不同分为皇帝行褂、亲王及以下行褂，其余以兵制划分为领侍卫内大臣行褂、八旗副都统行褂、豹尾班侍卫行褂、健锐营前锋参领行褂、健锐营兵行褂、虎枪营总统总领行褂、虎枪营枪长行褂、虎枪营兵行褂、火器营

---

1 [清] 允禄、蒋溥等：《皇朝礼器图式（卷13）》，哈佛燕京学社中日图书馆，1959，第52页。

第三章 清代戎服系统

兵行褂几种。形制分为半袖和无袖两种，半袖者袖长及肘，无袖者式同坎肩，两式均为对襟，前襟以纽扣或带子系结，无论是半袖还是无袖都在保护人体躯干的基础上使手肘关节能够活动自如。行褂有明黄、金黄、石青、白、红、蓝等色，或以别色镶缘，以分等级与部属。每一品级行褂的形制、色制、爵秩等都在《皇朝礼器图式》中一一记录在案（表3-1）。故宫博物院收藏的清康熙帝石青缎银鼠皮行褂，衣长76cm，袖通长104cm，为康熙御用之物，与《皇朝礼器图式》记述一致（图3-18，图3-19）。故宫博物院收藏的嘉庆帝明黄色暗葫芦花春绸草上霜皮行褂，可两面穿用，功能虽有改变，但形制一直保持稳定[1]（图3-20），在晚清行褂由半袖变长袖而成为马褂。

表3-1　各品级行褂规制

行褂品级	《皇朝礼器图式》规制描述
皇帝行褂	本朝定制皇帝行褂色用石青，长与坐齐，袖长及肘，棉夹纱袭，各惟其时
亲王以下行褂	本朝定制亲王以下行褂色用石青，长与坐齐，袖长及肘，棉夹纱袭，各惟其时。其制下达庶官，凡扈行者皆服之
领侍卫内大臣行褂	本朝定制领侍卫内大臣行褂色用明黄，御前大臣、侍卫、班长、护军统领、健锐营翼领及凡诸臣之首赐黄马褂者皆得服之
八旗副都统行褂	本朝定制八旗副都统行褂正黄旗色用金黄，正白旗、正红旗、正蓝旗各如其色，镶黄旗、镶白旗、镶蓝旗红缘，镶红旗白缘，前锋参领、护军参领、火器营官皆服之
豹尾班侍卫行褂	本朝定制豹尾班侍卫行褂色用明黄，左右及肩前施双带以结之
健锐营前锋参领行褂	谨按乾隆十四年钦定健锐营前锋参领行褂色用明黄蓝缘
健锐营兵行褂	谨按乾隆十四年钦定健锐营兵行褂色用蓝明黄缘
虎枪营总统总领行褂	谨按本朝定制虎枪营总统总领行褂色用金黄，领左右端青缘直下至前裾
虎枪营枪长行褂	谨按本朝定制虎枪营枪长行褂色用红，领左右端青缘直下至前裾
虎枪营兵行褂	谨按本朝定制虎枪营兵行褂色用白，领左右端青缘直下至前裾
火器营兵行褂	谨按本朝定制火器营兵行褂色用蓝白缘

1　故宫博物院官网 http://www.dpm.org.cn/collection/embroider/230496.html。

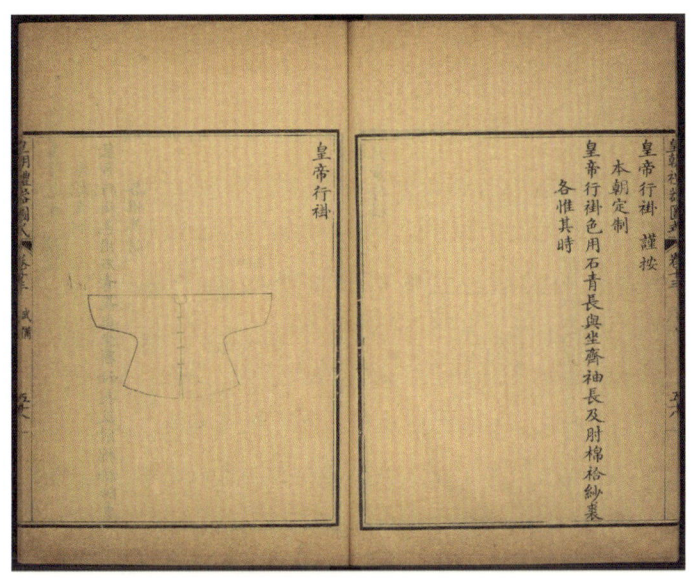

图3-18 《皇朝礼器图式》武备卷皇帝行褂[1]

图3-19 清康熙帝石青缎银鼠皮行褂
（来源：故宫博物院藏）

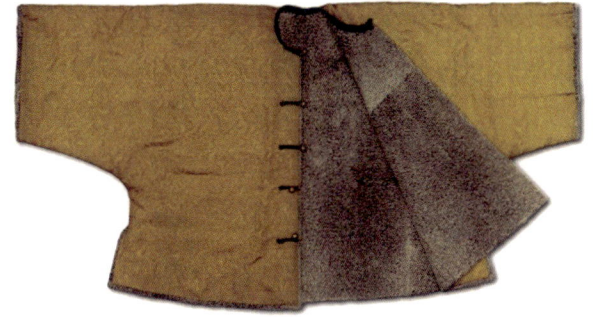

图3-20 清嘉庆帝明黄色暗葫芦花春绸草上霜皮行褂
（来源：故宫博物院藏）

3.行袍

行袍在行服系统中扮演着重要角色。行袍形制为圆领右衽大襟袍式，马蹄袖，可配拆装立领，大襟右裾下短一尺，以便乘骑之需，又称"缺襟袍"，在不乘骑时把这短一尺的缺襟用纽扣系住，与普通袍服一样[2]。行袍大体分为皇帝行袍和亲王以下行袍。据文献记载，皇帝行袍制如常服袍，长减十分之一，

---

1 [清]允禄、蒋溥等：《皇朝礼器图式（卷13）》，哈佛燕京学社中日图书馆，1959，第56页。
2 周锡保：《中国古代服饰史》，中国戏剧出版社，1986，第459页。

右裾短一尺,色及花纹随所御,棉夹纱裘,各惟其时(图3-21)。亲王以下行袍除花纹与皇帝行袍有别外,其余皆与皇帝行袍形制相符。在《兵技执掌图说》中,绘制有汉军绿营兵训练时穿着行袍的弓射图示,可见无论满族八旗兵丁还是汉军绿营兵所着行袍制式相同(图3-22)。行袍根据季节和实训情况,可单穿或外罩行褂,战时还可在外套穿甲胄,所以行袍也可理解为甲胄的简式装备。故宫博物院藏乾隆年制灰色江绸两则团龙夹行袍和康熙年制香色夔龙凤暗花绸皮行袍的形制完全相同,可见行服制式的稳定性,揭示了清代戎服制度的国家地位。还值得注意的是,凡行袍必配马蹄袖,无疑行袍被列入了礼服系统(朝袍和吉服袍),但又与礼服不同,马蹄袖在礼服中只表达继承祖制的象征意义,没有实际功用,而与行袍的马蹄袖两者共制,这也是套在外面的行褂比行袍马蹄袖短的一个原因(图3-23、图3-24)。

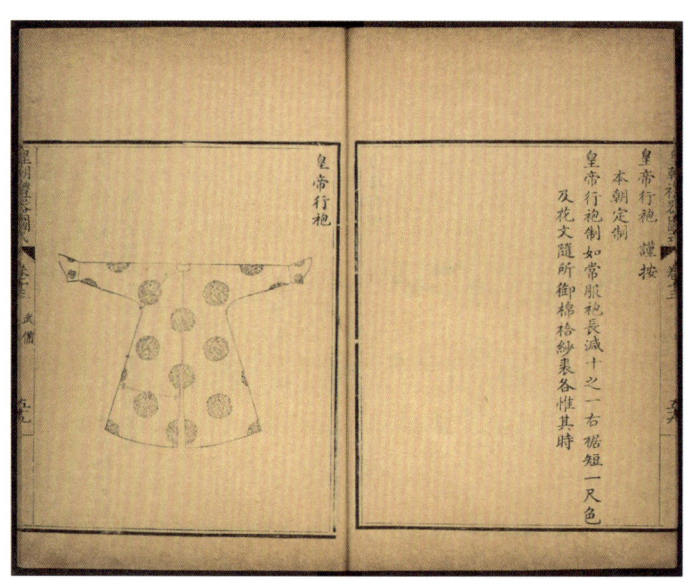

图3-21 《皇朝礼器图式》武备卷皇帝行袍[1]

---

1 [清] 允禄、蒋溥等:《皇朝礼器图式(卷13)》,哈佛燕京学社中日图书馆,1959,第59页。

图3-22 《兵技执掌图说》兵士着行袍弓射图式[1]

图3-23 乾隆年制灰色江绸两则团龙夹行袍
（来源：故宫博物院藏）

图3-24 康熙年制香色夔龙凤暗花绸皮行袍
（来源：故宫博物院藏）

---

1 [清] 讷尔经额：《兵技执掌图说》，清道光二十三年清绘本影印版，1843。

第三章 清代戎服系统

4. 行带

行带是行服的标配，在骑射等军事活动中佩戴，系于行袍外，同腰带功用。行带随行服在皇亲贵胄中亦有规制，分为皇帝行带与亲王以下行带。据《皇朝礼器图式》记载，"本朝定制，皇帝行带色用明黄，左右佩系以红香牛皮为之，饰金花文镀银环各三，佩帉以高丽布视常服带，帉微阔而短，中约以香牛皮束，缀银花文，佩囊明黄，圆绦饰珊瑚结，削燧杂珮各惟其宜；亲王以下行带佩帉素布视常服带，帉微阔而短，版饰惟宜，绦皆圆结，其制下达庶官，凡扈行者皆用之，带色金黄石青各从其所得用"（图3-25）。行带宗室[1]用黄色，觉罗[2]用红色，余者用石青或蓝色。从典章、图像史料到传世实物来看，都没有相关兵丁行带的记录，而皇帝的行带在各种史料中都得到印证（见图3-13和图3-22）。故宫博物院藏清康熙帝行带，带长224cm，帉长

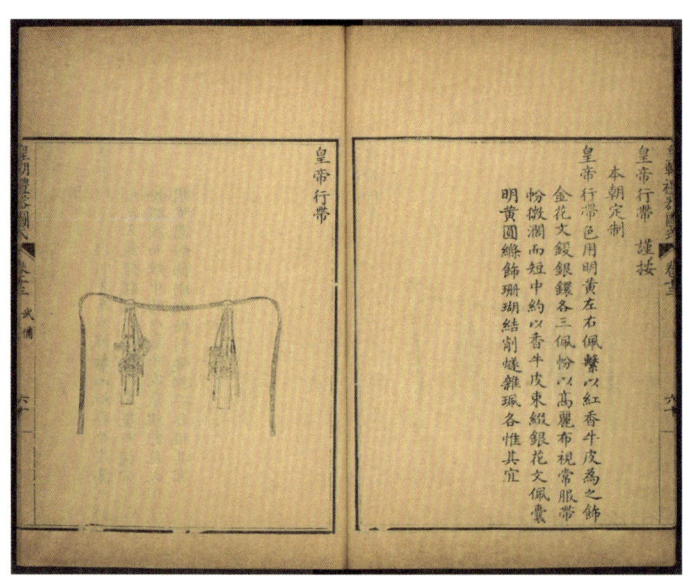

图3-25 《皇朝礼器图式》武备卷皇帝行带的记载[3]

---

1 宗室：努尔哈赤之父显祖塔克世的直系子孙为宗室。
2 觉罗：塔克世的叔伯兄弟并子孙之支称为觉罗。
3 [清] 允禄、蒋溥等：《皇朝礼器图式（卷13）》，哈佛燕京学社中日图书馆，1959，第60页。

图3-26 清康熙帝行带
（来源：故宫博物院藏）

65cm。行带配帉。古籍对帉的解释：《玉篇》"拭物巾也"；《说文》"楚谓大巾曰帉"；《礼·内则》"左佩纷帨……拭物之佩巾也"；《周礼·春官·司几》"莞筵纷纯"；《注》"纷如绶，有文而狭"。可见帉与其说是"拭物巾也"，不如说是"有文如绶"的身份象征和礼尚之物，在实物中呈现了清帝王行带真实的面貌（图3-26）。

从行带佩帉的古制文脉看，可以说这是汉制和满族骑射传统文化深度融合的见证。在满族的习俗里，男子从小束腰，腰带是他们必不可少的服饰。腰带的用途有很多，除束腰外，还可以防风寒侵入，用来扎紧袍子，骑乘时显得利落，兼挂各种实用物件，多为各种绣花小袋和削刮刀具，最常见的有荷包、香囊、解食刀等，这些物件的佩挂皆来源于满族的骑射生活方式。相传当初女真族于野处山林骑马寻猎，经常朝不保夕，故腰间常挂一个皮质的"囊"用来装食物充饥，再用皮条子抽紧，此为荷包最早的样式。满汉的文化交流使女真贵族逐渐演变为用丝绸制作荷包，并增加香囊，用锦缎加以刺绣技法，精心缝制而使其成腰间佩饰。直至入关后，清代统治者为提醒八旗子弟不忘祖俗旧习，不仅使挂荷包的传统延续下来，而且演变成一种官服配饰制度，佩帉便是他山攻错的智慧。在穿着行服时腰系行带，行带上佩带帉、荷包、香囊、腰刀等，其礼仪功能远大于实用功能，演变成礼制爵序的符号，亦有警示要居安思危不忘根本的意味。

5. 行裳

行裳定制分为皇帝行裳和亲王以下行裳，与甲裳有异曲同工的作用（见图3-4）。据《皇朝礼器图式》记载，"皇帝行裳，色随所用，左右各一，前平，后中丰，上下敛，如随侍甲裳之制，并属横幅石青布为之，氆夹各惟其时，冬用鹿皮或黑狐为表；亲王以下行裳，蓝及诸色随所用，左右各一，前平，后中丰，上下敛，并属横幅氆夹各惟其时，冬以皮为表，其制下达庶官凡扈行者皆用之"[1]（图3-27）。"氆"指氆氇，是一种羊毛织物，"并属横幅氆"是用两幅氆氇拼接而成。行裳左右各一片，前直，后上敛，中丰，下削，上用一横幅相连，两端剃削为带，用以系扎腰间，夹、毡适时更换，冬以裘为表，贵者以鹿皮、黑狐皮为质[2]。行裳是具有鲜明满族游猎文化色彩的服饰，上到皇帝亲王、臣工随从，下至行围人员、下级庶官皆穿行裳。清晚期由于政治上逐渐背离"肄武绥藩"的国策，八旗子弟的骑射技艺逐渐荒废，行裳便淡出历史。从康雍乾盛世的行裳所保持的良好功能性来看，行服具有良好的功能性。故宫博物院藏雍正时期梅花鹿皮行裳正背面显示，该行裳穿着时系于腰间，里侧的带子分别系于两腿固定，既便于活动又可保暖，与甲裳的这种装置完全相同（图3-28、图3-4）。

---

1 [清] 允禄、蒋溥等：《皇朝礼器图式（卷13）》，哈佛燕京学社中日图书馆，1959，第61页。
2 李治廷：《新编满族大辞典》，辽宁大学出版社，2014，第637、237页。

74　满族服饰研究：清代戎服结构与满俗汉制

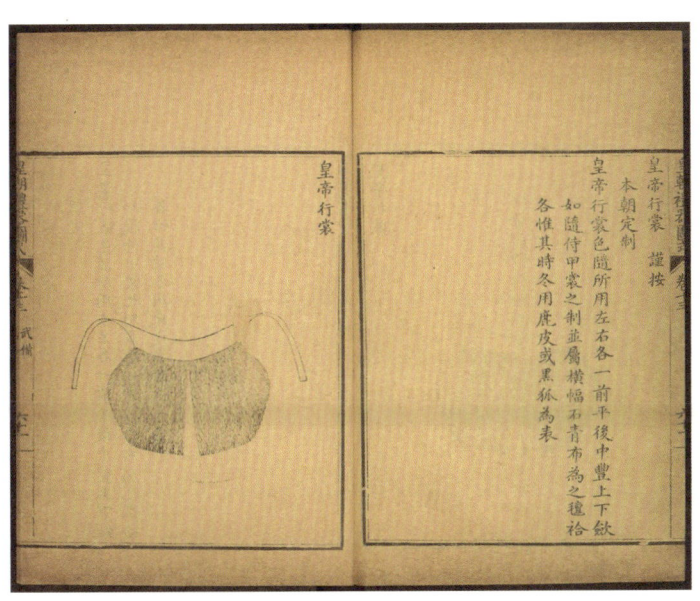

图3-27 《皇朝礼器图式》武备卷中皇帝行裳的记载[1]

图3-28 雍正时期梅花鹿皮行裳正背面
（来源：故宫博物院藏）

---

1 [清] 允禄、蒋溥等：《皇朝礼器图式（卷13）》，哈佛燕京学社中日图书馆，1959，第61页。

四、本章小结和余论

1. 成也甲胄，败也甲胄

清代甲胄系统是中国古代戎服发展史上最后一个高峰的体现，它在融入本民族弓马骑射习俗与尚武文化的基础上，也受到来自中原文化的影响，是中国古代戎服文化满俗汉制的范式。

从形制上看，清代甲胄均采用先秦的上衣下裳分体制，而这种制式又是民族融合的结果。战国赵武灵王为使军队强大，效仿北方游牧民族着上下分体式窄袖短衣用于骑射征战，使赵国很快成为战国七雄之一。可见这种上下分体式的作战服装有着极高的实战便利性与浓郁的北方游牧民族特色，清代统治者十分注重对这种游牧传统的继承。大清初建，皇太极曾向臣下做过明确表示："先时儒臣巴克什达海、库尔缠屡劝朕改满洲衣冠，效汉人服饰制度，朕不从，辄以为朕不纳谏，朕试设为比喻，如我等于此聚集，宽衣大袖，左佩矢，右挟弓，忽遇硕翁科罗巴图鲁劳萨，挺身突入，我等能御之乎？若废骑射，宽衣大袖，待他人割肉而后食，与尚左手之人何以异耶？"[1] 可见，皇太极之所以保留满族服饰传统，是因为它与骑射密不可分，如骑射退化，则军队战力衰退，国之将亡矣。这就形成了承满式尊汉章（纹）的发展路径，也是乾隆定制的基本格局。

从材质上看，清代甲胄不似唐代"明光铠"与元代"铁浮屠"采用大面积重装铁叶而制，却多用绸缎、丝绵、金线等柔性材料制造。这是由于清代火器的发明与广泛使用，使作战方式逐渐由冷兵器时期的近身肉搏转换为使用火器远距离投射。作战方式的改变，使清代甲胄上的铁叶逐渐失去实用性，也给阅甲从"务造精良"到"万乘旌旄"找到了理由。直至乾隆二十一年（1756）将三分之一的八旗兵丁大阅甲中的铁叶拆除[2]，改造为棉甲，并命江南三织造按照最新规范的八旗兵丁甲胄规制新生产一批棉甲。改造后的棉甲选用上好的绸缎与丝绵制作，威武而美观。除八旗兵丁棉甲外，乾隆皇帝的大阅棉甲两袖及甲裳也不再采用金属甲片缝缀，而是以金丝线编织成条，既可减轻重量也可

---

1 [清]官修：《清太宗文皇帝实录（卷32）》，中华书局，2008。
2 故宫博物院：《钦定内务府则例二种（5）》，海南出版社，2000，第81页。

模拟出镀金铁叶的效果。更重要的是，这使高度扩充的戎礼制度得以彰显，而付出的代价却是甲胄功能的尽失，预示着一个盛世王朝衰微的到来，真可谓成也甲胄，败也甲胄。

从颜色上看，清代甲胄除高级将领的锁子甲与装饰华美的皇帝大阅甲外，数量最多的八旗兵丁甲胄颜色各随旗属的方位色彩系统。在《八旗通志》兵制卷中，将满洲八旗之制与汉文化中五色方位的周易思想相结合，说明八旗布色管理、驻兵方位、军事战法与五行五色说八卦理论的结合是为渗透汉文化以有利统治帝国广袤疆土之需。具体解释为"自昔帝王之兴，五德递运，或取相生，或取相胜……两黄旗位正北，取土胜水。两白旗位正东，取金胜木。两红旗位正西，取火胜金。两蓝旗位正南，取水胜火。水色本黑，而旗以指麾六师，或夜行则黑色难辨，故以蓝代之。五行虚木，盖国家创业东方，木德先旺。比统一四海，满汉一家，乃令汉兵全用绿旗，以备木色。于是五德兼全，五行并用"[1]。在清史学界中，多半学者认为这种思想是满族统治者入关后为强调其政权的正统性而释义附会的，其象征意义大于实际意义。但无论怎样，这种将八旗布色系统的由来根植于汉统的做法，证明了中原儒道文化对于清代继承中华多民族一体文化传统的深远影响，是清代八旗甲胄具有集满汉文化于一体的特殊象征意义的生动实证。当满族人的八旗制度撞上汉族五色方位的五行学说时，两者的结合几乎是水到渠成的。这种结合既为清帝国作为中华文化合法继承者的身份增加了筹码，也削弱了中原汉人对北方满族政权的抵触情绪。

2.行服满俗汉制的范式

清代行服系统在保留满族传统弓马骑射习俗的基础上融合汉统礼制思想，创造了清代独一无二的行服制度，成为一种行满俗于国礼人伦教化的物质文化典范。由于满族先祖是生活在东北牧草山林地域的女真人，寒冷的气候和物资匮乏的环境，迫使他们的服饰既要能御寒便骑射，又要易于打理，他们延续

---

1 [清]官修：《八旗通志》，东北师范大学出版社，1985，第17页。

物品使用寿命的心愿或许比中原农耕文明的汉人更为强烈。在服装上衍生出适应于骑射的行服，当满人成为帝国统治者的时候，行服的功用元素便成为制度符号。重要的是，满族统治想要成为正统，就必须融入先进文化（制度）。行袍的形制为圆领右衽大襟，这是从明官袍的盘领右衽大襟衍生而来，其实这在唐朝就成定制，却制出胡俗。行袍还配可拆卸式立领。立领在明代就已出现，但只用于命妇服饰，满效之于功用。冬季服饰厚重，不易清洗，可拆卸的衣领不但便于打理，还大大减少磨损，使衣袍寿命延长，天气寒冷时加入毛质立领还可防寒保暖，因此佩领几乎成为清官服的标签（图3-29）。这种设计充分体现中华民族普世的"敬物尚俭"传统[1]，暗含满族统治者勤俭治国的安邦理想，当被制度化的时候，便成为"俭以养德"的中华基因。在行服质料上的表现更是如此。冬季的行服大量采用动物皮毛，如黑狐皮、貂皮、鹿皮等。这些皮料主要产自满族的发祥地东北高寒地区，其毛色润泽，质地轻便，保暖性极强[2]。行袍的锦缎，行褂的"棉夹纱袭"，行裳的"横幅氆夹"可谓满蒙藏汉的民族大融合，不变的是满人的族属符号马蹄袖。行袍的马蹄袖设计乃满族服饰独有的一大特色。最初在满族男子所着袍、褂的袖口上，多半带有这种袖，就是在狭窄的袖口边，接出一个半圆形的袖头，一般最长径为半尺，因形似马蹄故称作马蹄袖。这一袖形是在长期的狩猎生活中形成的，尤其在冬日里骑射狩猎，将它舒展覆盖在手背上，无论是挽缰驰骋，还是盘弓搭箭，都可保护手背不被触击和冻伤，是北方民族抗拒严寒的一种创造[3]。满族入关后将这些服饰元素作为弓马骑射传统的象征保留下来，用以旌表英勇善战、崇尚武功的民族精神，并作为礼服定制的要素[4]。

---

1 魏佳儒、刘瑞璞：《清古典袍服结构与纹章规制研究》，中国纺织出版社，2017，第24页。
2 严勇、房宏俊、殷安妮：《清宫服饰图典》，紫禁城出版社，2010，第9页。
3 王云英：《清代满族服饰》，辽宁民族出版社，1985，第14页。
4 马蹄袖成为官制礼服的定制，在清官服中，有马蹄袖成为礼服的标志（男女同制）。在行服系统中也不例外，行服中的马蹄袖是礼和用共生的。在行服中，行袍是主服，必施马蹄袖，当它单穿或与行褂、甲胄组配时，马蹄袖也可突显出来，因此行袍比行褂、棉甲等级要高，马蹄袖是其中主要的元素之一。

图3-29 清代满族大臣官服佩领的标志符号[1]

　　满族的善于学习成就了中华帝制的最后盛世，也表现在行服的建制过程中。关于行褂的形制，最明显的特征在于其对襟结构。在清代以前，对襟结构的服装穿在大襟制袍服外边是成古制的。褂又派生出半臂、褙子、袄子。据明代类书《三才图会》记载："半臂，实录曰隋大业中，内官多服半臂，除即长袖也。唐高祖减其袖，谓之半臂，今背子也。江淮之间或曰绰子，士人竟服。隋始制之也。今俗名搭护，又名背心。褙子，即今之披风。实录曰秦二世诏朝服上加褙子，其制袖短于衫，身与衫齐而大袖，长与裙齐而袖襕宽于衫。袄

---

[1] 中华世纪坛世界艺术馆：《晚清碎影：约翰·汤姆逊眼中的中国：1868-1872》，中国摄影出版社，2009，第21页。

子，旧唐书舆服志曰，燕服，古亵服也，亦谓之常服。江南以巾褐裙襦，北朝则杂以戎夷之制。爰至北齐，有长帽短靴，合袴袄子，朱紫玄黄，各任所好。若非元正大会，一切通用。盖取于便。是则今代袄子自北齐起也。"[1] 根据时间不难判断，这种对襟结构的服装至少在秦代就出现了，称之为"褶子"且"长与裙齐"。后逐渐演变为北齐鲜卑政权中的"袄子"，成为马背民族短衣的属性，或是鲜卑式的马褂。再后来发展为隋制的"半臂"长褂。由此可见，中原汉族与北方少数民族的服饰文化交流一直没有断绝，行褂的长短变化和不变的对襟结构就是力证。满族先民发现中原的这种半臂对襟衣十分便于骑射，可避免大袖和偏襟结构在运动时造成的衣襟牵拉不均，半袖的设计又可在运动时排除衣袖的干扰，便于控驭马匹，拉弓射箭，故在自己本民族的服饰基础上加以调整并发扬光大。由此融入马背传统创造了直身（长马夹）、马夹、马褂和行褂，极大丰富了中华服饰制度文化。

行带来自于满族典型的游猎传统，行带上的佩帉、荷包、香囊、解食刀等元素与汉文化的深度融合值得研究。从具有功能性的皮质材料衍生出丝锦刺绣、精美的腰间佩饰，最后演变成"有文如绶"尚礼之物的官阶制度符号，亦不能摆脱中华以礼治国宗族教化的儒道哲学。

---

1 [明] 王圻、王思义：《三才图会（中）》，上海古籍出版社，1988，第1525-1526页。

第四章

清早期甲胄规制

关于清朝的分期问题，不同的清史学者有各自的分法，但在学界也有一个基本共识，就是以康雍乾中兴时代为清中期，之前为清早期，之后为清晚期。重要的是，清朝的物质与艺术生活也支持这种观点，具有标志性的戎服物质文化更是如此。清早期为从清朝入关以前的创业时期到康熙朝前期。这一时期处于明清两朝交替之际，棉甲承明制的通袍式布面甲还很普遍，明甲与暗甲并用，它主要对冷兵器有一定的防护作用，在清早期大阅礼中也采用这种实战装备，只是增加了象征国礼军威的章制系统，因此甲胄的形制和章制就构成其规制的基本内容。弄清楚清早期甲胄规制，实物是不可缺少的。现存清早期甲胄数量稀少，现藏于故宫博物院的乾隆皇帝遣人复制的努尔哈赤、皇太极的甲胄，以及顺治帝、康熙帝的甲胄成为研究清早期甲胄的重要实物。虽是后人复制前人实物，但它表现出的传承先祖的动机无疑是有史料价值的。尽管如此，也难以近距离对实物进行研究，相关已发表的实物文献就成为研究的二手材料。为弥补一手材料的不足，得到了著名清代服饰收藏家李雨来先生提供的两例清早期将官甲胄标本，使深入系统研究成为可能。

一、努尔哈赤、皇太极甲胄的清承明制

昔努尔哈赤起兵大败尼堪外兰，为建大清江山打下基业。后乾隆帝慨叹祖上创业之艰难，为时刻警醒自己励精图治，教育臣民居安思危，遣人复制了努尔哈赤、皇太极曾经穿过的铠甲。乾隆帝复制的袍式努尔哈赤甲胄，根据发表实物文献的相关信息，甲身长110cm，形制为坎肩式对襟长褂，红番莲闪缎面，甲面上均匀布满镀银泡钉，甲内缀满200余块精制铁叶。甲身配有缎面甲袖，袖长70cm，缎面外侧以条形精制铁片连接而成，故为明铁甲袖，使臂膊弯曲自如。袖上端缝缀有扣袢，穿着时与甲身肩部相连，解装时可取下分置保管。据记载，此努尔哈赤甲胄重约12.15千克，其上附有木质漆牌，并记墨笔楷书"太祖高皇帝红闪缎面盔甲一副、红闪缎面铁盔一顶、石青缎面衬帽一顶、金累丝盔缨一个、红闪缎甲褂一件、大袖二件，遮窝二件"[1]。遮窝就是后来的护腋。其甲胄的基本要素不仅都有，而且能看到先秦的影子（见图3-3），这正是皇太极甲胄形成的基础。

乾隆帝复制皇太极甲胄为宝蓝缎面，上衣下裳制可以说是一种回归"胡服骑射"民族融合的举动。甲衣长71cm，甲裳长77cm。上衣布设等距银钉，深蓝缎缘，前后绣有五彩云龙各一，衬里为黄色棉布，上面固定长10cm、宽7cm的钢片并用黄绒包裹，层叠排列。两甲袖以条形钢片连缀接成，谓明甲袖，甲袖长70cm，最宽处20cm，窄处13cm。甲裳纵向等距布满钢质的五排甲片，甲片间以银钉相隔固定[2]。护腋、前挡、左挡均绣有火珠、暗八仙等图案，面上等距离布设银钉，里为黄绒包裹钢片。两先祖甲胄为乾隆皇帝根据努尔哈赤、皇太极的遗物所制，规制基本真实。它们形制明显的差异在于努尔哈赤甲胄为上下连体式，延续了明代甲胄的形制。皇太极甲胄为上下分体式，且有护腋、前挡与左挡。复制皇太极甲胄形制与乾隆定制相同，或是乾隆下旨复制就加入了"本朝定制"的意愿，而并非完全真实的复原，重要的是此种制式显然与满族骑射传统有关。努尔哈赤和皇太极的御用盔甲都十分沉重，盔胄形制保持古制。棉甲为了适应战事需要，御用甲采用了"外甲内甲"的设计，甲衣采用内甲，就是将黄绒包裹的钢片层叠排列依次缝缀于里。甲裳和甲袖采用

---

1 胡建中：《清代五朝皇帝的甲胄》，《紫禁城》1989年第5期。
2 毛宪民：《清宫武备兵器研究》，文物出版社，2013，第150页。

条形钢片连缀于表形成外甲。因此，甲衣就有机会旌施皇愿的圣章吉纹，亦不失防御功效，为乾隆盛世戎服定制奠定了基础（图4-1）。

图4-1 乾隆遣人复制努尔哈赤红闪缎铁叶盔甲和皇太极蓝缎龙纹铁叶盔甲[1]
（来源：故宫博物院藏）

努尔哈赤的甲胄为对襟长袍制式，明显是继承明制，这在明代典籍和图像文献中都得到证实。明代宫廷绘画《出警入跸图》[2]中的明军铠甲风格是否可以释读努尔哈赤甲胄形制的渊源？《出警入跸图》是描绘明朝皇帝出京谒陵盛况的宫廷绘画，分为《出警图》与《入跸图》两幅，因同为描绘皇帝扫墓、巡视的过程，而通常被合称为《出警入跸图》，现收藏于台北"故宫博物院"。在《出警图》中，皇帝身穿金甲，头戴兜鍪，在锦衣卫、大将军的护送下，骑马出京，声势浩荡地来到京郊十三陵拜谒先祖。《入跸图》是拜谒后乘船沿水

---

1 宗凤英：《清代宫廷服饰》，紫禁城出版社，2004，第182-183页。
2 《出警入跸图》：未署作者姓名，但可以确定是由多位明代宫廷画师合力完成的。据台湾学者朱鸿教授考证，画中皇帝为明神宗万历皇帝朱翊钧。《出警图》绘皇帝骑马由陆路出京，《入跸图》绘皇帝乘船由水路回宫。原藏于故宫博物院，九一八事变时辗转运往台湾，两幅画现收藏于台北"故宫博物院"。

第四章 清早期甲胄规制　85

路返回京城的情景。在《入跸图》中，帝冠双龙幞头，服绣龙紫袍，于舟中正坐。皇帝一出一入，相互呼应，栩栩如生。两幅画作场面极大，尽显皇家卤簿仪仗的恢弘气派，风格写实，极富史料价值。两幅画作中只有皇帝一人为正面硕象，因此有祖绘[1]功能。画作中随从、文武百官多为不同的侧面形象，此种处理方式在突出画面主角形象的同时也使后人能够更好地解读先祖的衣冠制度。《出警入跸图》中皇帝所穿甲胄的形制与努尔哈赤甲胄基本相同，为上下连体式对襟褂，臂膊穿戴袖甲，且有铁叶层叠排列，这些细节在清实物和明图像文献中得到印证（图4-2、图4-3）。据史料记载，这种上下连体的甲胄制式称为罩甲，即穿罩在袄袍之外的甲衣，出现在明武宗（1491-1521）时。明武宗尚武，常于宫内组织团营，令宦官习武功练骑射，罩甲于此时出现或与宦官的结合有关，兼具防护性又有官制的保持[2]。

图4-2 明《出警图》局部 绢本设色(纵92.1cm 横2601.3cm)[3]
（来源：台北"故宫博物院"藏）

---

1 祖绘为汉儒传统的宗族绘画，有条件的大家族用绘画形式纪录祖先功德，这个传统与祖先庙堂壁画有关，后发展成祖绘且成为皇家祖制，至明朝为盛，清祖绘承明制发展到顶峰。
2 周汛、高春明：《中国传统服饰形制史》，南天书局，1998，第53页。
3 台北"故宫博物院"：《故宫图像选粹》，台北"故宫博物院"，1971，第45页。

图4-3 明《入跸图》局部 绢本设色(纵92.1cm 横2601.3cm)[1]
（来源：台北"故宫博物院"藏）

如果说明朝《出警入跸图》中皇帝和武官甲胄还难以确定与早清努尔哈赤甲胄的关联性和传承性，那明朝的官方图像典籍或能提供确凿线索。明朝人王圻及儿子王思义撰写的记录明代百科全书式图录类书《三才图会》中对当朝盔甲制式记载与《出警入跸图》相比可谓如出一辙："古有铁皮纸三等，其制有甲身，上缀披膊，下属吊腿，首则兜鍪顿项。贵者铁，则有锁甲坎，则锦绣缘缯里。"[2]其中披膊（甲袖）、兜鍪（盔胄）、甲坎（甲衣）的记载与《出警入跸图》中的皇帝、武将甲胄的形制相符。画中皇帝所戴盔帽名为凤翅盔，在《三才图会》中更有明确的记载，"盔即胄之属，左右有耳，似翅，故曰凤翅，所谓虾鬚不知其义，当见神图有之，疑出于俗工之装饰耳"[3]。《三才图会》对于盔甲的暗甲衣、明甲袖和凤翅冠的记载与《出警入跸图》中皇帝武将所戴甲胄形制相近似，可见明承古制是流传有序的，清（初）承明制也可谓古制的继承（图4-4）。

---

1 台北"故宫博物院"：《故宫图像选粹》，台北"故宫博物院"，1971，第46页。
2 王圻、王思义：《三才图会（中）》，上海古籍出版社，1988，第1553页。
3 同上。

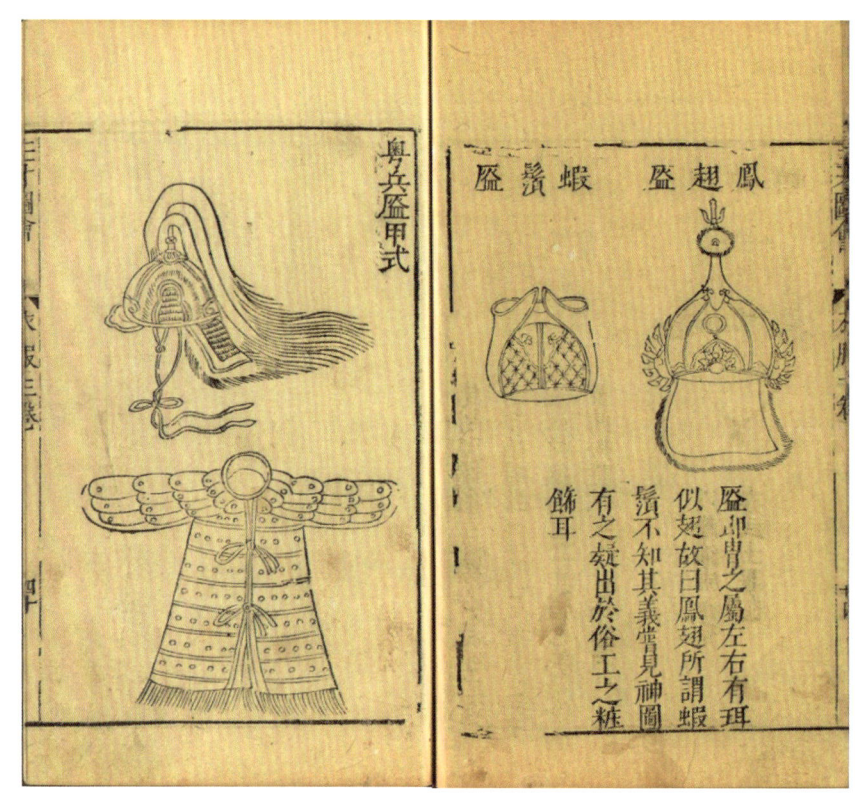

图4-4 明《三才图会》中的盔甲与凤翅盔

将明代绘画中人物所穿着的甲胄与古籍中对于甲胄的记载和乾隆皇帝遣人复制的努尔哈赤甲胄三相对比，努尔哈赤甲胄与其说是清承明制不如说是继承古制，因此这个时期呈现规制混乱、特点不清的情况，与其所处的历史阶段有很大关系。此时为明清两代交替之际，服制未定，戎制自未建成，借用前朝是自然之事，但也会加入满俗，所以努尔哈赤甲胄尚为上下连体、穿戴臂甲的明朝规制。差别在于努尔哈赤的甲胄已经出现护腋（遮窝）部件，且一直保留到晚清，但此部件在明代绘画与典籍记载中并未提及，显然这与满人尚弓箭骑射有关（见图4-1左图）。

关于明代皇帝的戎服规制在史料中并未找到相关记载，《明史·舆服制》也不重视对戎服建制的记述。图像文献除了像《出警入跸图》这种大场面的绘画外，在明代宫廷尚有彰显皇帝个人生活的图绘，具有代表性的是《明宣宗马上像》《明宣宗射猎图轴》等，它们是以记录明宣宗（1398—1435）个人生活为题材的画作。由于它的写实性，或许可以从这些图像史料中找到明代帝王戎服文化的蛛丝马迹。史书记载明宣宗朱瞻基重视弓马，精于骑射，在位期间对出游巡猎活动颇为热衷，是位文武兼备的皇帝。《明宣宗马上像》中，明宣宗面容饱满，须眉浓密，臂上架鹰，奔驰于马上，惊起雁群。他身着织绣纹饰的交领右衽黄袍与薄底白靴，帽顶附有顶珠，这样的装饰很可能是受到蒙元草原游牧民族的影响，整个装束或是明朝版的行服（图4-5）。《明宣宗射猎图轴》中，明宣宗身着红黄两色的猎装，下马拾起射获的猎物，不远处一头鹿惊慌窜过，引得他回首张望，身旁的黑色骏马则在悠闲地吃草。明宣宗看似着红黄两色猎装，实则是一种错觉，其为由内穿红色行袍外罩黄色搭护（无袖长袍）组配形成类似清代行服的行袍和行褂组配，包括行带也一应俱全。巧合的是，此幅画作中明宣宗的红黄两色猎装也在《明宣宗行乐图》中有细致描绘。《明宣宗行乐图》是明代中早期传世宫廷绘画中仅见的一幅堂皇巨制，画面描绘的是明宣宗巡游隙间于马上回首观望众宦官的情景。除了他红黄两色的"行服"组配，还有"行带"的细节描绘，且也在随从的宦官装备上一一呈现。同一身服装出现于两幅画作之中，且人物身边都有骏马相伴，故可推测此种服装形制也许是明代皇帝出游巡猎的常备装束（图4-6、图4-7）。如果将明代的这三幅画作与清朝《乾隆皇帝落雁图》对比，就不难发现，清代行服文化具有中华文脉与民族融合的深刻性（见图3-13）。

图4-5 《明宣宗马上像》绢本(纵73.3cm 横90cm)
（来源：台北"故宫博物院"藏）

图4-6 《明宣宗射猎图轴》绢本(纵29.5cm 横34.6cm)
（来源：故宫博物院藏）

图4-7 《明宣宗行乐图》局部
（来源：故宫博物院藏）

关于明代军士的服制，在《明史》中有记载："洪武元年令制衣，表里异色，谓之鸳鸯战袄，以新军号。二十一年，定旗手卫军士、力士俱红袢袄，其余卫所袢袄如之。凡袢袄，长齐膝，窄袖，内实以棉花。二十六年，令骑士服对襟衣，便于乘马也。不应服而服者，罪之。"[1] 袢袄是一种有衬里的对襟夹棉衣。由此可知，明代的军士服是一种长度齐膝的袢袄，且在明代时就已经有了这种中间夹棉的对襟军服，或可为清棉甲发展的前身，也说明乾隆甲胄以"棉甲"定制并非无"明制"可循。

---

1 [明] 张廷玉：《明史（志第四十三·舆服三）》，中华书局，1974，第4页。

二、顺治、康熙皇帝甲胄及其规制初定

甲胄形制发展到顺治朝已具备清朝典型的棉甲制式。现存顺治皇帝的甲胄藏于故宫博物院，与乾隆朝复制皇太极甲胄的形制相比没有本质区别，只是护件更加完备。顺治皇帝的甲胄已固定为上下分体式，甲衣面料采用蓝色锁子纹织锦，以此象征锁子甲功能，整件镶石青缎缘边，月白绸衬里，外布似"满天星"铜镀金圆钉，前悬护心镜，护件包括左右护肩、左右护腋、左右甲袖、左右挡和前挡。甲裳成左右结构，面料同甲衣。棉甲结构总共由12片组成[1]。顺治帝甲胄，从形制来看，已具备护肩、护腋、前侧挡、甲袖等乾隆定制时棉甲的基本结构形制，值得注意的是，它比皇太极甲胄的护腋和前挡的尺寸都大，护腋甚至已经延伸到前胸，与护心镜相接，前挡的上边已升至腰线位置，只留下腰部可活动区域，无疑其比清入关前皇太极棉甲的实战性更强，其中增加的护心镜和右挡（乾隆定制后只有左挡）也是有实战意义的。护心镜的使用在乾隆定制时明确规定，仅佩挂于皇帝、宗室和高等级军官的甲胄之上。左右挡共治仅出现在清早期个别甲胄中，后来由于右侧需要佩挂橐鞬[2]，配装右挡并不能发挥作用也十分不便而被取消，因此定制后的棉甲规制不设右挡。可见顺治棉甲完美的护件配装表现得有些"用力过猛"，这正是乾隆定制前实战大于礼制的一大特点（见图4-8左图）。

到了康熙朝，棉甲的结构形制趋于稳定，在此基础上主要进行了棉甲章制的改变，特别是帝王的章制被大大加强，大阅甲就是由此产生的。现收藏于故宫博物院的石青缎绣彩云龙纹棉甲就是康熙皇帝的阅甲，其结构沿袭了上衣下裳制，甲衣双肩各装有缀鎏金龙纹铜版的护肩，两腋各系云头状护腋，前中有前挡，侧挡只设左挡。通身缀满鎏金铜泡钉，以增强耐磨和防护性能[3]。观察实物图像信息，与顺治皇帝的甲胄对比，康熙皇帝的甲胄去掉了护心镜，代替的是布满代表帝王的龙章、海水江崖纹和各种吉祥云纹。甲裳上具有防护功能的金属片也去掉了，且护肩、护腋、前挡、左挡的比例缩小，与清中期甲胄定

---

1 毛宪民：《清宫武备兵器研究》，文物出版社，2013，第152页。
2 橐鞬：藏箭和弓的器具。
3 严勇、房宏俊、殷安妮：《清宫服饰图典》，紫禁城出版社，2010，第198页。

制后的皇帝大阅甲形制基本相同。可见，棉甲的礼制取代实战理念早在康熙朝就显现了（图4-8）。

图4-8　顺治锁子纹锦甲（左）和康熙石青缎绣彩云龙纹棉甲（右）
（来源：《清宫服饰图典》[1]）

---

1 严勇、房宏俊、殷安妮：《清宫服饰图典》，紫禁城出版社，2010，第198页。

但康熙甲胄的实战性能并未减弱，主要手段有两个，一是分阅甲和战甲，各司其职；二是从明功变成暗功，即用于防护的铁叶置于夹层中，这正说明康乾盛世的经济繁荣和技术进步。在故宫博物院的主要清宫服饰出版物中，都刊有一套蓝缎铁叶甲胄，但均未注明时期及拥有者。此套甲胄为上衣下裳式，蓝缎布面，月白绸衬里，甲衣等距排列镀金铜钉，甲裳纵向等距排列五排镀金甲片[1]。通过盔胄上的獭尾和金字梵文判断，此套甲胄等级规制极高，很可能是皇帝御用。通过细致观察发现它有明显的"乱制"现象，就是没有按照清棉甲通制惯例[2]制甲，而采用从未出现过的只有右挡制式。在清早期甲胄中存在无挡和左右挡共治的形制，但在实践中发现右侧因需要佩挂囊鞬，若设有右挡会造成不便，故仅保留左挡成为后来定制的标准样式。但是此套甲胄却偏偏没有左挡，只有右挡，这在清代甲胄中十分罕见。无独有偶，在《康熙戎装像》中，康熙皇帝身着一套蓝色甲胄与此套蓝缎铁叶甲胄极其相似。最重要的是，此画中清晰地画出了康熙皇帝身着的甲胄也仅有右挡并无左挡，这就与甲胄实物图像两相印证，此右挡所谓"乱制"棉甲的出现绝非偶然。据史料记载，康熙皇帝武艺出众，左右手均会开弓。康熙二十三年（1684），康熙帝南巡，在江宁教场当着数万军士的面展示弓射技艺，有"右发五矢，五中，左发五矢，四中"的好成绩，观者无不雀跃欢呼[3]。这说明康熙棉甲左挡右挡都会出现，此套右挡的蓝缎铁叶甲很有可能为康熙皇帝所有（图4-9）。

---

1 严勇、房宏俊、殷安妮：《清宫服饰图典》，紫禁城出版社，2010，第198页。
2 清棉甲通制：清早期就完成了从无挡、左右挡到保留左挡的演变历程。
3 中国第一历史档案馆：《康熙起居注（第二册）》，中华书局，1984，第1248页。

图4-9 清《康熙戎装像》和蓝缎铁叶棉甲
（来源：故宫博物院藏）

战甲经常被皇帝使用造成了这个时代武备业的发达，康熙便是这个标志性的皇帝。康熙皇帝骑射水平高超，武功高强，围场上射获的猎物不计其数，这都要得益于康熙皇帝在平日里练骑射习武功的坚持。这不仅在史料上有记载，在棉甲形态上也有所体现。现藏于故宫博物院的一件明黄缎棉甲就为康熙皇帝习武操练时所穿[1]。此套棉甲的形制与前面的甲胄很不一样。从实物图像看，形制为圆领对襟，甲袖与衣身相连，袖口为小马蹄袖。甲衣两侧设有护肩、护腋，中置前挡，有左挡，这是否可解读为康熙帝可左右开弓。面料使用软缎，中充丝绵，并无实战防护功能的甲片，为燕居时所穿的一类习武棉甲。这些非实战的棉甲形制特点，也都被复制在乾隆朝定制后的棉甲规制中，为乾隆大阅去实战旌戎章找到了理由，乾隆棉甲标本的研究也证实了这一点（图4-10）。

---

1 严勇、房宏俊、殷安妮：《清宫服饰图典》，紫禁城出版社，2010，第194页。

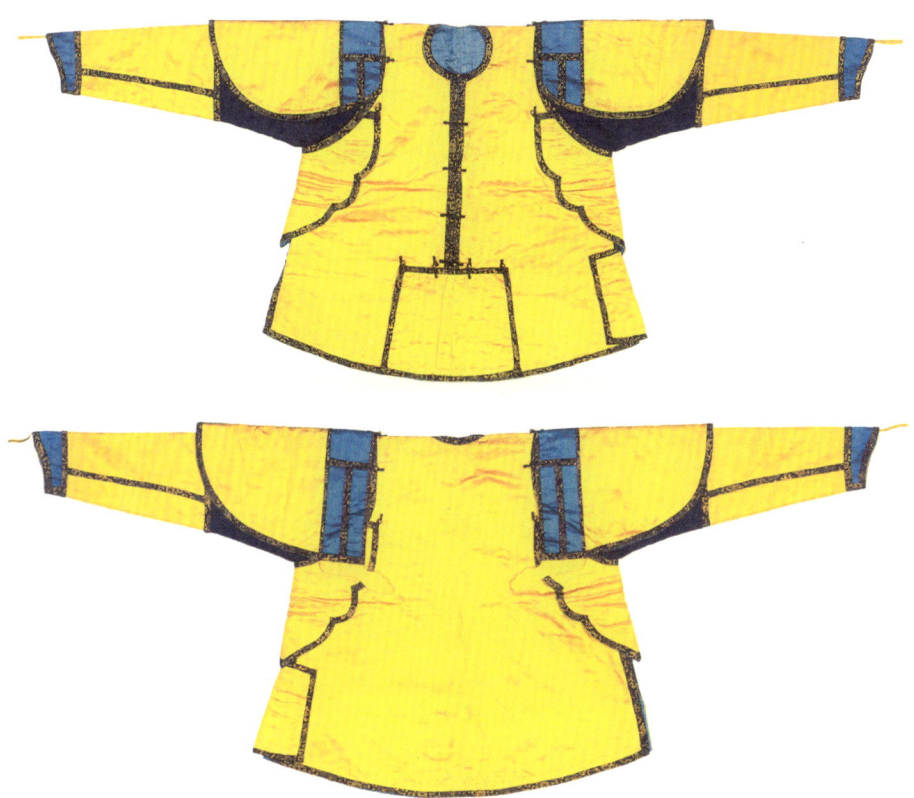

图4-10 清康熙明黄缎棉甲[1]
（来源：《清宫服饰图典》）

---

[1] 严勇、房宏俊、殷安妮：《清宫服饰图典》，紫禁城出版社，2010，第194页。

三、本章小结

　　纵观清早期皇帝甲胄的形制演变历程，不难发现甲胄的结构规制与清王朝从建国到治国的转变息息相关。努尔哈赤时期尚为后金政权，或视为明朝的地方势力，作为军事力量标志的铠甲保留明代铠甲通裰配臂甲的制式特点是自然而然的，加上政权未获，大规模的战服形制以实战功用为主导亦是必然。皇太极时期建都盛京，改国号为大清，此时的铠甲已演变为上衣下裳分体式，前挡、左挡出现，增加了纹章系统，初具清甲的结构雏形，但保留了明甲中的甲袖，虽以实战功用为主，但同时象征皇权的甲胄章制已成型，也集中表现在皇太极的甲胄中。到了顺治朝，清军入关，迁都北京，统一全国，此时的甲胄发展已趋于定型。护肩、护腋、前挡、左挡俱全，但护件与甲衣的比例仍处于波动状态，兼具礼仪与实战功用。康熙时期虽有战事发生，但国家大局稳定，国运处于上升期，此时的甲胄形制已具备清代甲胄的典型特征，比例稳定，华丽威武，礼仪与实战并存。由此可见，清早期甲胄的发展，从大清入关前南征北战的清承明制，到入关后政权稳固的服制初定，完成了从实战到实战与礼制并存的转变。

第五章

清早期校甲的标本研究

从清早期甲胄的实物图像中只能获得有限信息，由于不能近距离进行研究，很难达到解开"满俗汉制"谜题的预期目标。而标本研究可以获得意想不到的学术发现。需要特别强调的是，这种发现的前提是专业化的系统研究。

一、清早期校甲标本

清早期甲胄标本来源于清代服饰收藏家李雨来先生的收藏。观察李雨来先生提供的两套甲胄标本的结构、形制、面料、章纹、藏品状态等因素，查阅清代官方史料，基本确定了两套甲胄标本在清代的官方命名与具体的穿着等级，通过专业的系统研究确实有所发现。《皇朝礼器图式》武备卷记载："谨按本朝定制，前锋校甲白缎表，素裹，无袖，中敷铁叶，外布黄铜钉，红片金及石青布缘二重，前后绣蟒各一，通绣莲花，裳幅铁叶三重，护军校亦披之"，另"谨按本朝定制，骁骑校甲表以布，各从旗色，如胄制，缘亦如之，余俱如前锋校甲之制"[1]，并附有甲胄图绘。与标本对照，此两套甲胄标本在级别上应为校甲，属于暗甲品类。标本白色缎面，与"前锋校甲白缎表"的记载相符。但由于纺织品文物时间久远发生氧化，且内附铁叶早已生锈，长时间侵蚀，白缎甲面如今已泛黄，标本为前锋校甲无疑。但前锋校所着棉甲"谨按本朝定制"仅"白缎表"一种形制，没有按照八旗的八种颜色。另一套暗甲为深蓝色布面，缘边亦为蓝色，纹饰与记载的骁骑校甲的相同，根据《皇朝礼器图式》所记，此甲为正蓝旗骁骑校甲。根据此两套暗甲标本的材质、制作工艺、蟒纹及护肩的"猪耳"形状判断，应为清早期校甲[2]。现存世的清早期甲胄数量较少，正是由于收藏家李雨来先生的慷慨相助，才能近距离做深入系统的研究，可惜的是没有配套的清早期兵丁棉甲标本，好在其他相关文化部门提供的清中期成系统的兵丁棉甲胄可作为重要的参考和补充（图5-1）。

虽未接触到清早期棉胄实物，但在一些民间收藏中曾出现过一件清代铁胄。此件铁胄胄胎铁质，无盔梁，铁胎表面无装饰花纹，其下仅有护耳与护项，无护颈，上粗绣花纹，与正蓝旗骁骑校甲标本类似。以此为线索查阅清代官方资料，发现关于骁骑校胄与前锋校胄的描述与实物图像形制确有相似之处。据《皇朝礼器图式》武备卷记载："本朝定制骁骑校胄，顶周垂黑氂，护

---

1 [清]允禄、蒋溥等：《皇朝礼器图式（卷十三）》，哈佛燕京学社中日图书馆，1959，第34页。
2 两套暗甲标本做工并不十分考究精细，尺寸、刺绣还有镶边的宽窄略显随意，不具有清中期甲胄在规范化生产制约下所成造出来产品的特点。甲衣胸背的蟒纹通身细长，上下颚尖细，且上颚长于下颚，皆张大嘴，蟒鳞绣成简单的网格状，这是明末清初蟒纹的典型特点。通过访谈北京的清甲胄专家和艺人，认为清早期甲胄的护肩为类似"猪耳"或是"树叶"形状，由于清早期在"定制"前并未有对甲胄形制的官方记录，蟒纹特点和护肩"猪耳"形制可视为判断清早期棉甲的依据。

100　满族服饰研究：清代戎服结构与满俗汉制

项、护耳俱表以缎，各从旗色……正红旗、正白旗、正蓝旗皆如表色，余俱如前锋校胄之制"。[1] 关于前锋校胄的记载："本朝定制前锋校胄，炼铁为之，顶植铁叶，周垂朱氅，宝盖以下俱素铁，不加刻饰，护项、护耳俱白缎表，素里，红片金及石青布缘二重，绣莲花，中敷铁叶，外布黄铜钉……"。[2] 从文献记载对照实物图像得知，骁骑校胄与前锋校胄均有护耳与护项，无护颈，但前锋校胄为白缎面料，实物图像显示为蓝色布面，故此顶铁胄很有可能是正蓝旗骁骑校胄。但实物图像呈现的护耳下缘为弧线形，而文献所绘图式底边为方形，却与"猪耳"形的护肩风格一致。实物图像中铁胎近似为穹顶形，且无盔梁，与文献所绘图式有所差别。根据这些因素推断，它很有可能为清早期骁骑校胄。这样对清早期棉胄形制便有图像依据（图5-2）。

清早期正蓝旗骁骑校甲　　　校甲图式　　　清早期前锋校甲

图5-1　清早期校甲标本与《皇朝礼器图式》中所绘校甲图式

---

1 [清] 允禄、蒋溥等：《皇朝礼器图式（卷十三）》，哈佛燕京学社中日图书馆，1959，第33页。
2 同上书，第32页。

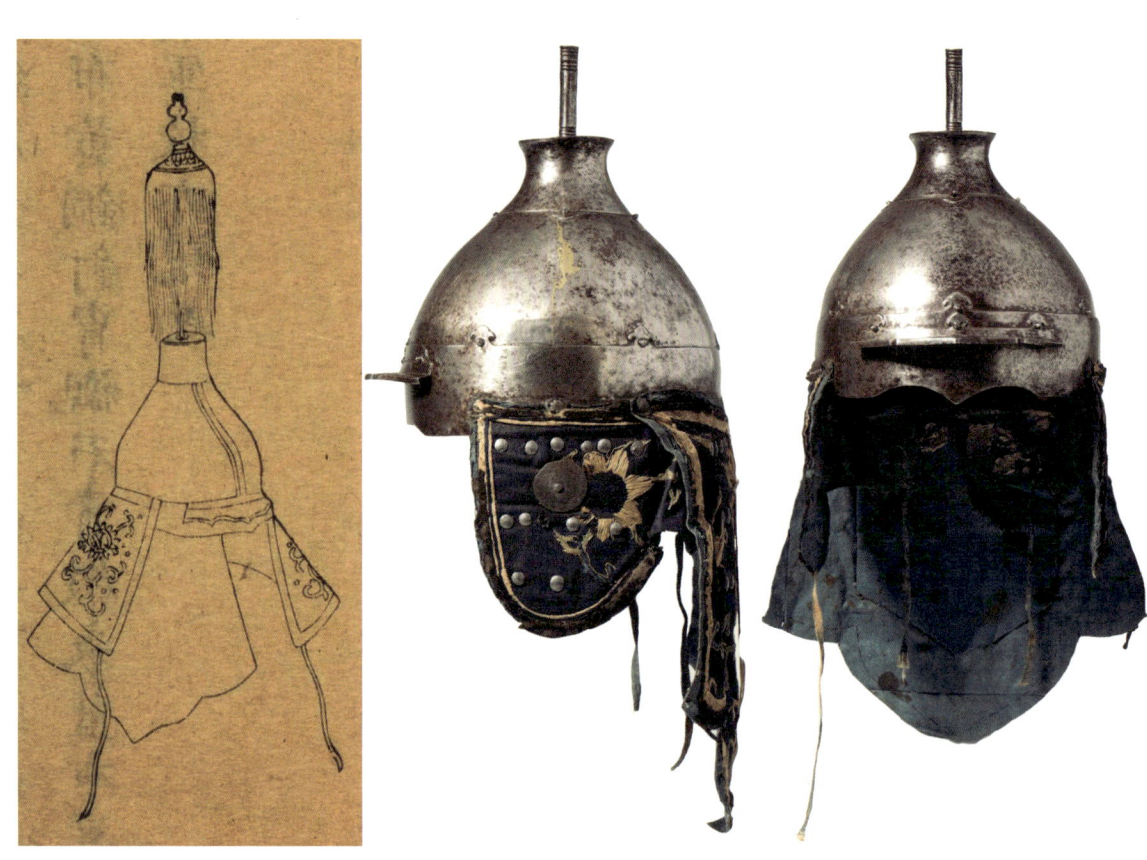

图5-2 《皇朝礼器图式》所绘骁骑校胄与清早期骁骑校胄实物
（来源：实物为私人收藏）

二、清早期校甲标本形制特征

两套清早期校甲标本均为上衣下裳制。甲衣配有左右护肩,形状类似一对"猪耳",两护肩用系扣与甲衣相连,左右两侧配护腋,前挡、左挡各一,均使用系扣与甲衣相连。甲裳成左右两幅由腰头系带相连(标本系拆解样),穿时以布带系于腰间,形成甲衣在外甲裳在内组配。甲衣胸背绣有行蟒纹,衣摆、裳摆、护肩、护腋、前挡、左挡绣有宝相花纹、西番莲纹等纹饰(见图5-1)。在甲衣和甲裳内侧的主体部分均压叠铺缀有铁叶,此为暗甲,具有阅兵和实战防御的双重功能。这是由于清早期,大清政权尚不稳定,叛乱征战时有发生,故此时的甲胄实为战甲。由于年代久远,暗甲上的铁叶锈蚀严重,斑驳锈迹记录了它们丰富而生动的历史信息。

暗甲中的铁叶单片为约4.5cm×5.5cm的长方形,甲衣102片,甲裳50片,排列成鳞甲状。从标本暗甲的排列形态看,无论是甲衣还是甲裳,都是从两侧开始像叠铺房瓦顶一样在中间会合。这种叠铺形态对于房瓦顶的防御是有效的,对于明甲是如此,而对于暗甲却是致命的。因为暗甲的甲面和明甲的甲面刚好相反,这意味着甲片的排列也是相反的,从中间分别向两侧叠铺,这样会减弱防御的效果。这正说明从明甲变暗甲的动机更强调阅礼,防护铁叶又不能去掉就原封不动地将明甲形式复制在暗甲中,当然这还需要更多的证据。另从标本的陈迹来看,护件也是有铁叶的,只是被遗失了(图5-3、图5-4)。

两套暗甲的基本结构组成相同,不同的是面料的使用与铺排裁剪方式。前锋校甲面布为缎料,面料的铺排方式是充分利用缎料后身铺整幅裁剪,两侧不足部分补插摆。值得注意的是,这些暗接部分如衣摆、裳摆是另外用粗棉布拼接的,这便是以不同面料物尽其用的节俭证据。而正蓝旗骁骑校甲面料为粗棉布,用料不像缎料那么精心,分成左右两幅分别铺排裁剪,衣摆无拼接。这是由于清早期甲胄尚未定制,故在大体结构形制相同的前提下,细节处理、制作方式等并未有严格要求,多以布幅有效使用而定。但此时的甲胄已经具备了清代甲胄定制时的基本形制特点,如上衣下裳制和护件的标准配制,为清中期甲胄的定制奠定了基础。从用料的使用情况看,前锋校甲缎料的使用表示等级要高于骁骑校甲,也与典章相符,但节俭意识是不分等级的,甚至等级越高越成"制度",故在清宫皇室服饰中拼接现象很普遍,这或许就是中华"俭以养德"传统的物化实证。通过对两套暗甲标本的系统信息采集，整理出标本的基本信息，可以为典章文献和实物的相互印证提供可靠信息（表5-1、表5-2）。

图5-3-1 清早期前锋校甲标本

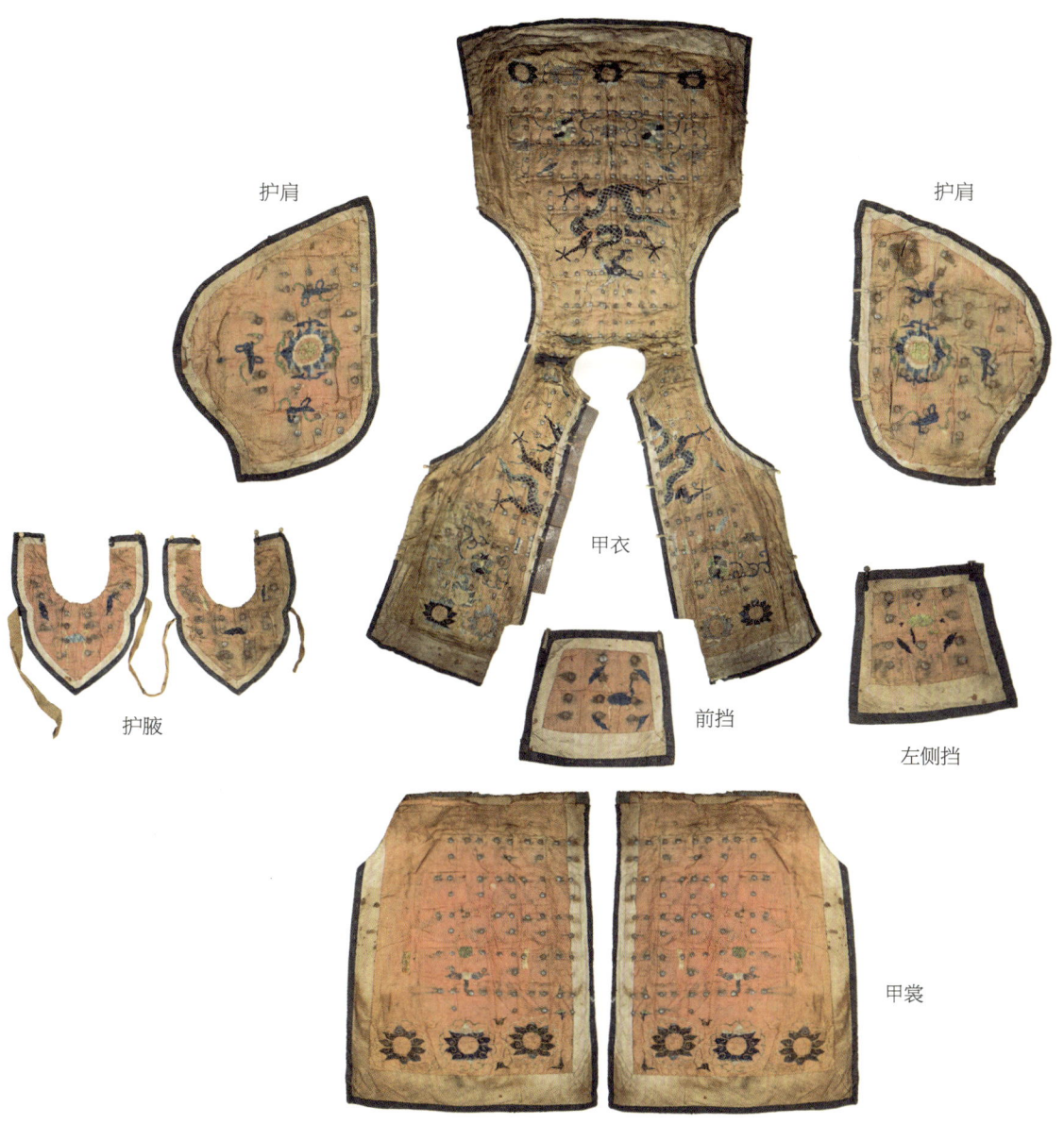

图5-3-2 清早期前锋校甲标本分解正面

第五章 清早期校甲的标本研究　105

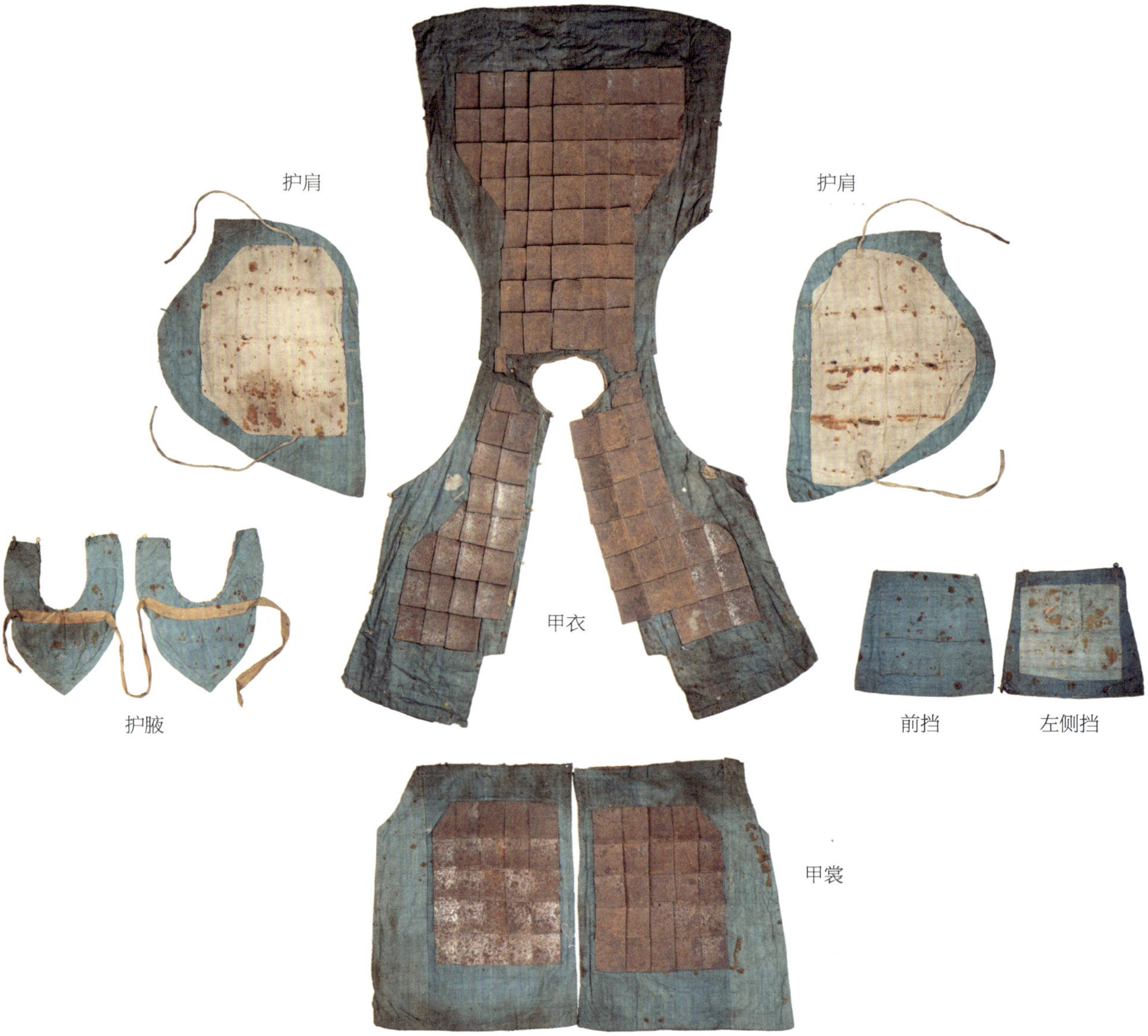

护肩　　　　　　　　　　　护肩

甲衣

护腋　　　　　　　　　前挡　左侧挡

甲裳

图5-3-3　清早期前锋校甲标本分解反面

图5-4-1 清早期正蓝旗骁骑校甲标本

护肩　　　　　　　　　　　　　　护肩

甲衣

护腋　　　　　　　　　　　　　　护腋

前挡　　　　左侧挡

甲裳

图5-4-2 清早期正蓝旗骁骑校甲标本分解正面

108　满族服饰研究：清代戎服结构与满俗汉制

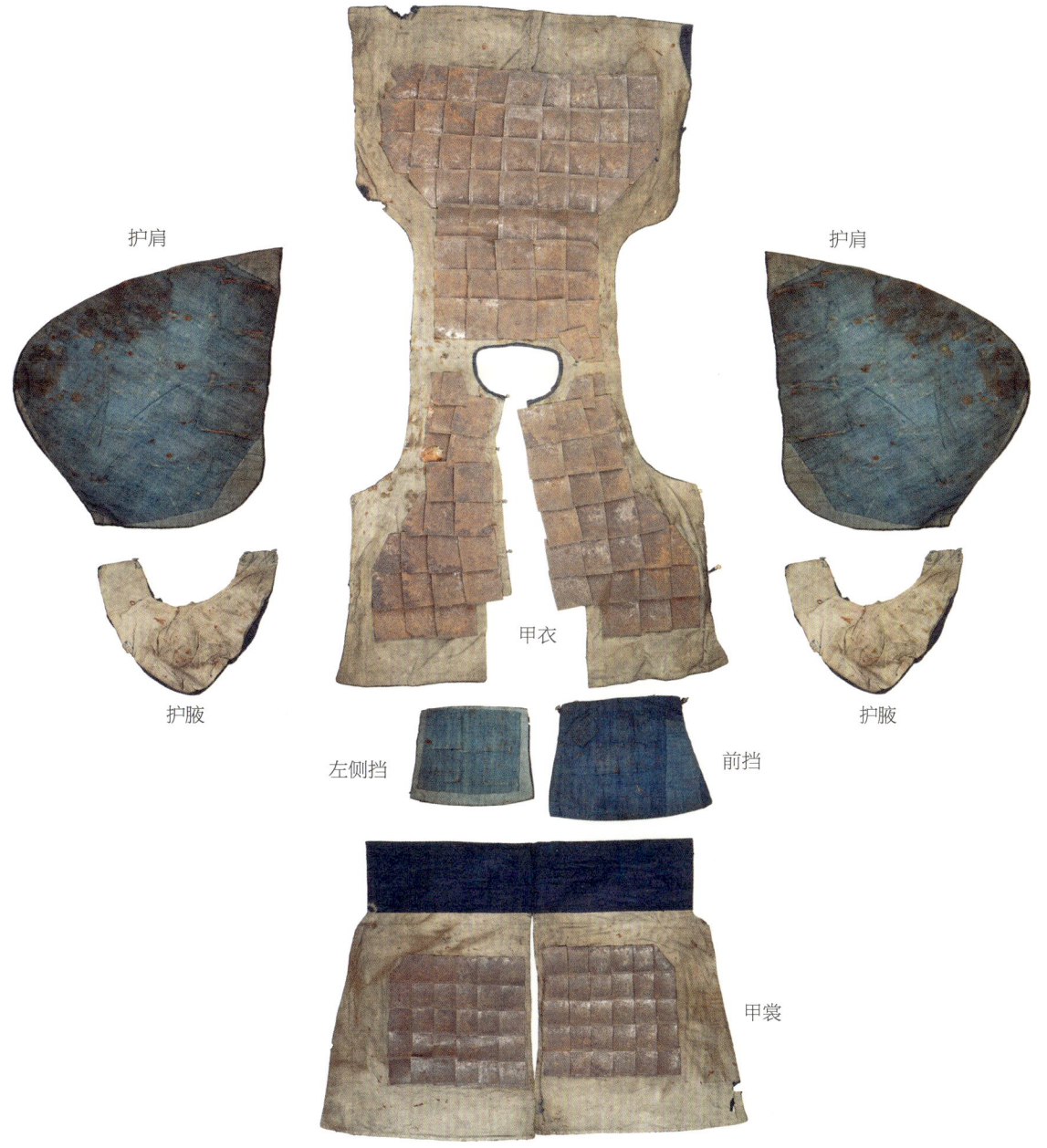

图5-4-3 清早期正蓝旗骁骑校甲标本分解反面

表5-1 清早期前锋校甲标本基础信息

形制特征				
	名称	前锋校甲	朝代	清早期
	数量	棉甲1套（无棉胄）	保存状况	良好(甲裳无腰头)
结构信息	基本结构	十字平面结构（去袖补护肩）	典型结构	上衣下裳
	领形	圆领	衽式	对襟
	衣长	长至臀部以下	裳长	长至足踝
	袖	无护袖	前后中	前中对襟，后中不破缝，里破缝
	扣与扣袢	前中、侧缝、各护件连缀	下摆	方直
	夹里	中夹单层粗麻布	腰带	无（拆掉）
面辅料信息	面料材质	缎+细棉布+粗棉布	皇朝礼器图式	
	里料材质	粗棉布		
	絮料材质	粗麻布		
工艺信息	裁剪纱向	经纱裁剪		
	缘边工艺	45°斜丝细棉布包边		
	接缝工艺	倒缝、劈缝		

表5-2 清早期正蓝旗骁骑校甲标本基础信息

形制特征			
名称	骁骑校甲	朝代	清早期
数量	棉甲1套（无棉胄）	保存状况	良好
结构信息	基本结构	十字平面结构（去袖补护肩）	典型结构	上衣下裳
	领形	圆领	衽式	对襟
	衣长	长至臀部以下	裳长	长至足踝
	袖	无甲袖	前后中	前中对襟，后中破缝，里破缝
	扣与扣袢	前中、侧缝、各部件连缀处	下摆	方直
	夹里	中夹单层粗麻布	腰带	有
面辅料信息	面料材质	粗棉布	皇朝礼器图式	
	里料材质	粗棉布		
	絮料材质	粗麻布		
工艺信息	裁剪纱向	经纱裁剪		
	缘边工艺	45°斜丝细棉布包边		
	接缝工艺	倒缝、劈缝		

第五章 清早期校甲的标本研究

三、清早期校甲标本信息采集与结构图复原

1. 校甲标本结构数据信息

对清早期校甲的面料、里料的结构进行数据采集和结构图复原是获取标本结构、工艺、纹样、织物等信息的重要手段。前锋校甲的甲衣长为78.8cm，甲裳长为57.5cm（标本缺少腰头）。正蓝旗骁骑校甲的甲衣长为70.7cm，甲裳长为77.8cm（包括腰头）。标本结构复原图中所标数据为暗甲标本的实测数据。由于暗甲中间夹有一层厚粗麻布，致使面料比里料平均长0.2cm的厚度松量，且不排除手工测量的误差存在，但要控制在毫米误差合理范围之内。

对两套清早期校甲标本进行专业化实测的信息采集、测绘和结构图复原的数据整理，得到标本结构基础信息，将其进行专业的量化处理形成客观可视化结构文案呈现，这项工作本身就具有文献价值。它不仅是清甲胄研究过程中重要的实物数据支持，也为清代甲胄制度的研究提供一手物证材料，对文献与标本互证的综合分析提供了重要的数据化结构形态（表5-3、表5-4）。

表5-3 清早期前锋校甲标本结构数据信息　　　　　　　　　　单位：cm

名称		前锋校甲		测量时间	2018年1月21日
结构特点		上衣下裳，甲衣对襟无袖，甲裳左右两幅对称结构			
棉甲部件	部位	尺寸		部位	尺寸
甲衣	前衣长	78.8		后衣长	77.2
	前胸宽	62.0		胸围高	34.2
	后背宽	65.0		侧缝高	42.0，42.5
	衣摆最宽处	68.6		衣摆起翘	5.3
	包边宽	1.0		扣袢尺寸	长2.2，宽0.4
甲裳	腰部弧线长	75.4（两幅）		前中长	57.5
	底摆最宽处	93.0		底摆起翘	1.0
	包边宽	1.3		镶带宽	无
护肩	长度	42.3		最宽处	26.2
	包边宽	1.2，1.7		镶带尺寸	宽1.5，长约30.0
护腋	总宽度	25.0		最长处	36.2
	凹陷宽度	11.0		凹陷高度	13.9
	包边宽	1.0，1.5		镶带尺寸	长144.0，宽2.0
前挡	上宽	16.8		底摆最宽处	18.2
	包边宽	1.0		镶带宽	无
左挡	上宽	15.0		底摆最宽处	17.0
	包边宽	1.0		镶带宽	无

表5-4　清早期正蓝旗骁骑校甲标本结构数据信息　　　　　　　单位：cm

名称		正蓝旗骁骑校甲		测量时间	2018年1月22日
结构特点		上衣下裳，甲衣对襟无袖，甲裳左右两幅对称结构			
棉甲部件	部位	尺寸		部位	尺寸
甲衣	前衣长	70.7		后衣长	68.8
	前胸宽	58.8		胸围高	30.9
	后背宽	56.6		侧缝高	40.0，40.5
	衣摆最宽处	65.0		衣摆起翘	1.8
	包边宽	1.0，1.8		扣袢尺寸	长2.2，宽0.4
甲裳	腰部弧线长	74.5（两幅）		前中长	58.8
	腰头长	74.5		腰头高	19.0
	底摆最宽处	96.6		底摆起翘	2.8
	包边宽	1.0		镶带宽	无
护肩（包边拆）	长度	40.2		最宽处	29.8
护腋	总宽度	37.8		最长处	26.0
	凹陷宽度	14.2		凹陷高度	9.2
	包边宽	1.0		镶带宽	无
前挡	上宽	16.8		底摆最宽处	22.8
	包边宽	1.4		镶带尺寸	无
左挡	上宽	18.0		底摆最宽处	19.0
	包边宽	1.4		镶带宽	无

2. 前锋校甲标本结构图复原

通过对清早期前锋校甲的基础信息（表5-1）和结构数据信息（表5-3）的综合分析和利用，才能实现其结构图的复原，一系列的后续工作便可顺利展开。首先是面料和里料分板。由于标本边缘缝行完好，不能知其真实缝份，故此均按照1cm缝份计算复原毛样，毛样图的制作有利于计算出完成一套暗甲的最少布料。由于面布采用缎料与棉布拼接而成，故应分别排料。白缎面料后中整裁不破缝，两侧用棉布拼摆，经测量，后衣片主面缎料最宽处接近50cm，加上两侧的缝份，故白缎面料的排料图实验应在布幅宽至少大于52cm的基础上完成。面料的拼接棉布料由于十分细碎，无法推测原本的布幅宽度，或用边角余料拼接，故试用40cm幅宽进行排料实验。里料最宽处约为38cm，为计算最少用料，加上左右2cm缝份，故在布幅40cm的基础上完成排料实验。通过排料实验，得到制作一套前锋校甲所需白缎面料18058.56cm^2，面料拼接棉布料7635.2cm^2，里料最少面积为27555.2cm^2。这只是个案，如果用缎料的棉甲都采取主体料用缎、非主体拼接料用棉的话，这不仅可以在批量成造中大大节省缎料，拼接的棉布也可将大规模用棉布成造棉甲时所剩的边角余料派上用场。当然，这只是通过前锋校甲和骁骑校甲两标本用料结构设计的不同推测的，但不可否认的是，两甲结构的不同一定与材质不同有关，也一定有尊卑的表达，不变的是"节俭"（图5-5）。

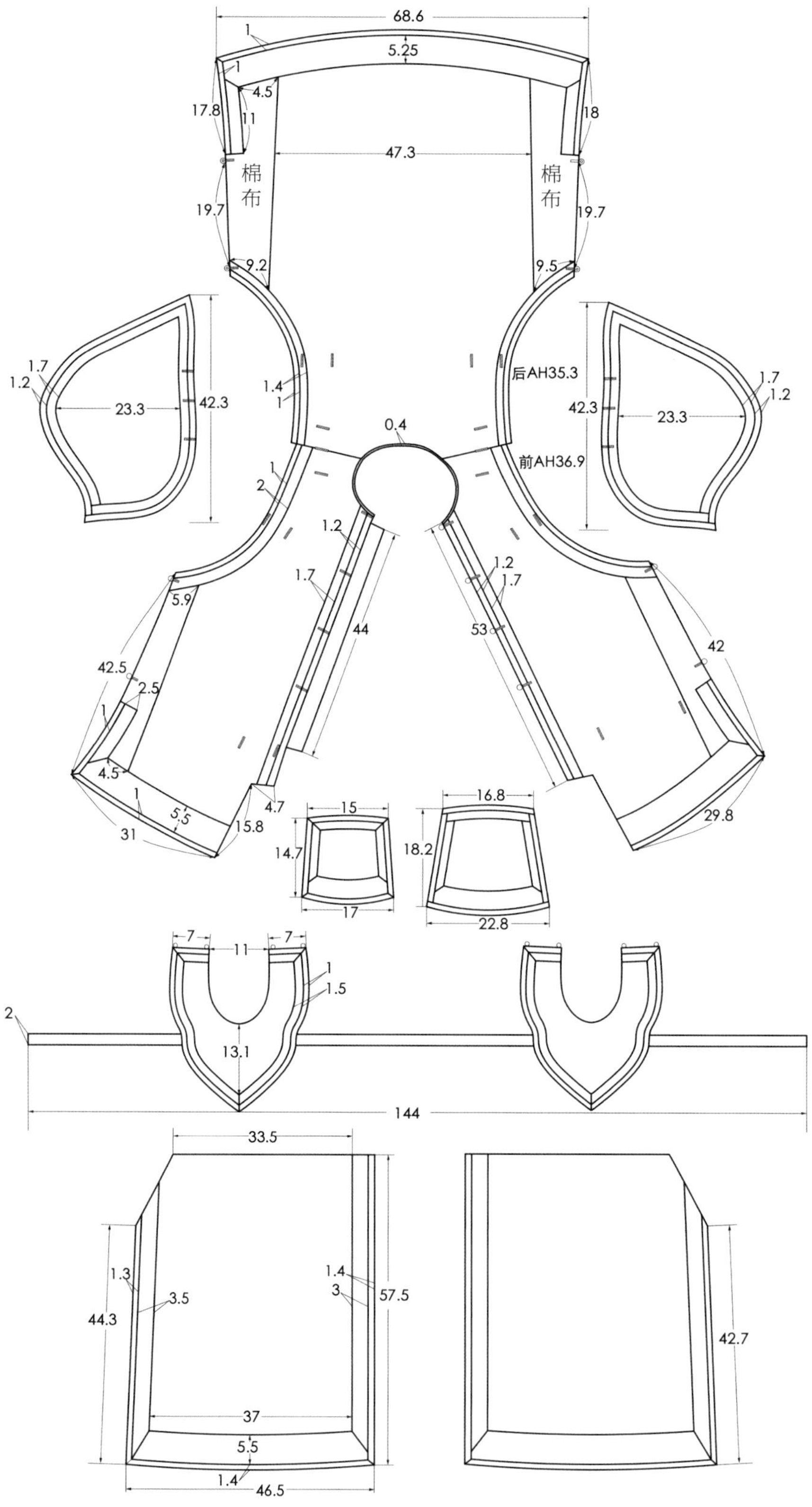

图5-5-1 前锋校甲缎料结构图
（注：结构图中数字的计量单位均为厘米，全书相同。）

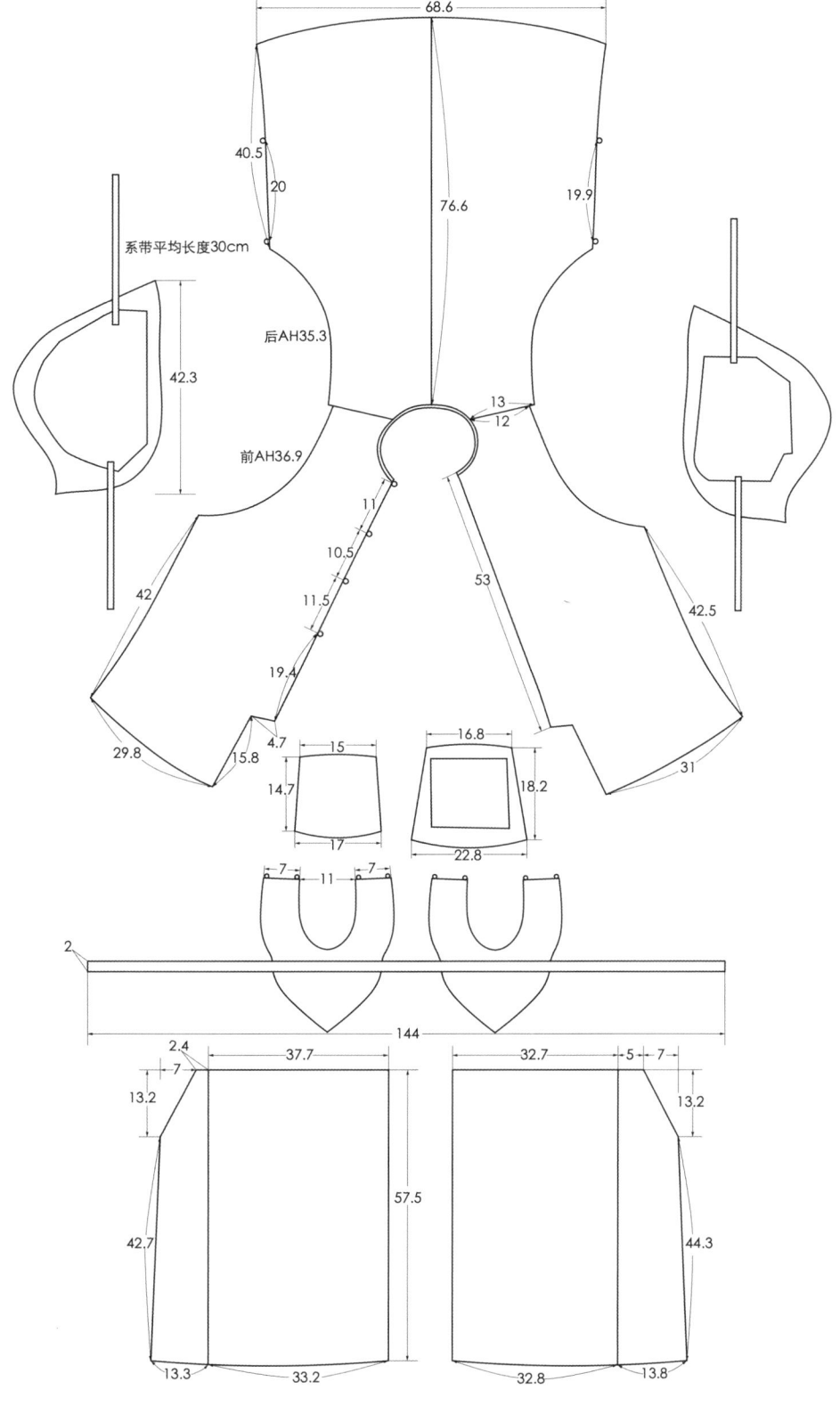

图5-5-2 前锋校甲里料棉布结构图

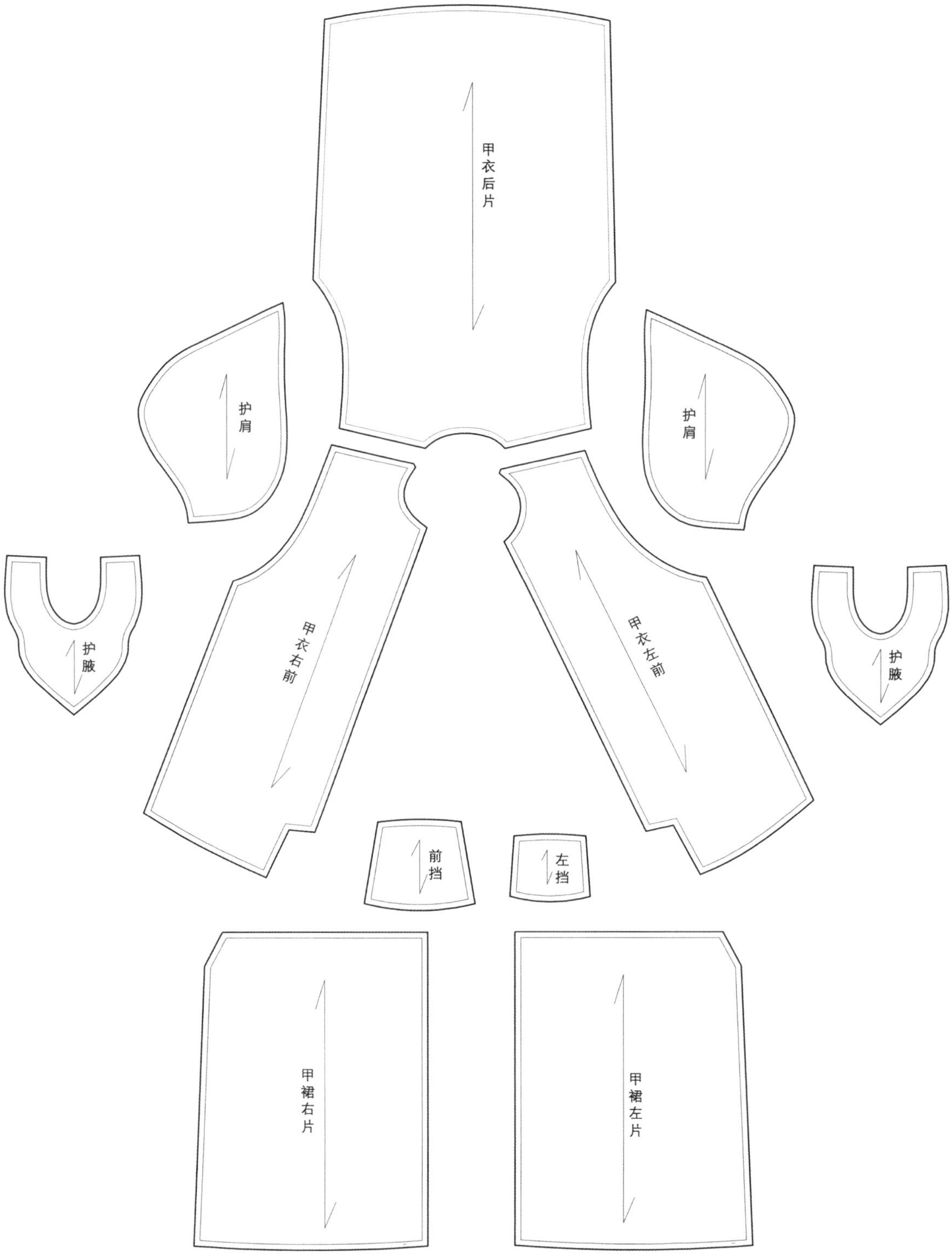

图5-5-3 前锋校甲缎料分板
（缝份：1cm）

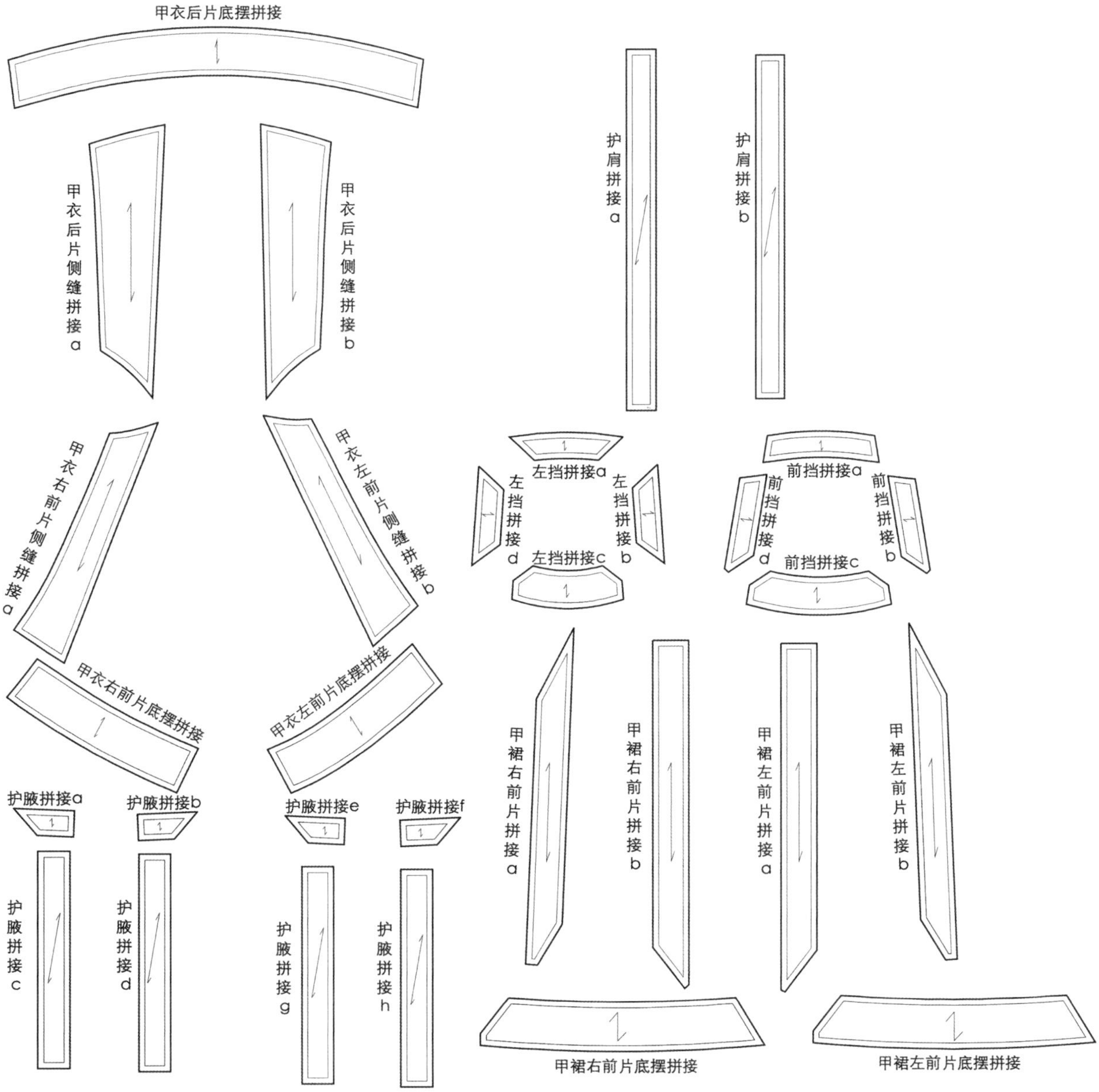

图5-5-4 前锋校甲拼接棉料分板
（缝份：1cm）

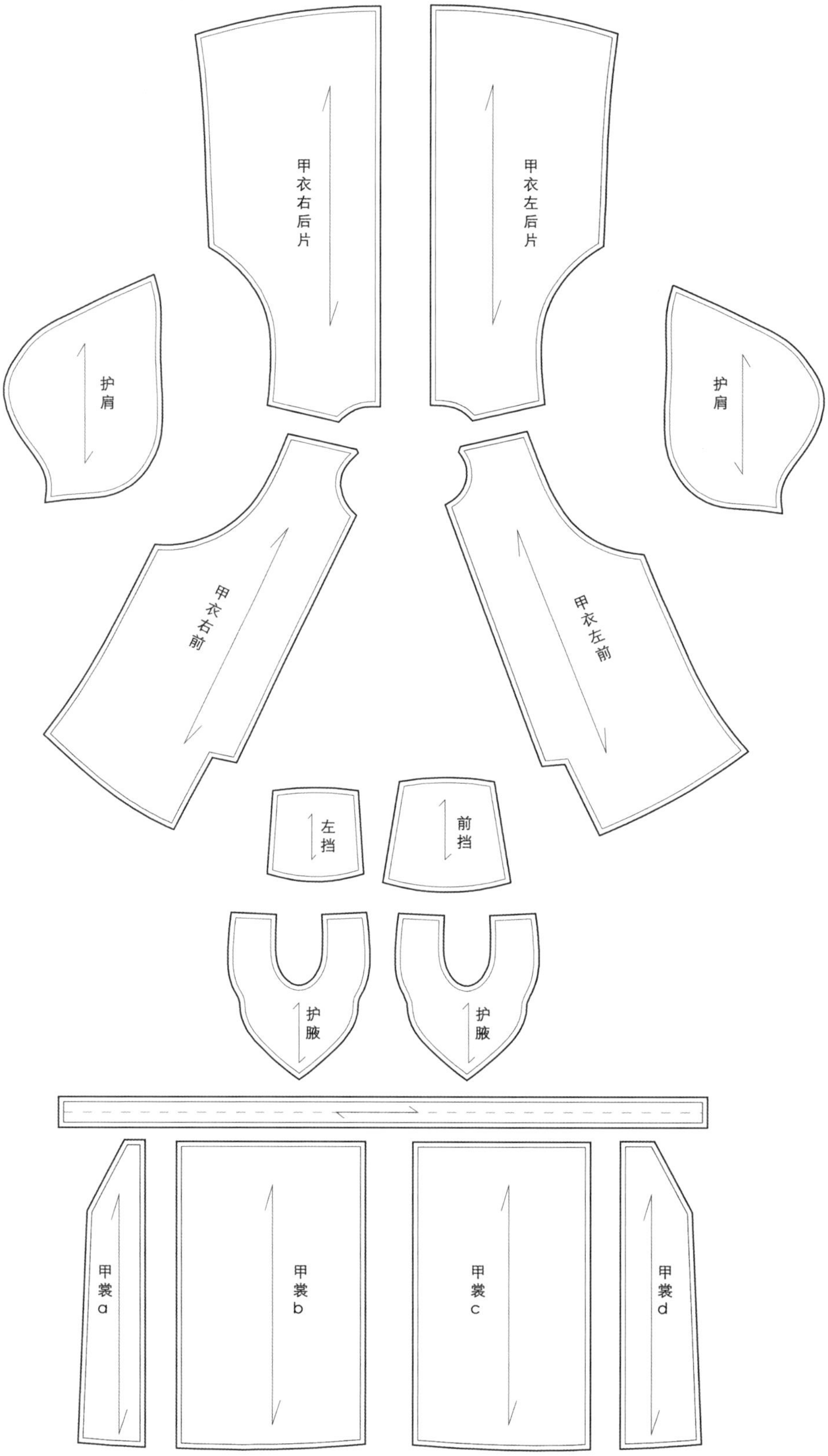

图5-5-5 前锋校甲里料棉布分板

（缝份：1cm）

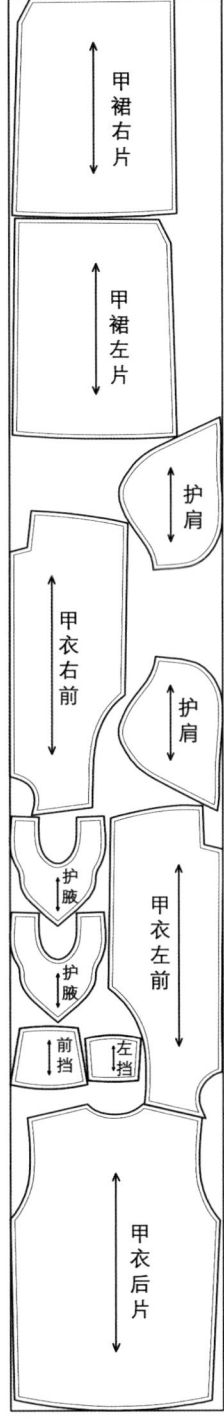

图5-5-6 前锋校甲缎料排料实验
（幅宽52cm，长度347.28cm）

第五章 清早期校甲的标本研究

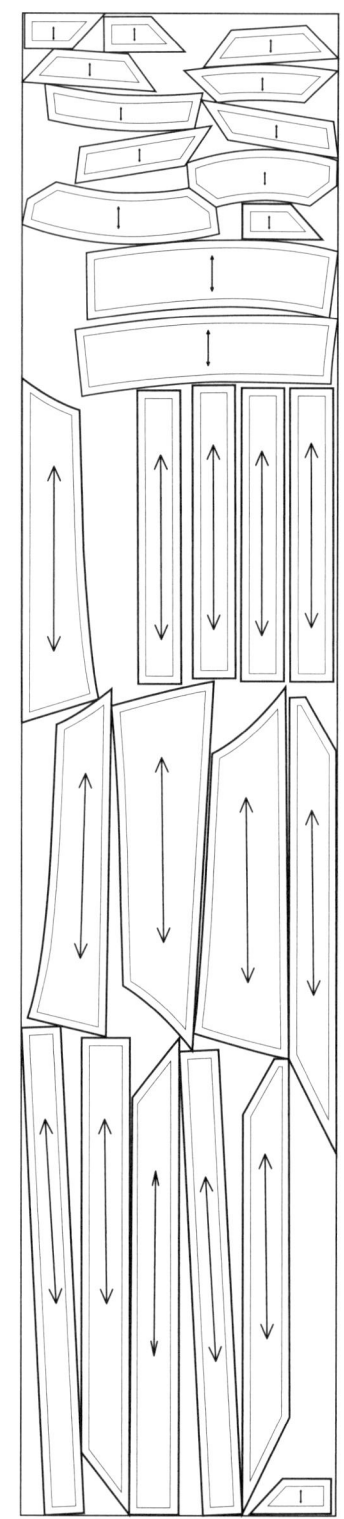

图5-5-7 前锋校甲拼接棉料排料实验
（幅宽40cm，长度190.88cm）

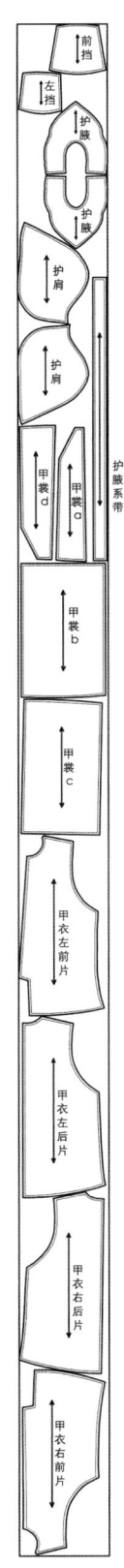

图5-5-8 前锋校甲里料棉布排料实验
（幅宽40cm，长度688.88cm）

3. 骁骑校甲标本结构图复原

用相同的方法可完整复原清早期正蓝旗骁骑校甲的结构图。与前锋校甲不同的是，标本的面料和里料分别只用了一种材料，区别在颜色上，故只做两次排料实验。蓝布面料采用左右分裁的方式，经测量，衣片面料最宽处接近50cm，加上两侧的缝份，蓝布面料的排料图实验应在布幅宽至少大于52cm的基础上完成。里料最宽处约为48cm，加上左右2cm缝份，故在布幅50cm的基础上完成排料实验。通过排料实验，得到制作一套正蓝旗骁骑校甲所需蓝布面料为29415.88cm^2，里料最少面积为24502cm^2。从两个校甲标本排料实验来看，虽然没有可比性，但棉布排料图的剩余量是显而易见的。因此，有理由认为前锋校甲主料在保持缎料示尊目的的前提下，用棉布拼整，此举是符合敬物尚俭传统的。因为这种以牺牲"美"而追求节俭的情况普遍存在，看一看骁骑校甲结构的两个护肩拼角以及下裙两侧摆几乎都是拼出来的。这也确实颠覆了我们对清代（奢华）风尚惯常的认知和判断（图5-6）。

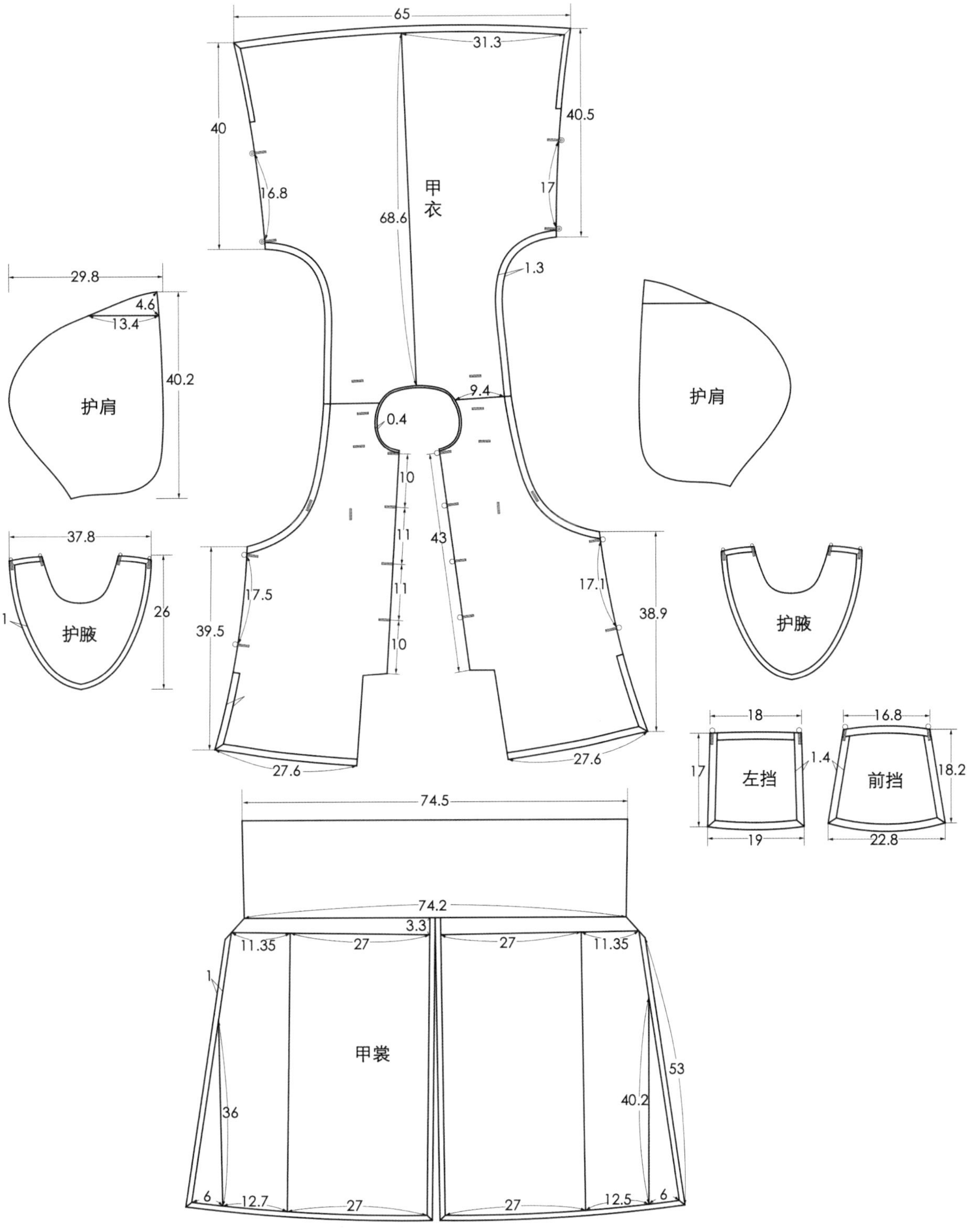

图5-6-1 正蓝旗骁骑校甲面料结构图

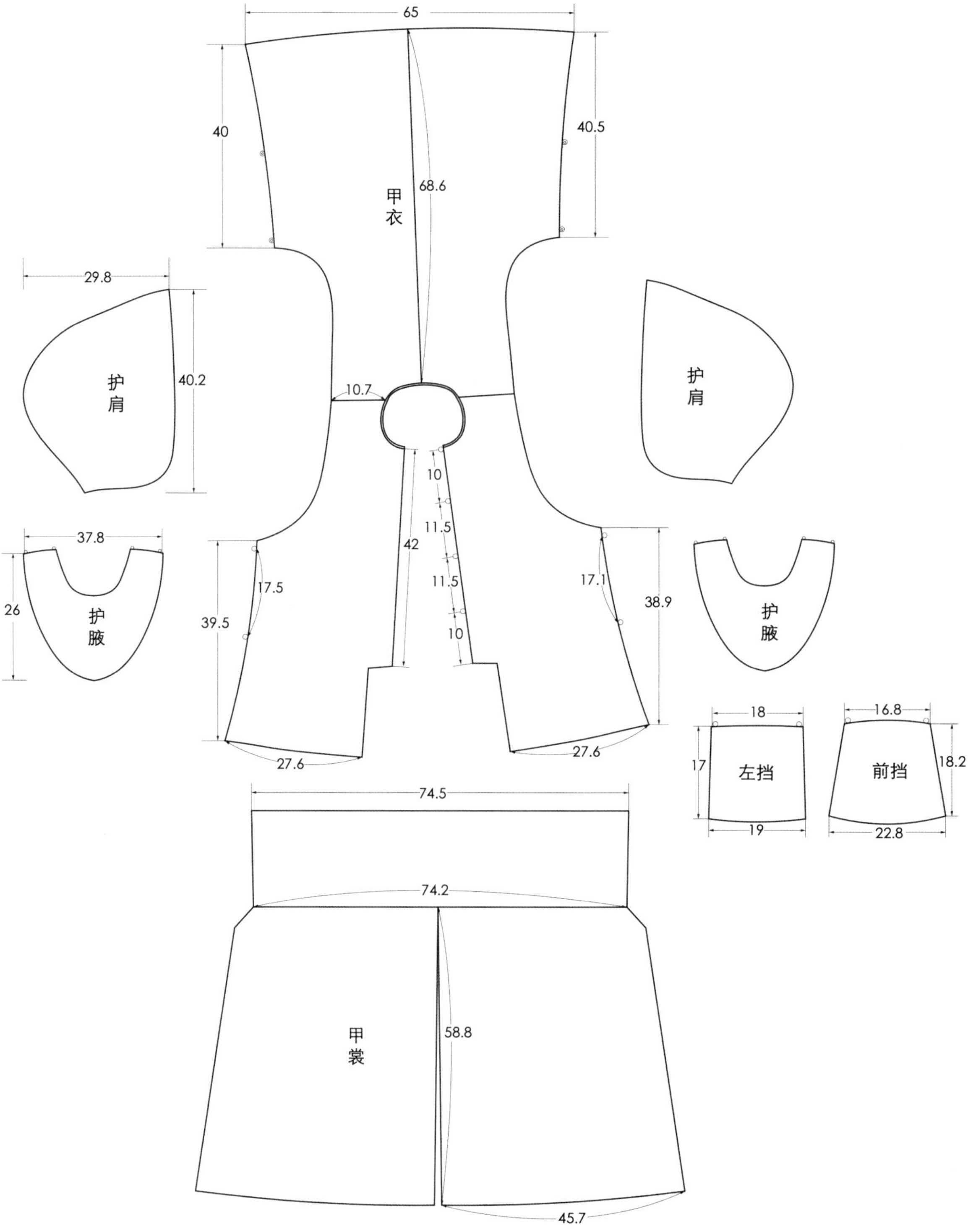

图5-6-2 正蓝旗骁骑校甲里料结构图

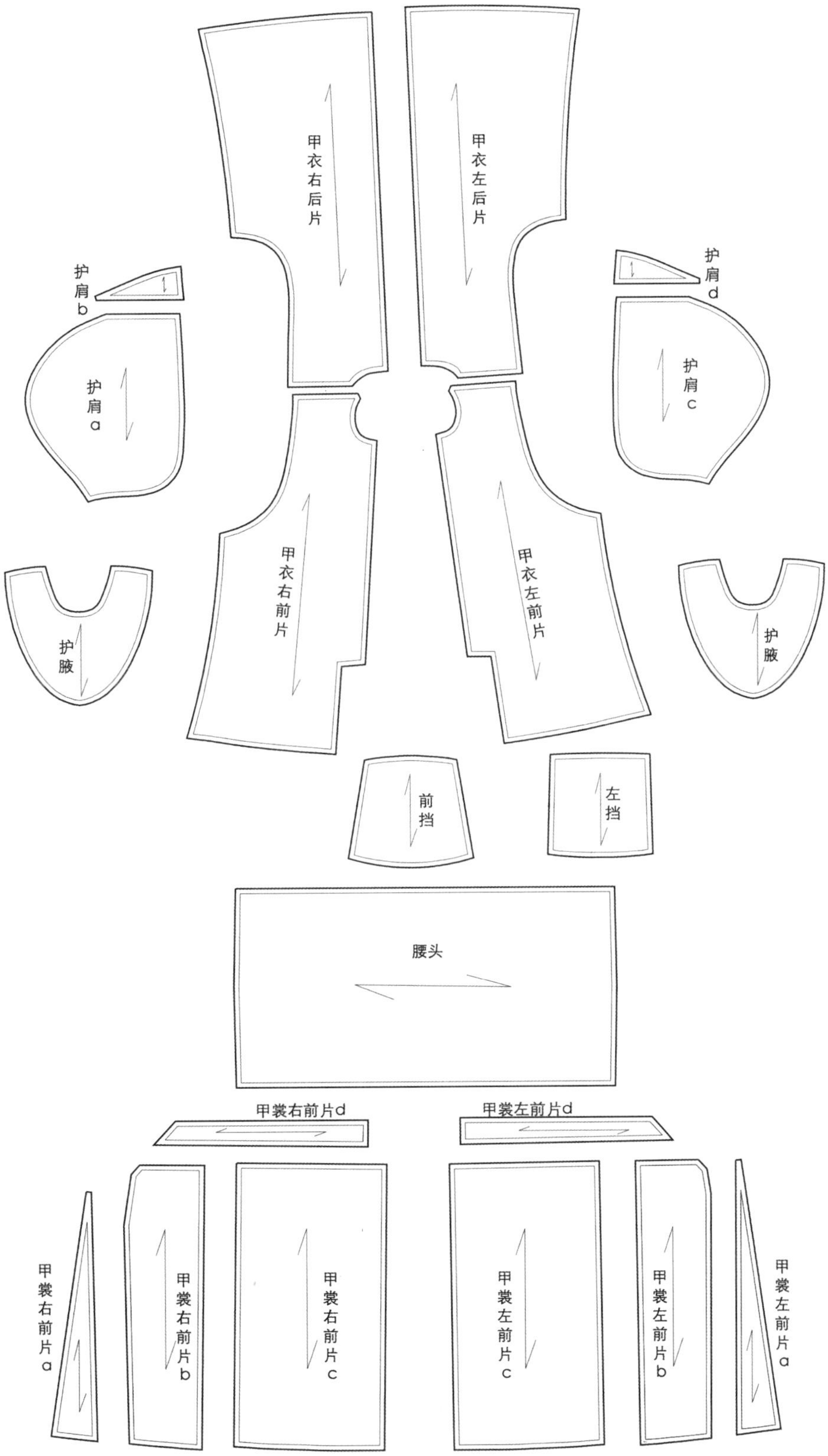

图5-6-3 正蓝旗骁骑校甲面料分板
（缝份：1cm）

第五章 清早期校甲的标本研究　127

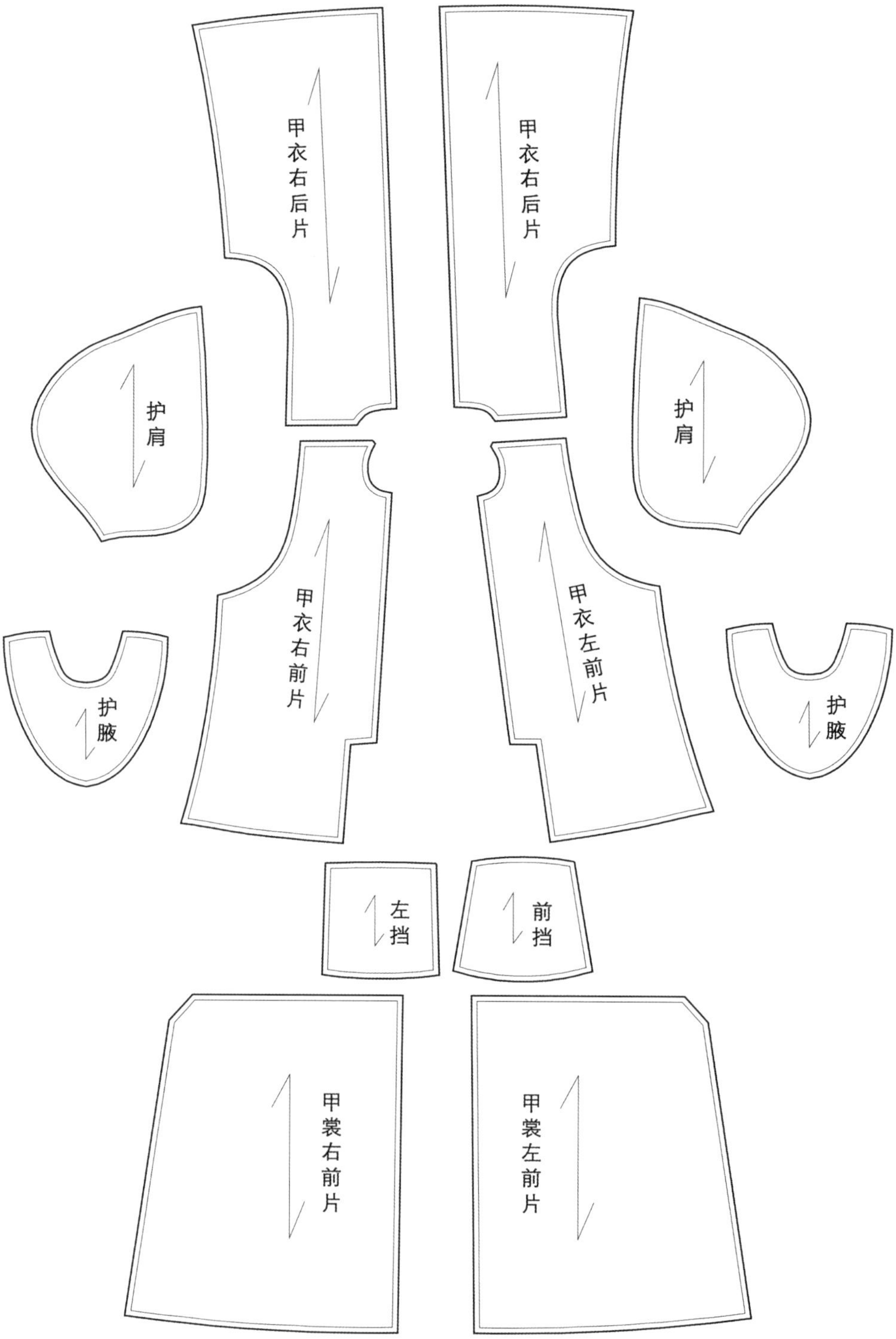

图5-6-4　正蓝旗骁骑校甲里料分板
（缝份：1cm）

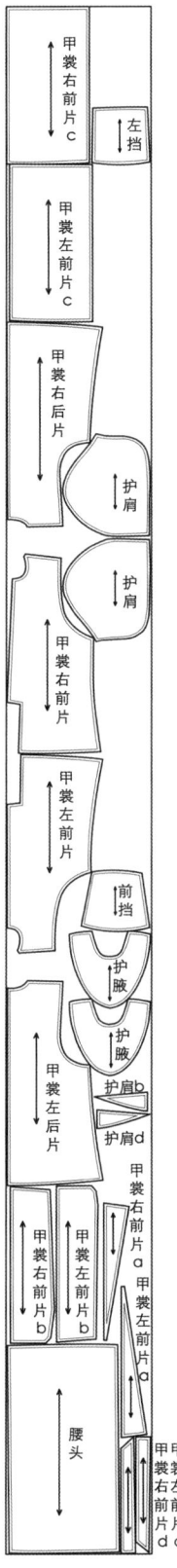

图5-6-5 正蓝旗骁骑校甲面料排料实验
（幅宽52cm，长度565.69cm）

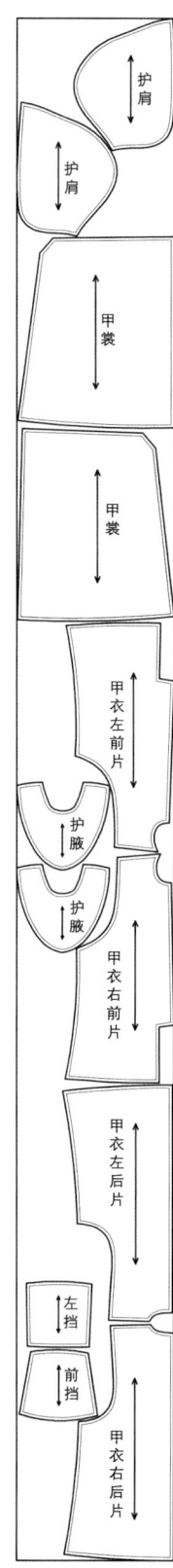

图5-6-6 正蓝旗骁骑校甲里料排料实验
（幅宽50cm，长度490.04cm）

130　满族服饰研究：清代戎服结构与满俗汉制

四、清早期校甲标本织物纹样信息

两套清早期校甲标本的里料材质相同，面料不同。前锋校甲面料为缎纹组织，拼接面料为平纹棉布，与里料相同。正蓝旗骁骑校甲面料为平纹蓝棉布，无拼接，里料为平纹白棉布。针对标本的不同部位，采集面料、里料的织物等信息，通过织物信息呈现的细节，可以清晰地辨识织物的组织结构、刺绣针法等细节，整理成表5-5。

表5-5 清早期校甲标本织物细节

标本名称	对应部位			
前锋校甲正面 	甲衣面 	甲裳面 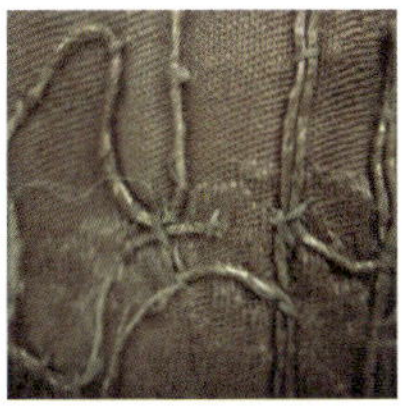	护肩面 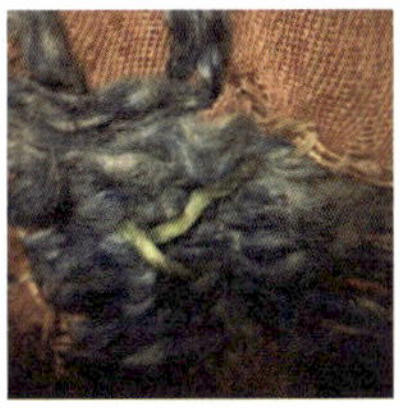	前挡面 
前锋校甲反面 	甲衣里	甲裳里 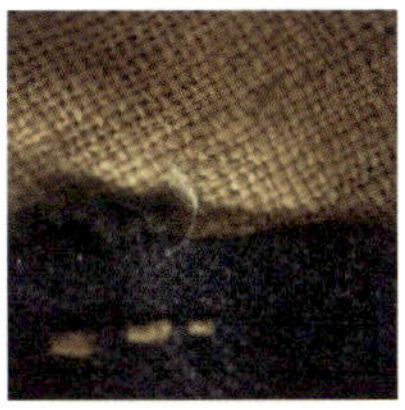	护肩里 	前挡里 
骁骑校甲正面 	甲衣面 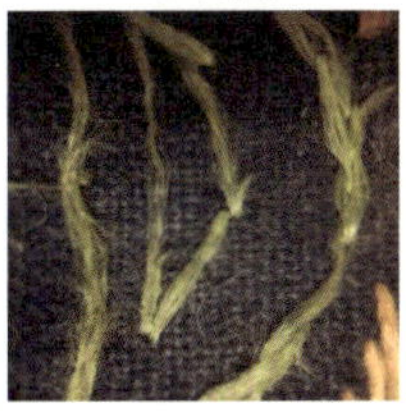	甲裳面	护肩面 	前挡面 
骁骑校甲反面 	甲衣里 	甲裳里 	护肩里 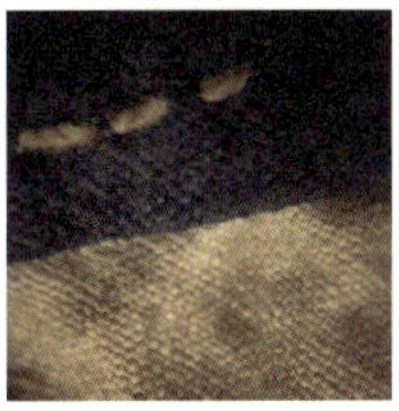	前挡里 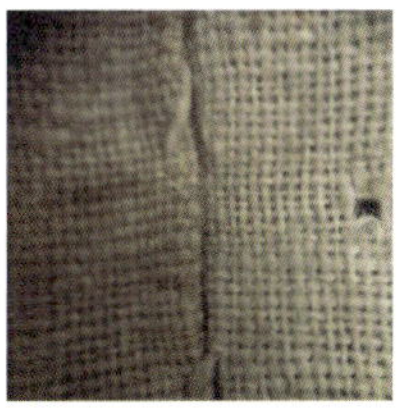

第五章 清早期校甲的标本研究

前锋校甲背蟒纹　　　　　　　　骁骑校甲背蟒纹

图5-7　校甲标本背蟒纹比较

两套清早期校甲标本均绣有四爪蟒纹、宝相花纹和西番莲纹。这些绣在校甲上的纹样都有其特殊含义，图案要素、布局和表现手法不仅有规制的表达，其风格也是标本断代的重要线索。绣在两套校甲胸背的蟒纹，身、颈、嘴等纤细而形显张牙舞爪，绣工简单草率，蟒鳞绣成简单的网格纹路，做工粗糙，造型生硬呆滞，这些都是明末清初蟒纹的典型特点，也可看出定制前清早期的过渡状况。两套校甲的蟒纹胖瘦不一，前锋校甲上的蟒纹较瘦，骁骑校甲上的蟒纹较胖，没有统一的标准，受绣工的手法影响较大，不像清中期绣作之后必须按棉甲规制成造，且工艺规范明确。从标本纹饰的造型、用料、刺绣等工艺也可看出此时甲胄制式尚处在不稳定的发展阶段（图5-7）。

在标本两幅甲裳的底摆，均绣有三个寿字莲花纹。莲花既有佛教象征，又有佛祖护佑的寓意，其中心绣寿字结合汉俗祈寿的祝福，希望将士能够在战场上化险为夷，长胜不败。在甲衣的腰部和护肩都绣有西番莲纹。西番莲纹是西域佛教纹样，进入汉地赋予了吉祥如意的含义，与佛教和皇权有着密切联系，后升格为皇朝礼制。在明代典籍《皇明典礼制》中就规定："凡服色禁制……天顺二年，定官民衣服不得用蟒、龙、飞鱼、斗牛、大鹏、四宝相花、大西番莲……明黄等色。"[1]可见西番莲纹为贵者身份的体现之物，是社会等级制度的展现，在清代广泛使用于戎服。通过两套校甲标本上的纹样与结构关系的分析，可以认为清早期满族传统八旗制度还不能维系一个帝国的政权，而建国伊始又不能马上成制，最有效的方法就是沿用前朝制度。因此，两套校甲标本呈现了清早期"清承明制"的实物证据（图5-8、图5-9）。

---

1 [明] 郭正域：《皇明典礼制（卷十八）》，明万历四十一年刘汝康刻本。

前锋校甲裳莲花寿字纹

骁骑校甲裳莲花寿字纹

图5-8 前锋校甲裳和骁骑校甲裳底摆的莲花寿字纹

前锋校甲护肩

西番莲纹细节

骁骑校甲护肩

西番莲纹细节

图5-9 校甲护肩上的西番莲纹

第五章 清早期校甲的标本研究

五、本章小结

清早期甲胄在努尔哈赤、皇太极时期尚存明代甲胄的制式特点，通身镶缀铁叶，具有较强的防护功能。到了顺治、康熙早期，结构形制已趋于稳定，但尚未形成甲胄典章制度，故形制、章制尚不规范。通过研究两套清早期校甲标本得到实证，中夹粗麻布而非丝棉，这也是明代甲胄的特点。到康熙朝棉甲才定型但无定制，在形制上已具备清代甲胄定制的基本结构特征，是清代棉甲定制的前身。清早期校甲内侧大面积保留铁叶，虽做工粗糙却具有一定的防御功能，相信兵丁甲也会大规模使用暗甲。因此时大清军队刚入关不久，在汉统思想根深蒂固的中原，反清复明的局部战事时有发生，南方还存在一个晚明政权，边疆藩镇也不安宁，故甲胄的实战功用并未削弱。清代满族统治者一方面要整肃朝纲，构建礼制，另一方面要平息战乱，开疆拓土。由清早期前锋校甲和骁骑校甲两个标本的系统研究，大体上可以了解乾隆定制前，上至皇帝大阅甲，下至八旗兵丁甲的结构规制。值得注意的是，从清早期校甲标本结构与规制的系统研究中发现，它们充满着佛教与汉儒传统，在建国伊始的清王朝不能马上成制的情况下，系统地继承前朝制度是最明智的选择。戎服传统一定是在实战中形成的，经历了先秦赵武灵王胡服骑射，西汉张骞出使西域的胡汉"凿空"[1]，霍去病的马踏匈奴和建立西域都护府，鲜卑族拓跋珪建北魏，孝文帝推行汉化的改革[2]，大唐玄奘通西域，唐蕃会盟，宋辽金西夏的胡汉共存，你方唱罢我登场，元明清蒙汉满的迭代，游牧文明和农耕文明的深刻融合，从不缺少"弓马戎礼"的戎服秩序。从这个意义上讲，满人政权继承汉人戎服制度，骨子里流淌着本族的血液，或是早已成为民族融合的共同体了，因此两校甲标本便是这种共同体的物证。

---

1 凿空，开通道路。《史记·大宛列传》有："于是西北国始通于汉矣，然张骞凿空。"《史记》索隐："案谓西域险陀，本无道路，今凿空而通之也。"引自夏征农、陈至立：《辞海》，上海辞书出版社，2010，第2372页。
2 北魏孝文帝（467-499）在位期间，改鲜卑姓氏为汉姓，效仿汉文化改变鲜卑风俗、服制、语言，奖励鲜卑和汉族通婚，又平定士族门第，加强鲜卑贵族和汉人士族的联合统治，并参照南朝典章制度，制定官制朝仪，为促进民族融合实施了一系列汉化运动。由于其即位时年仅五岁，初期由冯太后临朝，亲政后进一步改革政治，对巩固中国北方统一、加速民族融合具有积极作用。将冯太后和孝文帝先后进行的系列改革统称孝文帝改革。引自夏征农、陈至立：《辞海》，上海辞书出版社，2010，第1971页。

第六章

乾隆大阅甲

清史学界将清代分为清前中后三个阶段，康熙之前为清前期，康熙后期、雍正和乾隆为清中期，乾隆之后为清后期，康雍乾为清朝最辉煌的时期，史称康乾盛世。就军事而言，乾隆朝是清帝国尚武文化的标志[1]。究其原因，乾隆朝经历康雍社会经济的繁荣与科学技术的提高，为清代武备的全面发展提供了良好的物质基础和先决条件，最具标志性的，就是形成了满俗汉制的武备制度和戎服文化。这一时期的武备水平，无论从数量、质量，还是性能上都达到前所未有的高度，从八旗制度的"神武开基"到多民族统一的武装力量，促使清王朝真正进入政局稳定、经济繁荣、军备强大、文化昌盛的全盛期。更为重要的是，乾隆皇帝通过修订典章，严格规范军戎服制，并通过大阅制度来整肃军威，使乾隆时期甲胄成造当之无愧地成为清代军戎的国家产业，制度化地成为三织造的重要组成部分，也促进了大阅文化的繁荣。

事实也得到了证明，现存可见的清代甲胄大多为乾隆时期所制，上至乾隆皇帝本人，下至八旗兵丁都有甲胄标本存世。乾隆皇帝大阅甲等级规制最高，八旗兵丁大阅甲等级规制最低，介于中间的各级甲胄通过纹章规制，增减护心镜、甲袖，或改变面料、工艺与装饰物的材质、数量和标识来区分等级。级别越高越趋同于皇帝大阅甲的规制，级别越低与八旗兵丁大阅甲越相似。但是无论怎样，上衣下裳，护挡和盔胄的形制与组配的规范是不变的，通过标本研究发现甲胄的结构形制稳定是甲胄定制的关键，这与乾隆朝大规模标准化成造以提高质量有关。故对清中期甲胄的研究，乾隆皇帝大阅甲与八旗兵丁大阅甲两类标本成为关键，结合典籍与图像文献考证，对甲胄标本进行系统信息采集，与文献史料进行互证，以求多角度、全方位地还原清中期甲胄的结构面貌，据此探索其背后的制度文化和军事伦理。

1　Joanna Waley-Cohen, *The Culture of War in China* (London: I.B.Tauris, 2006).

一、乾隆皇帝大阅甲规制

清高宗弘历作为清朝定鼎中原后的第四任盛世皇帝，将对军队的训练与武备的督造视为基本国策，在他看来国家军备不可一日废弛。为使八旗军队时刻保持强大的战斗力，每隔一段时间乾隆皇帝便会举行南苑阅兵、秋狝围猎、南海冰嬉等军事演武活动，他是清朝历代统治者中举行围猎和阅兵次数最多的皇帝，借以宣示国力和帝国意志。在这些军演活动中，大阅具有举足轻重的国家大典地位，届时，万邦汇聚，举踵来朝，是炫耀军威国力，抚绥安邦的大好时机，而军戎服饰便是国家武备最直观的体现。乾隆皇帝大阅甲胄成为典礼标志，象征意义远大于实战意义，其精致华美达到登峰造极的程度，从现存的图像史料清宫戎装画中便可一睹乾隆皇帝大阅甲的风采。

乾隆皇帝曾不止一次命宫廷画师为自己绘制穿着大阅甲的戎马画像。幸运的是，这些戎装画像被保存下来，成为后人研究乾隆朝甚至整个清代武备制度的重要线索。最著名的便是郎世宁所绘的两幅《乾隆皇帝大阅图》。早期一幅画中的人物形象基于祖绘纪录宗族历史的需要，大阅甲胄的质地、式样、颜色、花纹都极富写实性，清代的祖绘正是因其高度的纪实性呈现重要的艺术与史记的文献价值。有专家考证，此画作于乾隆四年（1739），是在南苑第一次大阅典礼后的皇帝御戎像，从绘画技法与风格判断是由宫廷画师郎世宁所画[1]，画中甲胄与故宫博物院现存的一套康熙皇帝大阅甲胄较为相似。乾隆朝大阅甲胄的定制时间约在乾隆十三年（1748）前后，从乾隆御戎像和康熙皇帝大阅甲胄实物比较来看，乾隆定制的大阅甲胄基本延续康熙、雍正时的规制特点。乾隆大阅甲胄定制后，与乾隆早期大阅甲胄相比最显著的区别在于胸前有无护心镜，这也是在没有款识记录下判定乾隆大阅甲胄定制前和定制后的重要因素之一（图6-1）。

《乾隆皇帝大阅图》画面的表现技法虽基本采用中国传统的绘画工具和材料，但却营造出西方油画的艺术效果。巧合的是，将这幅画与法国画师Adam van der Meulen于1674年为法国国王路易十四所画的骑马像相比，两位君王身着戎服，脚穿马靴，手持马鞭的威武戎马像如出一辙，就连远山景象的效果

---

1 聂崇正：《郎世宁的绘画艺术》，人民美术出版社，2017，第175页。

都十分相似。它们究竟是巧合还是乾隆皇帝在看过西方君主画像后得到灵感命画师依此范本而绘制不得而知，但不可否认，自康熙朝西方传教士、画师的到来对清代宫廷画作风格的影响巨大是事实，郎世宁将乾隆朝的宫廷绘画艺术推向顶峰（图6-2）。

图6-1　《乾隆皇帝大阅图》清郎世宁绘 绢本设色(纵332.5cm 横232.0cm)[1]
（来源：故宫博物院藏）

1　胡建中：《清宫武备图典》，故宫出版社，2014，第78页。

图6-2 Adam van der Meulen 绘路易十四于1674年在贝桑松的围城
（来源：俄罗斯冬宫博物馆藏）

据史料考证，《乾隆皇帝大阅图》的甲胄为棉质，未加铁叶。甲衣通身黄缎地，面布满包金铜钉，四周镶黑色漳绒缘边，甲衣、甲裳、护颈、护项、护肩、护腋、前挡、侧挡和护袖都绣有形态各异的龙纹，辅以如意云纹、海水江崖纹和珊瑚、宝珠等纹饰。下有两幅式甲裳，甲裳横分五段，各饰行龙戏珠，以金铰间隔，侧缘和底缘饰升龙和行龙。盔胄胎虽然是铁质，但护件却为棉质，故乾隆定制后惯称棉胄。据传画中的这套乾隆皇帝大阅甲胄实物现藏于法兰西军事博物馆。康乾盛世是藏传佛教最为繁盛的时期，在棉胄中的反映就是在胄箍位置饰有金梵文，盔顶镂空金龙宝盖嵌珍珠，前后梁镀金云龙纹并饰以珍珠，梁中饰金刚石臘蛇，整个盔胄富丽威严，精美无比[1]。对照《乾隆皇帝大阅图》与康熙甲胄实物，发现其与史料记载相符，可见"乾承康制"是乾隆初期甲胄规制的基本特征。形成乾隆朝独立的甲胄制式则是在乾隆十三年"定制"之后，值得研究的是甲胄在结构形制上并没有根本改变，只是在制度上被典章化了（图6-3、图6-4）。

---

1 故宫博物院官网 http://www.dpm.org.cn/collection/embroider/230496.html。

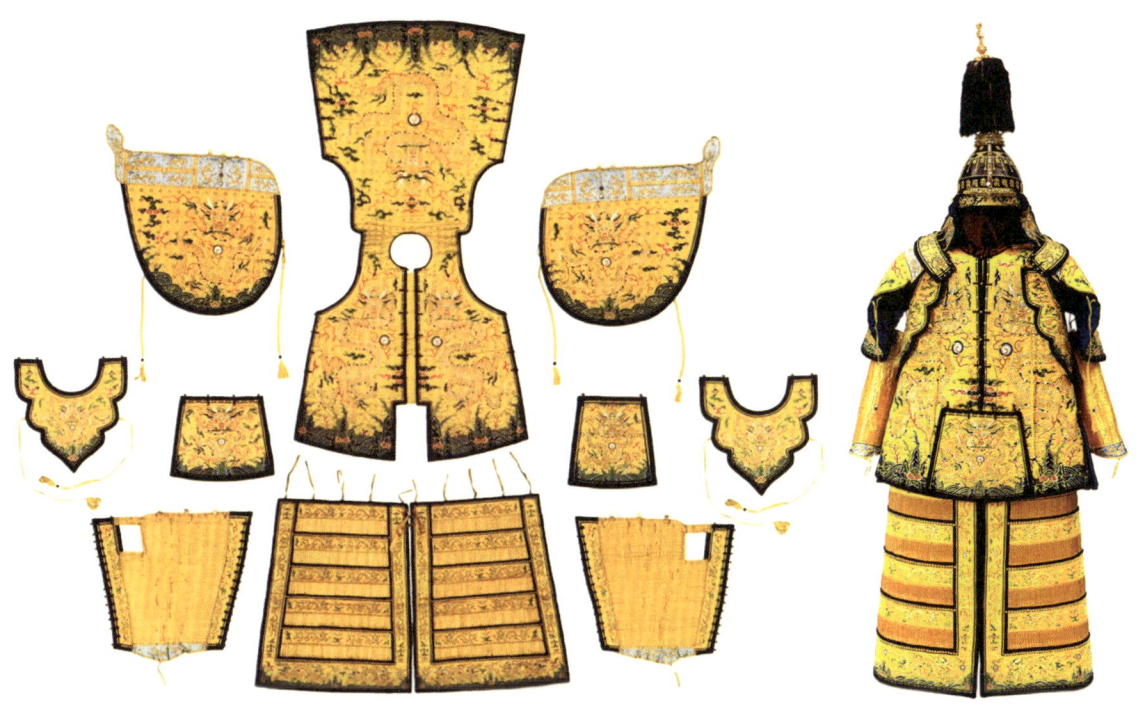

图6-3 康熙大阅甲[1]
(来源：故宫博物院藏)

前视　　　　　　　后视

图6-4 康熙大阅胄[2]
(来源：故宫博物院藏)

---

1 宗凤英：《清代宫廷服饰》，紫禁城出版社，2004，第190–193页。
2 同上书，第186页。

第六章　乾隆大阅甲

图6-5 《乾隆皇帝大阅图》清郎世宁绘 绢本设色(纵430.0cm 横288.0cm)（左）
和乾隆皇帝大阅甲胄（右）
（来源：故宫博物院藏）

存世另一幅郎世宁的《乾隆皇帝大阅图》所绘皇帝大阅甲胄是乾隆定制后的作品，甲胄增加护心镜是它的典型特征。据考证，此画作是乾隆定制后第十个年头即乾隆二十三年（1758）再次赴南苑举行大阅典礼时的一幅御戎画像[1]。依照本图所题御制诗，"廿年一举宁为数，周礼分明节候论。便设军容示西域，仁看露布靖坚昆。好齐以暇千旓飑，既正还奇万炮喧。风日晴和士挟纩，非予恩也总天恩。南苑大阅纪事一律，戊寅仲冬御笔"，可知此为清高宗亲临南苑检阅八旗将士时的英武之姿。"戊寅仲冬"即乾隆二十三年冬季，此时正值清军平定大小和卓之乱的尾声，所以乾隆皇帝除按惯例巡视八旗军的队列及各种兵器、火器的操练演武外，还暗含向降军炫耀清王朝军容军威的含义，从而起到威慑作用。收藏于同时期的乾隆皇帝大阅甲胄样本与大阅图呈现的规制完全相同（图6-5）。

---

1 聂崇正：《郎世宁的绘画艺术》，人民美术出版社，2017，第175页。

乾隆定制后，大阅甲胄形制有明确的规定。《皇朝礼器图式》于乾隆二十四年完成，也就是大阅图完成的第二年，据其记载，皇帝大阅甲有二式。皇帝大阅甲一："本朝定制，皇帝大阅甲，明黄缎表，月白里，青倭缎缘，中敷棉，外布金钉。上衣下裳，左右护肩，左右护腋，左右袖，裳间前挡、左挡。裳亦分左右，凡十有一属，皆以明黄绦金铰联缀服之。衣前绣五采金升龙二，后正龙一，护肩、护腋、前挡、左挡各正龙一。裳幅金线，相比为金叶五重，间以青倭缎，绣行龙各二，四周亦如之。袖以金线缎，下缘黄缎，绣五采金龙各二。运肘处为方空，纵一寸七分，横二寸一分。袖端月白缎绣金行龙各一，向外各缀明黄绦，约于中指。护肩接衣处月白缎，金线缘，各绣金升龙二、行龙六，饰珠二、红宝石一，后横浴铁云叶，镂金行龙一，周镂花文。前悬护心镜，径五寸五分，周鍐金花，以金铰四属之。"皇帝大阅甲二："谨按，乾隆二十一年，钦定大阅甲，左右袖接衣处属以蓝缎，饰以东珠。余俱如大阅甲一之制。"[1]

乾隆定制的甲胄样本于故宫博物院有所存留，据考证是郎世宁于乾隆二十三年所绘《乾隆皇帝大阅图》之甲胄。甲上衣长76cm，下摆宽74cm，袖长87.5cm；下裳长70cm，下摆宽57cm；胄通高31.5cm，直径21cm。此甲胄为棉甲棉胄，以明黄缎为底，绣以如意五彩云、金龙纹、海水江崖纹等。甲面上有排列规则的金钉。甲衣正中悬护心镜，镜四周饰镀金云龙纹，月白绸里。两袖用金丝条编织，既可减轻重量，又可模拟金叶的效果。袖口月白缎绣金龙。甲裳左右两幅，腰头与腰系带相连，裳面以金鍱片、金帽钉、彩绣龙戏珠纹相间排列。胄为皮胎制（早期为铁胎），髹黑漆，顶镂空金龙宝盖嵌珍珠，前后梁镀金云龙纹并饰以珍珠，梁中饰金刚石螣蛇。胄箍有镀金梵文。胄上植缨，缨顶端金累丝升龙托大东珠，缨管饰金蟠龙纹，四周垂大红片金、黑貂缨24条[2]。此套甲胄装饰华贵，用料考究，做工精湛，质量上乘，历经二百多年的岁月，依然光鲜亮丽，保存完整，难能可贵。将《皇朝礼器图式》中的描

---

1 [清] 允禄、蒋溥等：《皇朝礼器图式（卷十三）》，哈佛燕京学社中日图书馆，1959，第6–9页。
2 故宫博物院官网 http://www.dpm.org.cn/collection/embroider/230496.html。

述、《乾隆皇帝大阅图》中所绘信息与故宫博物院所藏棉甲胄样本实物资料进行对比，物与图文信息契合，证明清宫绘画写实风格本身就有记事的功能和要求，故具有极高的史料价值。当然，没有提供该实物标本结构的研究结果，无法与康熙朝甲胄结构形制加以比较。可喜的是，本研究呈现了乾隆朝八旗兵丁棉甲实物标本系统结构研究的成果，可以窥见乾隆朝大阅甲的真实结构形制。如果说乾隆朝定制后，从皇帝到兵丁甲胄结构形制统一，等级区分在章制、用料、工艺等外在因素的话，可以倒推出乾隆甲胄结构形制，也可以通过比较得出康乾甲胄结构形制的区别（参阅第七章）。

其实乾隆皇帝本人的大阅甲胄远不止清宫绘画中所展示的两套，也许是由于西洋画师郎世宁的两幅《乾隆皇帝大阅图》有着极高的艺术价值而倍受市场推崇，这两套乾隆甲胄被人们所熟知。乾隆皇帝从最开始就完全循沿康熙、雍正时期的甲胄规制，慢慢发展变化，进一步落实各项戎章细节，并将其规范化，形成具有鲜明乾隆朝特色的甲胄制度。可见，章制是乾隆定制的核心部分，大阅甲由章制形成的面料、工艺、装饰等成造技术无比精致奢华，且具时代特征，是清代甲胄制造史，甚至是中国古代戎服制造史上的巅峰之作。乾隆皇帝下旨制造如此奢华的大阅甲胄，既反映他本人对塑造军威的高度重视，又反映乾隆盛世国之重器成造技术的精良和经济实力的雄厚。值得思考的是，这种崇尚武功的大阅文化却是象征意义大于实战意义的真实写照，也预示了大清不祥的信号。

二、乾隆大阅甲成造的奢华与节俭

大阅甲是清朝甲胄成造的核心部分，它与将军甲、兵丁甲形成三位一体的甲胄成造系统。至乾隆朝，由于大阅文化的繁荣，甲胄成造呈规模化、标准化生产模式，江南三织造就是其主要的官营基地。关于乾隆大阅甲的成造，档案上最早的记录始于乾隆二年（1737）。据《清宫内务府造办处档案总汇》中"鞍甲作"的记载："乾隆二年，皇上亲披试呈样棉甲，并戴武备院收贮月白面，金累丝，绣龙嵌珠盔一顶奉。上谕此样盔甲裙稍短，造甲时放长些。其盔即照此式样再减轻些。照金累丝月白面绣金龙甲造铁叶甲一副，绵甲一副，再照黄面绣拱龙甲造绵甲一副，此绵甲俱做明裙，金龙不必绣。其盔上珠子如库贮，珠子不得似此者，即用此珠子钦此。"[1] 按照乾隆皇帝的旨意，在同年十二月，七品首领萨木哈将新做的"嵌东珠、珍珠、金累丝、绣金龙月白缎面盔甲、绵甲各一副，嵌猫睛碟子、祖母绿、碧牙西、红蓝宝石、金累丝绣金龙黄缎面盔甲一副……呈览。皇上亲披试绣金龙黄缎面盔甲一副……旨俟乾隆三年大阅之时即预备此黄缎面盔甲随奉……奏交甲库钦此"[2]。由此得知，乾隆皇帝首次举行大阅典礼时大阅甲胄的制造是基于甲库中原有的盔甲进行改进或照样重做，在保留康熙、雍正时期大阅甲胄形制特点的基础上，依据乾隆皇帝本人的喜好稍作改制，使棉甲尺寸更合身。"铁叶甲一副，绵甲一副……此绵甲俱做明裙，金龙不必绣""其盔即照此式样再减轻些"等信息说明大阅甲成造的轻实战重奢华武备制度的大趋势。

乾隆中兴的大阅繁荣却彻底去除了大阅甲胄上的铁叶，乾隆皇帝认为，"铁盔铁甲系坚实经久之物，不过于各省查阅营伍时，偶一穿戴，并不常用"[3]，故下令废除御用甲胄上的铁叶，减轻御用棉甲胄的重量，彻底改造为棉甲棉胄。改造后的御用棉甲胄既轻松舒适、节省铁料，又不失华丽威武。这种摒弃太祖、太宗时期制作铁甲胄的做法，其实早在康熙朝就开始了，到乾隆朝则将其发扬光大。据《清宫内务府造办处档案总汇》记载，"乾隆十年十一月初八日，七品首领萨木哈将收贮漆盔胎三件持近交太监胡世杰呈览奉。旨此

---

[1] 中国第一历史档案馆、香港中文大学文物馆：《清宫内务府造办处档案总汇（第7册）》，人民出版社，2005，第119页。
[2] 同上。
[3] [清]官修：《钦定大清会典事例·光绪重修本（卷893）工部·军器·直省兵丁军器》，清会典馆，1899。

盔胎重了，另着南边照样做轻些，盔漆皮胎不过八九两重钦此"，"于九年八月初四日，将图拉照样做的黑漆皮盔八顶合牌样一件持进交太监胡世杰呈进奉，旨将此盔持出交造办处准做钦此"[1]。乾隆皇帝觉得漆皮胎盔帽戴起来还是沉重，下令减轻漆皮胎重量到八九两。可见乾隆皇帝对于御用甲胄的成造，既要求华丽美观，也需要穿着舒适，从侧面反映出乾隆大阅甲胄仅具礼仪性而乏实战性的特点。

乾隆皇帝对盔帽上镶嵌的珠子有严格要求，每每亲自挑选，从种类、成色、观相等方面再决定是否留用，有时还会亲自设计每颗珠子的镶嵌位置。但乾隆皇帝也并非奢华无度，他曾命人将旧盔帽上的宝石珍珠取下，安到新成造的盔帽上，再用竹珠填补在原来的旧盔帽中。据《清宫内务府造办处档案总汇》"鞍甲作"记载："乾隆九年八月初八日，七品首领萨木哈将旧盔上拆下东珠二十三颗，随大珍珠一颗、蓝宝石八块、红宝石三十二块、碧牙西三块、黄宝石一块、碲子四块，并挑来东珠二十三颗、大竹珠一颗、蓝宝石八块、红宝石三十二块、碧牙西三块、黄宝石一块、碲子四块持进交太监胡世杰呈览奉。上旨宝石准用，其竹珠不必用着，持出另选珍珠挑用不拘大小，其余留下挑换钦此。"[2]可见乾隆皇帝在追求棉甲缀满珠玉、华丽威武的同时也会理性地考虑资源浪费的问题。这或许可以理解为，乾隆去甲胄铁质，是因为铁质既然无用何不去掉，这样既节省铁料又轻松舒适，毕竟棉甲需要大规模成造，铁料又是稀缺之物。更重要的是，冷兵器的战事在下降，火器战事在上升，甲胄中的铁叶将失去存在的意义。因此，客观地评价乾隆大阅甲轻实战重奢华的情况可能更接近"冷退火进"战争发展的历史真相，当时兵丁棉甲的成造确有此考虑，或是重要发现（参阅第七章）。

---

1 中国第一历史档案馆、香港中文大学文物馆合编：《清宫内务府造办处档案总汇（第11册）》，人民出版社，2005，第699-700页。
2 同上。

三、乾隆皇帝各式大阅甲

乾隆皇帝的御用甲胄在清朝历代皇帝甲胄中数量最多，保存最好，也最为奢侈豪华。在举行大阅典礼期间，宫中武备院要准备至少十余副御用盔甲供乾隆皇帝随时使用[1]。乾隆御用盔甲取材珍贵，仅金属大多采用黄金材料，奢侈豪华，尽显皇帝威严，称得上是真正的黄金甲。这些盔甲除供大阅穿着外，一部分会送去庙堂供奉，一部分作为皇帝私下赏玩的工艺品，并未公开穿戴过。在法国吉美博物馆中，藏有一幅乾隆皇帝穿戴随侍甲胄的画像。《皇朝礼器图式》也有记载，"皇帝随侍胄，石青缎表，加缘红里，如常服。冠之制中敷以铁，上缀朱纬，红绒结顶，檐绣金行龙四，中为金寿字篆文，环以金花文，后垂护项，绣金正龙，左右护耳，绣行龙，亦环以金花文，当耳镂空，金圆花以达聪，俱石青缎表，加缘月白缎里。皇帝随侍甲，石青缎表，加缘月白绸里，通绣金龙，环以花文，护肩后横石青缎云叶，亦绣金龙，裳幅各绣金升龙一，并属横幅系之，裳后中丰上下敛，不悬护心镜，余俱如大阅甲一之制"[2]。缎绣金龙纹和"余俱如大阅甲一之制"足见皇帝随侍甲胄级别之高，等级规制仅次于皇帝大阅甲，整装穿搭效果图在《唐土名胜图会》中可见。据考证，与吉美博物馆所藏画中甲胄相同的实物标本现藏于沈阳故宫博物院。乾隆皇帝此举或可理解为是内心旨趣的彰显与对甲胄多元喜好于画作上的契合表达（图6-6、图6-7）。

通过整理现存的部分乾隆皇帝大阅甲胄实物资料，可以一览乾隆皇帝大阅甲胄的繁缛富丽。它们的共同特点是章制、材料、工艺、饰物各异，但在结构形制上，包括大阅甲、随侍甲、职官甲和兵丁甲基本相同，无疑有利于规模化标准化制造，这可以通过后文对同时期八旗兵丁棉甲结构的研究得到证实（表6-1）。

---

1 张琼：《清代皇帝大阅与大阅甲胄规制》，《故宫博物院院刊》2010年第6期。
2 [清] 允禄、蒋溥等：《皇朝礼器图式（卷十三）》，哈佛燕京学社中日图书馆，1959，第11-13页。

图6-6 清乾隆皇帝着随侍甲胄画像[1]（左）和清皇帝随侍甲[2]（右）
（来源：左为法国吉美博物馆藏，右为沈阳故宫博物院藏）

图6-7 《唐土名胜图会》中的皇帝、皇帝随侍及亲王甲胄整装图绘[3]

---

1 图片来源于法国吉美博物馆。
2 图片来源于沈阳故宫博物院官方微信公众号。
3 [日]冈田玉山等：《唐土名胜图会（卷4）》，日本文化二年影印版，1805。

表6-1 乾隆皇帝各式大阅棉甲胄

名称	织金面铜钉铁叶甲胄	金锁子锦面棉甲胄	金银珠云龙纹甲胄
实物资料			
阅甲信息	甲衣长78cm，甲裳长68cm。表面织金人字纹，月白里，黄缎缘，外布金钉，中敷钢片，内铺丝绵。现藏故宫博物院[1]	甲衣长76cm，甲裳长72cm。表面为黄色织锦缎，镶黑绒缘边，月白里，外布鎏金金属片。现藏沈阳故宫博物院[2]	甲衣长73cm，甲裳长61cm。表面镶约60万个小钢片，内铺丝绵和绸里，重30.8斤。现藏故宫博物院[3]
名称	金缂丝黑底海水纹随侍甲	织金锦卍纹铜钉棉甲胄	乾隆御用棉甲
实物资料			
阅甲信息	此甲为皇帝随侍甲形制，乾隆皇帝肖像画中曾穿着此甲，应为皇帝私下赏玩之物。现藏沈阳故宫博物院[4]	甲衣长67cm，甲裳长96cm。表面为通体卍字纹织金锦，遍布镀金铜钉，镶深蓝绒缘边，盔帽镀梵文，边垂貂尾。现藏故宫博物院[5]	甲衣长69cm，甲裳长102cm。表面为浅黄色织金缎，规则排列铜鎏金泡钉，护肩及袖口缘边镶嵌鎏金小方块护项。现藏沈阳故宫博物院[6]

---

1 澳门艺术博物馆"大阅风仪——故宫珍藏皇家武备精品展"宣传图录。
2 台北"故宫博物院"：《大清盛世——沈阳故宫文物展》，台北"故宫博物院"，2011，第74页。
3 Chuimei Ho and Bennet Bronson, *Splendors of China's Forbidden City* (Chicago: Merrell Holberton, 2004), p.117.
4 沈阳故宫博物院官方微信公众号。
5 胡建中：《清宫武备图典》，故宫出版社，2014，第79页。
6 台北"故宫博物院"：《大清盛世——沈阳故宫文物展》，台北"故宫博物院"，2011，第78页。

第六章　乾隆大阅甲

基于对乾隆皇帝存世大阅甲胄的整理和相关史料的检索，发现一个有趣的现象，即道光皇帝存世画像中的两幅戎装像所绘甲胄与乾隆皇帝甲胄高度相似。经对比，其中一幅与上文提及的皇帝随侍甲胄如出一辙，另一幅则与表6-1中乾隆金锁子锦面棉甲相同。虽无法根据图像精确辨明这是否为乾隆皇帝同套大阅甲胄，但根据史实可有推断，道光皇帝是清代历史上著名的节俭皇帝，就连龙袍穿旧穿破都不会换新，而是命内务府补好后继续穿着，故其斥重金重新打造大阅甲胄的可能性很小，很可能是承袭乾隆皇帝的甲胄。穿着祖辈甲胄绘制武勋图绘，既是道光皇帝渴望效仿祖辈开创盛世的表现，也说明了大阅甲胄所具有的象征性和传承性。同时，此举也反映道光皇帝循规蹈矩、因循守旧、固步自封的性格特点（图6-8、图6-9）。与"乾承康制"不同，"道承乾制"时的清朝已是内忧外患，如果说，乾隆盛世之下暗藏危机，那这种危机则于道光朝时爆发。从两幅戎装像中道光皇帝全无威慑力的戎甲形象和空洞索然的画面背景亦可窥见大清国运的衰微，预示了王朝气数将倾颓，即成也甲胄，败也甲胄，成也戎装，败也戎装（参阅第八章）。

图6-8 清佚名作旻宁戎装像 绢本设色(纵281cm 横172.5cm)[1]
（来源：故宫博物院藏）

图6-9 清人画旻宁耀德崇威图 (纵347cm 横282cm)[2]

---

[1] 故宫博物院官网 https://www.dpm.org.cn/collection/paint/254851.html。
[2] 故宫博物院、嘉德艺术中心：《崇威耀德——故宫博物院藏清代武备展》，河北教育出版社，2022，第92页。

四、本章小结

乾隆朝，清代各类服饰的典章制度正式编撰完成，并详细记录在《皇朝礼器图式》中。《皇朝礼器图式》武备卷严格区分了清代甲胄的等级规制，规定了甲胄的基本结构部件。上至皇帝的御用甲胄，下至八旗兵丁大阅甲胄，均有系统完整的等级规定。可以说，乾隆皇帝是清代甲胄系统的总设计师，他对自己的御用甲胄通过收放长度，增减铁叶，减轻盔胎重量，亲自挑选盔帽上所镶嵌的珠宝等措施，实施甲胄的改造，从中也可看出他对御用甲胄制作的高度重视。正是由于乾隆皇帝对甲胄制作的标准化要求，清代甲胄的成造技术才达到巅峰。同时，乾隆盛世的甲胄也成为了中国古代甲胄发展史上最后的集大成者。乾隆皇帝在此方面做出了极大贡献，厥功至伟，恐怕用好大喜功是难以解释的。乾隆大阅甲的研究表明，"冷退火进"的战争发展现实，使其充满奢华的背后无不隐藏着节俭的执念，也反映在物质文化深处的戎服结构中。现存的乾隆皇帝御用大阅甲胄是乾隆盛世繁荣富强的真实写照，乾隆定制后的大阅甲确立了护心镜的使用，大幅裁撤了铁叶，大规模标准化成造，但刺绣章纹极尽繁缛富丽，大阅甲胄的礼仪性大于实战性，护肩、护腋、前挡、左挡等护件逐渐演变为帝国统治的象征符号。不可否认的是，这一方面反映乾隆盛世社会安定、国家富强的华章旌表，另一方面如此失去实战作用的成系统的华丽大阅甲胄也隐隐传达出大清帝国即将由盛转衰的预警信号。"道承乾制"戎装"去用存形"的守旧即是例证。

第七章

乾隆八旗兵丁棉甲标本研究

清朝乾隆时期大阅文化达到顶峰，以八旗兵丁大阅棉甲成造为代表的武备制度的完善就是标志性事件。《皇朝礼器图式》将八旗兵丁棉甲对应形制称骁骑棉甲[1]，是八旗兵丁在大阅典礼时所穿着的礼服。八旗兵丁在大阅典礼当天所着棉甲颜色代表他们的旗属，棉甲分别有正黄旗、镶黄旗、正白旗、镶白旗、正蓝旗、镶蓝旗、正红旗、镶红旗八种旗属制式，整套装备是大阅最隆重的配置。现收藏于沈阳故宫博物院全套的八旗兵丁大阅棉甲是乾隆时期最典型，也是清大阅甲修典以后最系统阅甲制度的实物呈现（图7-1）。

图7-1 八旗兵丁大阅棉甲[2]
（来源：沈阳故宫博物院藏）

---

1 [清] 允禄、蒋溥等：《皇朝礼器图式（卷十三）》，哈佛燕京学社中日图书馆，1959，第46-47页。
2 图7-1左四分别为正黄、正蓝、正白、正红旗属，右四分别为镶黄、镶蓝、镶白、镶红旗属。

一、八旗兵丁棉甲胄标本的形制特征

对八旗兵丁棉甲胄标本的系统研究得到了相关文化部门的大力支持，虽然不是全系的兵丁棉甲，但其基本要素是齐全的，包含四个旗属，分别为正白旗、镶白旗、正蓝旗、镶蓝旗，其中两个配套的棉胄分属正白旗和镶蓝旗。还有一顶镶黄旗棉胄和两顶校尉级棉胄，并且每顶棉胄配有一个库贮的衬帽。值得注意的是，每套棉甲的里布上均印有"乾隆××年杭州织造第×次监制"的墨迹章，除两顶校尉级棉胄印有"江宁织造制"的墨迹章外，其余的棉甲棉胄皆为杭州织造分批次成造，且制造年限从乾隆二十九年到三十一年不等，个别棉甲上还绷缝着写有满文的墨书，这些信息成为对标本进行断代的重要依据。更重要的是，将乾隆四年第一次大阅典礼的《乾隆皇帝大阅图》、从乾隆十三年"乾隆定制"到乾隆二十四年《皇朝礼器图式》纂修完成的典章史料、乾隆二十三年大阅典礼的《乾隆皇帝大阅图》和乾隆二十九年至三十一年兵丁棉甲标本串联起来，就形成了一个完整的乾隆朝棉甲谱系，也确立了"定样式变章纹"棉甲胄的规制系统。

棉甲标本分甲衣和甲裳，甲衣结构为对襟，里料为前后身连裁，面料为前后身分裁，并配有左右护肩，两护肩以皮质带子与甲衣相连，左右两侧配护腋，前挡、左挡各一，均用铜扣与甲衣相连。其形制是在"十字形平面结构"的基础上加以改进，形成清代典型的棉甲结构形制[1]。护肩、护腋、前挡、左挡，与甲衣同色同面料单独制作，无护袖是与大阅甲、职官甲、校甲等在形制上的区别。甲裳结构为左右两幅，穿时以带系于腰间，形成甲衣在外，甲裳在内的组配。通过对棉甲形制要素进行综合分析发现，八种八旗棉甲结构完全一致，只是通过颜色和镶饰加以区别。材质为绸面并镶绲缘边，里为蓝色棉布，中间充棉，外缀有等距铜鎏金泡钉，呈满天星状（图7-2～图7-6）。

棉胄为皮质，表面髹漆，帽前后中各有一梁，额前正中有一尖突形铁质遮眉，盔上有舞擎及覆碗，碗上有一形似酒盅的盔盘[2]，盔顶中间竖一根管用于插接帽缨（标本无帽缨，八旗兵丁棉胄均系红缨，见图7-1），棉胄后垂护项、左右垂护耳，颌下有护颈，皆用绸面并绲缘（除镶红旗为白色绲边外，其余镶

---

1 刘瑞璞、陈静洁：《中华民族服饰结构图考（汉族编）》，中国纺织出版社，2013。
2 孙文良：《满族大辞典》，辽宁大学出版社，1990，第659–660页。

旗均用红色绲边），里布为蓝色棉布，中间充棉，外缀等距铜鎏金泡钉。胄内配有充敷棉的衬帽用于库贮。每套棉胄间除尺寸与颜色不同外，形制、工艺与面料材质均相同（图7-7～图7-11）。棉甲胄标本基础信息如表7-1，表7-2。

表7-1 八旗兵丁棉甲标本基础信息

形制特征				
名称	八旗兵丁棉甲		朝代	乾隆
成造部门	杭州织造		保存程度	良好
数量	6整套		类别	正白1套、正蓝2套、镶白1套、镶蓝2套
结构信息	基本结构	十字形平面结构（去袖补护肩）	典型结构	上衣下裳
	领形	圆领	衽式	对襟
	衣长	长至臀部以下	裳长	长至足踝
	袖	无护袖	前后中	前中对襟，后中破缝
	扣与扣袢	前中、侧缝、各护件连缀	下摆	外弧
	夹里	充棉	腰带	有
面辅料信息	面料材质	纺绸	皇朝礼器图式 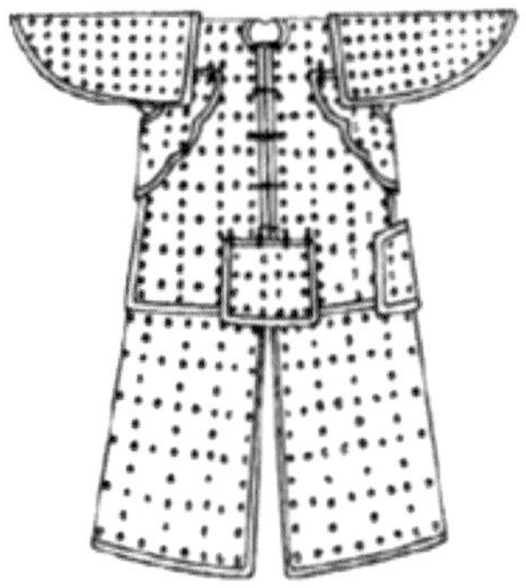	
	里料材质	蓝色粗棉布		
	絮料材质	丝棉		
工艺信息	纱向裁剪	经纱裁剪		
	缘边工艺	45°斜丝纺绸包边		
	接缝工艺	倒缝、劈缝		

表7-2 八旗兵丁棉胄标本基础信息

形制特征				
名称	八旗兵丁棉胄		朝代	乾隆
成造部门	杭州织造		保存程度	良好
基本结构	皮胎盔上竖缨枪，下垂护项、护颈，盔前后中有盔梁，前中有遮眉			
扣与扣袢	护颈前中边缘处有3对		夹里	中充棉
系绳	护颈靠前中一侧左右各有两条20cm左右的棉绳			
面辅料信息	面料材质	纺绸	皇朝礼器图式	
	里料材质	蓝色粗棉布		
	絮料材质	丝棉		
工艺信息	裁剪纱向	经纱裁剪		
	缘边工艺	45°斜丝纺绸包边		
	接缝工艺	倒缝、劈缝		

形制特征				
名称	校尉棉胄		朝代	乾隆
成造部门	江宁织造		保存程度	良好
工艺信息	皮胎盔上竖缨枪，下垂护项、护颈，盔前后中有盔梁，前中有遮眉			
扣与扣袢	护颈前中边缘处有3对		夹里	中充棉
系绳	护颈靠前中一侧左右各有两条20cm左右的棉绳			
面辅料信息	面料材质	缎面	皇朝礼器图式	
	里料材质	月白细棉布		
	絮料材质	丝棉		
工艺信息	裁剪纱向	经纱裁剪		
	缘边工艺	45°斜丝缎包边		
		倒缝、劈缝		

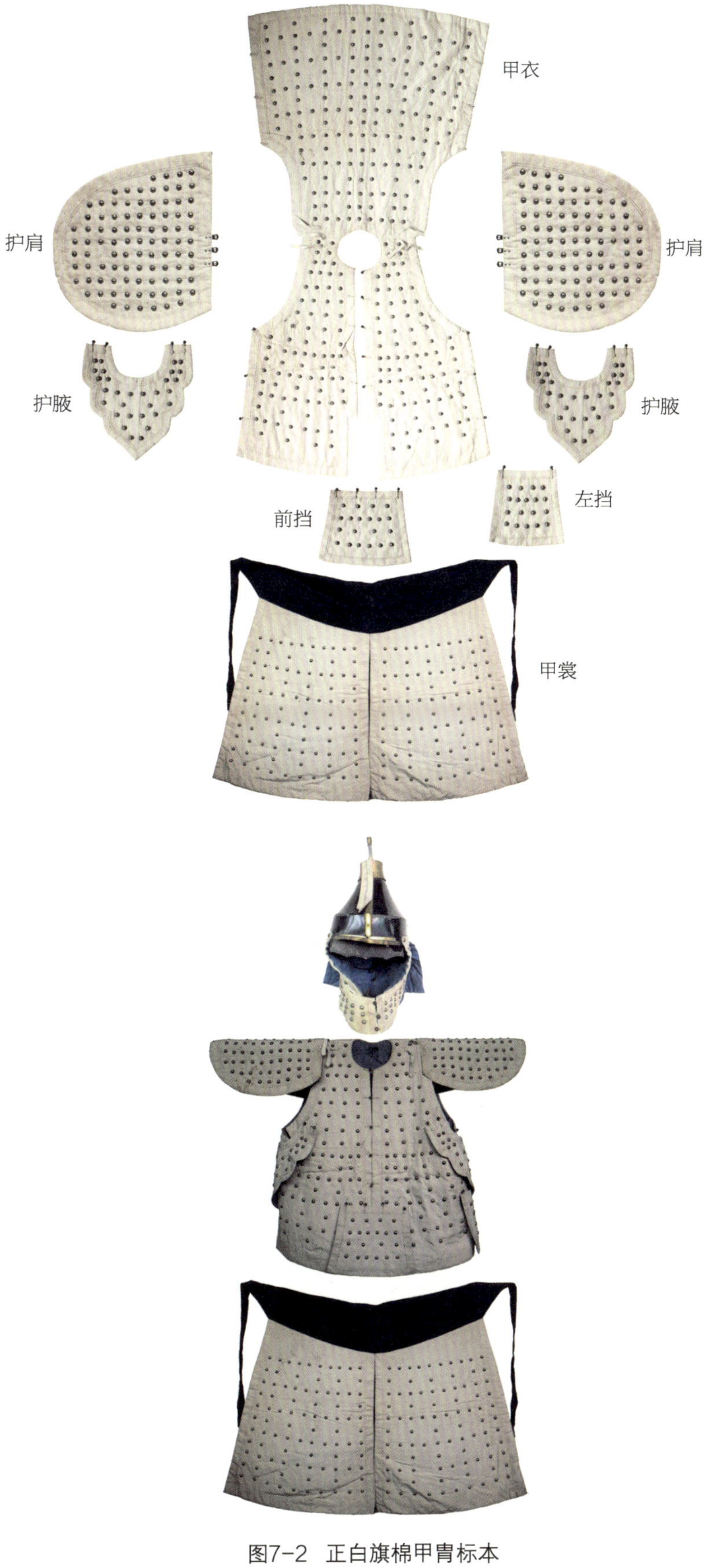

甲衣

护肩　　　　　　　　　　　　护肩

护腋　　　　　　　　　　　　护腋

前挡　　　左挡

甲裳

图7-2　正白旗棉甲胄标本

第七章　乾隆八旗兵丁棉甲标本研究　159

甲衣

护肩　护肩

护腋　护腋

前挡　左挡

甲裳

图7-3　正蓝旗棉甲标本

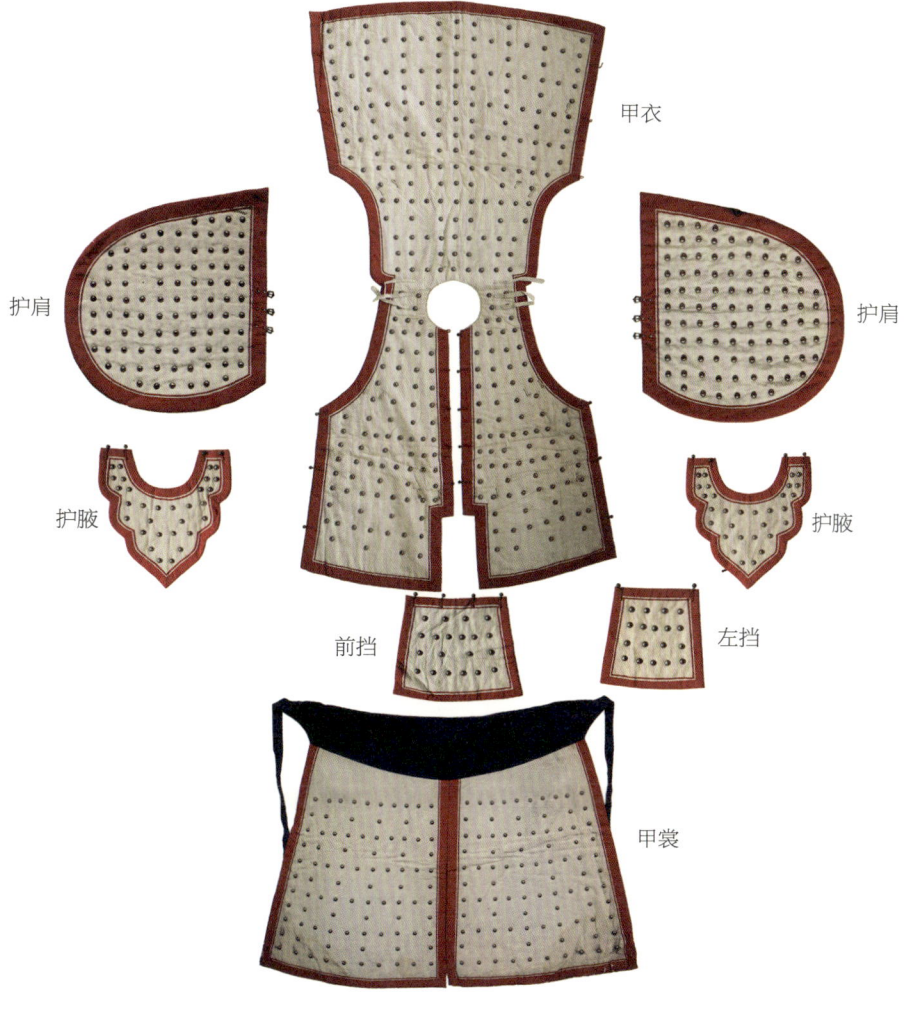

图7-4 镶白旗棉甲标本

甲衣

护肩　　护肩

护腋　　护腋

前挡　　左挡

甲裳

图7-5　镶蓝旗棉甲胄标本

162　满族服饰研究：清代戎服结构与满俗汉制

图7-6 八旗兵丁棉甲里侧展开图（各旗通制）

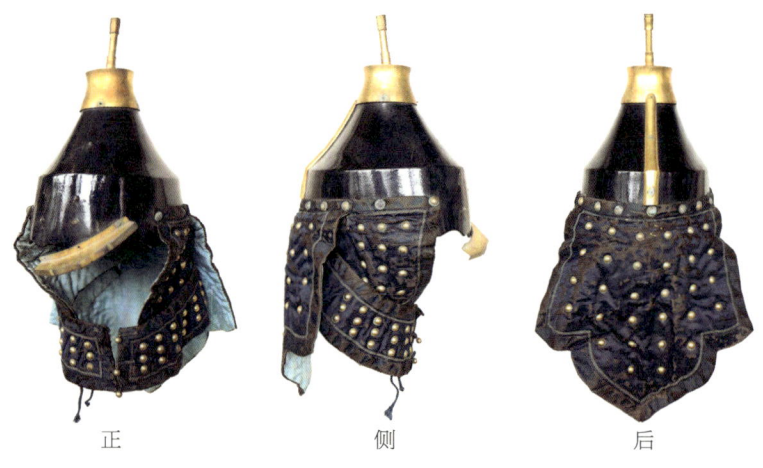

正　　　　　侧　　　　　后

图7-7-1　校尉棉胄（标本一）

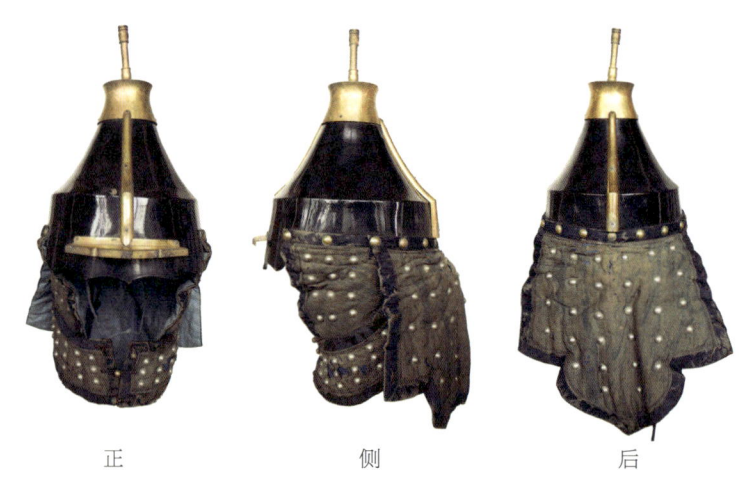

正　　　　　侧　　　　　后

图7-7-2　校尉棉胄（标本二）

正　　　　　侧　　　　　后

图7-8　镶黄旗棉胄

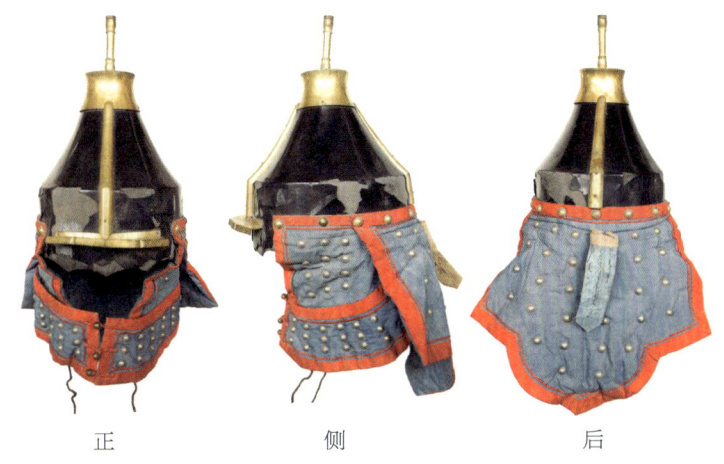

正　　　　　侧　　　　　后

图7-9　镶蓝旗棉胄

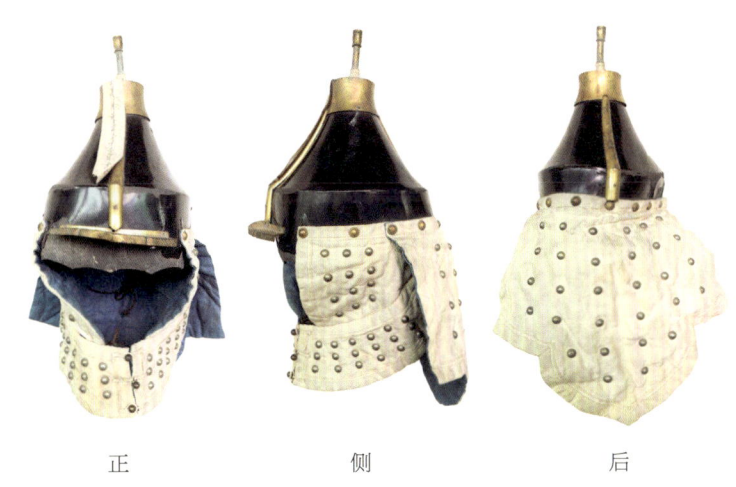

正　　　　　侧　　　　　后

图7-10　正白旗棉胄

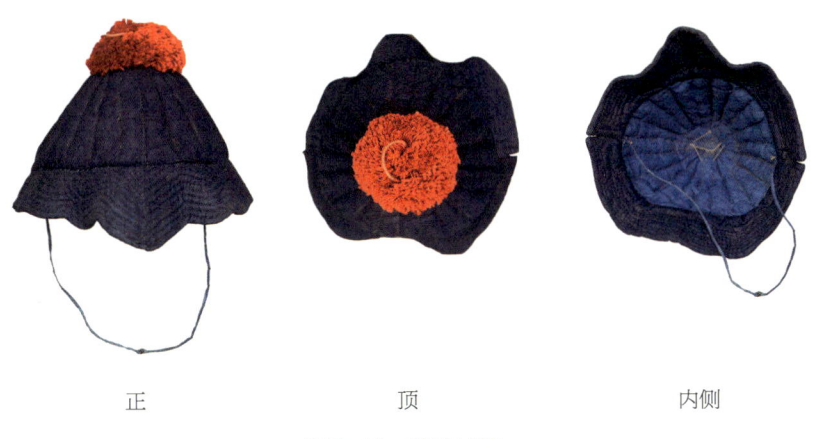

正　　　　　顶　　　　　内侧

图7-11　棉胄衬帽

二、八旗兵丁棉甲胄标本信息采集与结构图复原

对八旗兵丁棉甲标本面料、里料的主结构进行数据采集和结构图复原，是获取实物信息的重要手段。标本甲衣长度范围在72.9cm～78.7cm之间，甲裳长度范围在77.3cm～79.5cm之间（含腰头宽度）。标本结构复原图中所标数据为正蓝旗棉甲标本与镶黄旗棉胄标本的实测数据。由于棉甲中充棉，致使面料比里料各边平均长出0.2cm左右。虽然采集的每套标本的数据在一定范围内有小幅波动，但每套棉甲、棉胄的结构形制和材质均相同。将正蓝旗棉甲标本与镶黄旗棉胄标本进行全方位的信息采集和结构图复原，所得实物信息和结果具有代表性与普遍性，或呈现一个完整的乾隆兵丁棉甲实物的结构形制文献（图7-12～图7-14）。

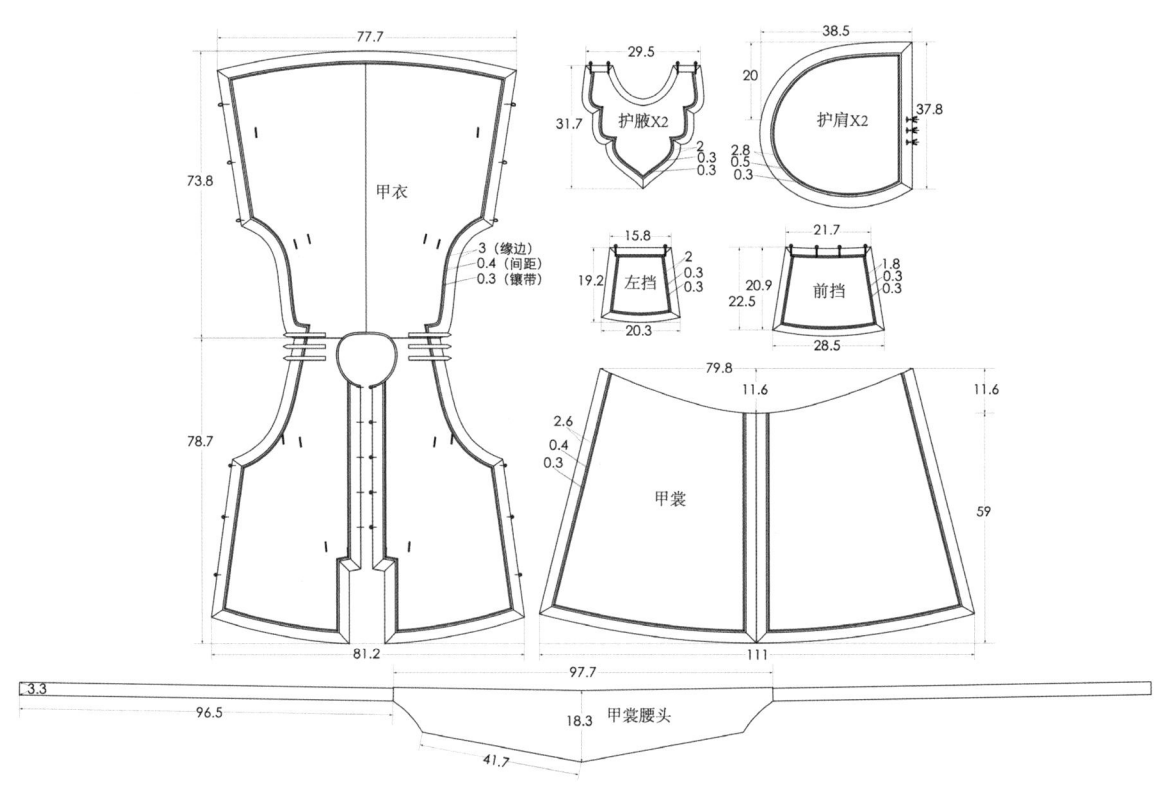

图7-12　正蓝旗兵丁棉甲面料结构图

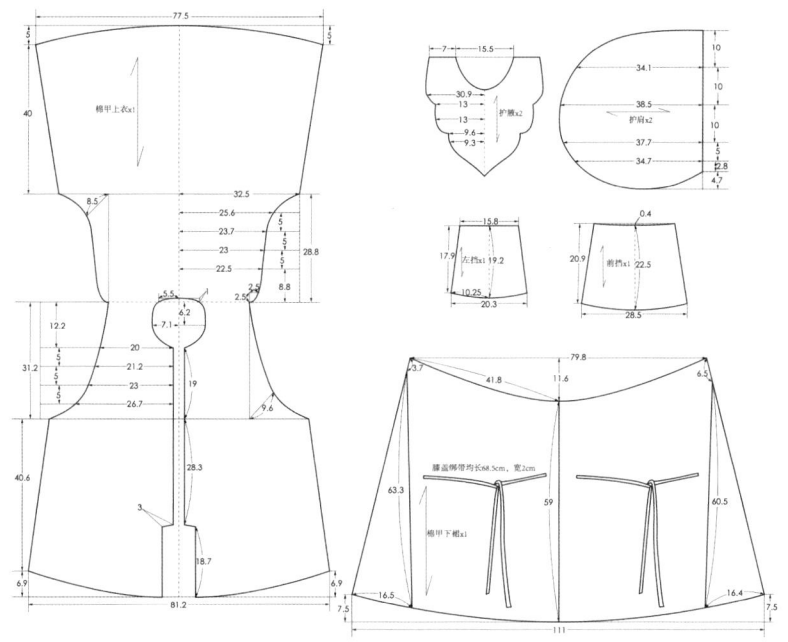

图7-13 正蓝旗兵丁棉甲里料结构图

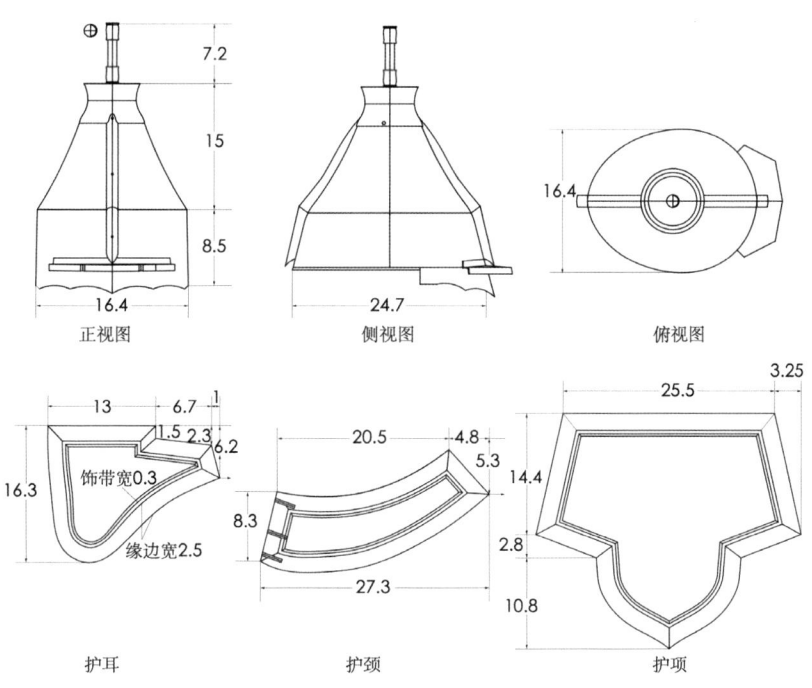

图7-14 镶黄旗兵丁棉胄主结构图

通过对标本进行信息采集、测绘和结构图复原的数据整理,得到结构形制的基础信息,将其进行专业技术处理形成包括数据、结构复原图等客观可视化系统文案呈现,这项工作本身就具有文献价值。它不仅是清代戎服专题文史研究过程中重要的实物数据依据,也为清代甲胄制度的研究提供一手物证资料,对文献与实物互证的综合分析提供了重要的数据支持(表7-3、表7-4)。

表7-3 正蓝旗兵丁棉甲标本结构数据信息（对照图7-12和图7-13） 单位：cm

名称：正蓝旗兵丁棉甲			采集时间：2017年8月4日	
结构特点	上衣下裳，甲衣对襟无袖，甲裳左右两幅对称结构			
棉甲部件	部位	尺寸	部位	尺寸
甲衣	前衣长	78.7	后衣长	73.8
	前胸宽	65.0	胸围高	28.8
	后背宽	65.0	侧缝高	40.0
	衣摆最宽处	77.7	衣摆起翘	5.0
	缘边宽	3.0	镶带宽	0.3
甲裳	腰头弧线长	83.6	前中长	59.0
	腰头宽	18.3	腰头长	97.7
	腰头系带宽	3.3	腰部系带长	96.5
	底摆最宽处	111.0	底摆起翘	7.5
	缘边宽	2.6	镶带宽	0.3
护肩	长度	37.8	最宽处	38.5
	缘边宽	2.8	镶带宽	0.3
护腋	总宽度	29.5	最长处	31.7
	凹陷宽度	15.5	凹陷高度	7.5
	缘边宽	2.0	镶带宽	0.3
前挡	上宽	21.7	底摆最宽处	28.5
	缘边宽	1.8	镶带宽	0.3
左挡	上宽	15.8	底摆最宽处	20.3
	缘边宽	2.0	镶带宽	0.3

表7-4　镶黄旗兵丁棉胄标本结构数据信息（对照图7-14）　　　　　　　单位：cm

名称：镶黄旗兵丁棉胄			采集时间：2017年8月6日	
棉胄部件	部位	尺寸	部位	尺寸
皮盔胎	通高	30.7	左右宽度	16.4
	前后宽度	24.7	缨管高	7.2
	缨管直径	1.5	覆碗高（加盔盘）	15.0
	舞擎	8.5	盔高	23.5
护耳	最宽处	20.7	最长处	16.3
	上宽	13.0	下凹	1.5
	缘边宽	2.5	镶带宽	0.3
护颈	上宽	20.5	最宽处	27.3
	缘边宽	2.5	镶带宽	0.3
护项	最宽处	32.0	上宽	25.5
	最长处	18.0（分为14.4、2.8、10.8三段长）		
	缘边宽	2.5	镶带宽	0.3

除八旗棉甲胄标本外，在相关文化部门还保存有八旗棉甲的裁片制作半成品材料，这样便可直接观察棉甲的工艺制作过程。通过结合同类完整棉甲标本分析，大体可以还原它的制作流程：

1. 由于棉甲面料为质薄的绸类，故在钉铜钉之前，需在其背面衬同样大小的上浆蓝色衬里棉布。这样做是为复合面料，使其增加硬挺度，在钉铜钉时使甲面不易破损，质感更加坚固。甲面一般使用一整片面料，背面上浆的衬料多有拼接以消耗边角余料，这便是在兵丁甲中节俭的实证。

2. 钉好铜钉后用均宽约4cm的45°斜丝绸布条将边缘包裹，并在4cm包边的内沿嵌入0.2cm的绲边，最后将绸面、衬料和缘边绷缝在一起。

3. 将做好的甲面与里料背对背工整对齐，沿边缘缝好，留出一边以备填充棉絮片。

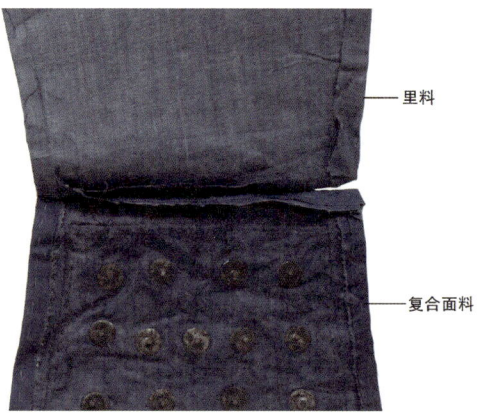

复合面料衬料背面的拼接情况和铜钉　　　复合面料与里料的缝合情况

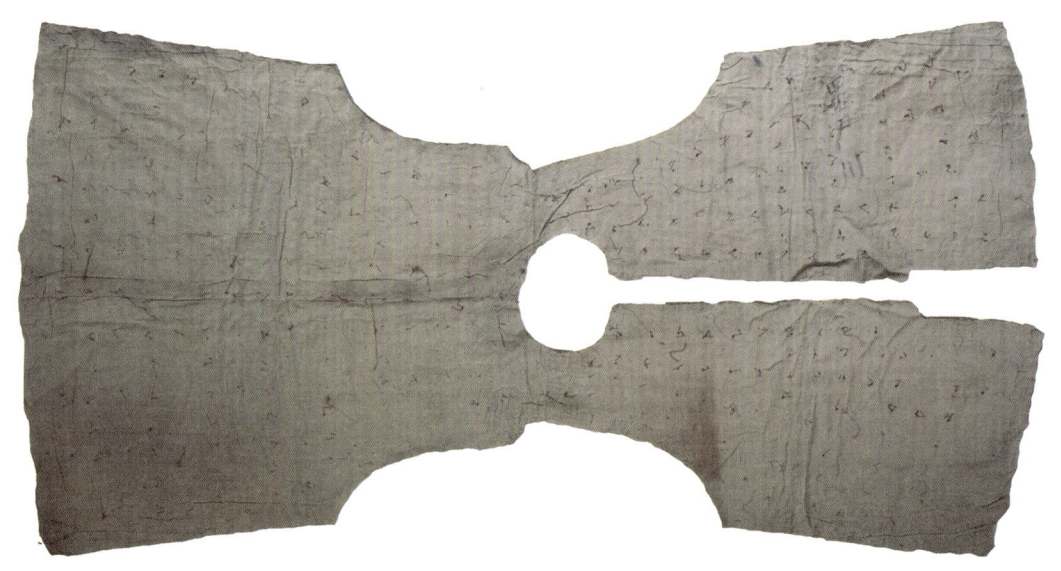

充棉的絮片夹层

图7-15　乾隆兵丁棉甲半成品的工艺表现（部分）

4. 制作填充絮片承袭明代工艺。将丝棉絮均匀铺在裁剪好的白色粗棉布上，再敷上另一片白色粗棉布缝合边缘，并用粗线逐行缝紧固定充棉，浸入水中，待絮片紧缩后，捞起压实，在阳光下晒干成缝制棉甲的棉片半成品（图7-15）。

5. 将絮片填充在甲面与里料之间，调整絮片位置使其平整，最后将四周缝合（图7-16）。

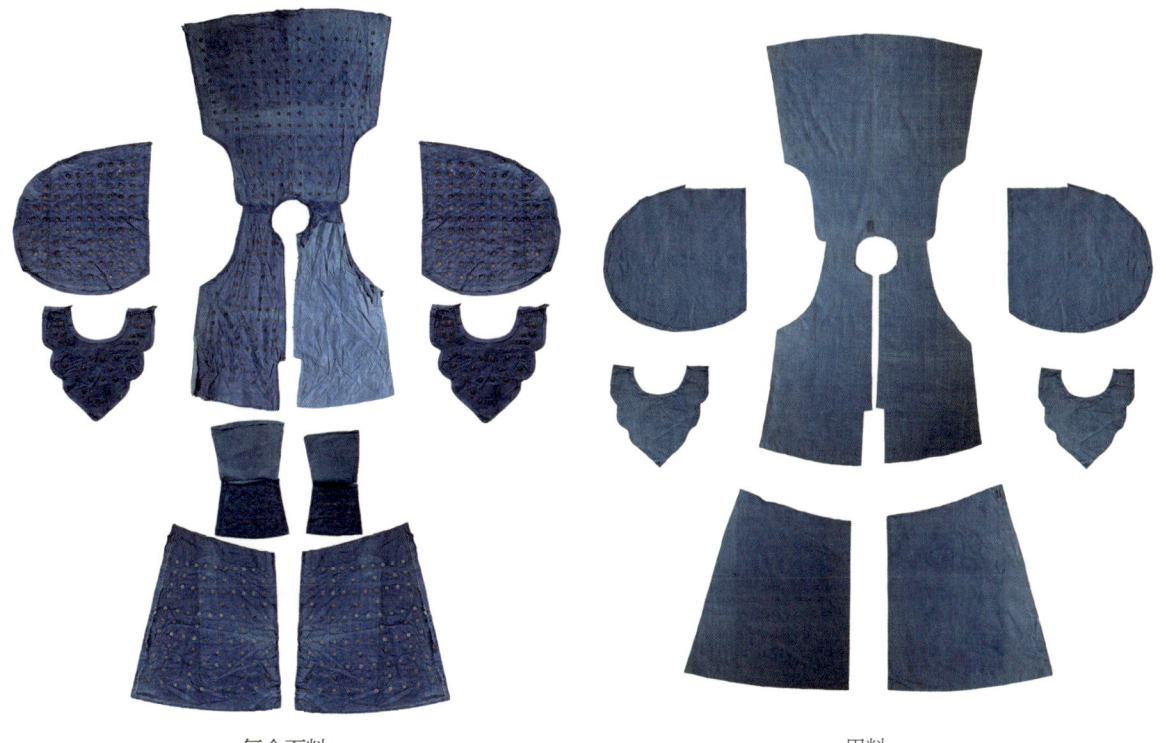

复合面料　　　　　　　　　　　　　　　里料

图7-16　乾隆兵丁棉甲面料和里料半成品

棉甲面料和里料半成品裁片可以明确棉甲裁制过程中各部位的缝份和缝纫状态，有助于完整复原其结构图，其中甲衣面料通常是前后分裁，里料是通裁（图7-17、图7-18）。棉甲的面料和里料结构图复原对推测布幅范围，计算制作一套棉甲的最少用料提供了可靠技术线索。观察发现，甲裳里料的左右侧摆均有拼接，且拼接处两侧均为布边，缝份只有0.5cm，前中的缝份为1cm，也是布边。这些信息非常重要，由此可知甲裳前中至侧摆拼接处的宽度即为里料布幅的宽度，经测量为43cm，加上作缝约为45cm，据此棉甲里料的排料图实验就可以在布幅45cm的基础上完成。棉甲面料最宽处在甲裳底摆，宽约55.5cm，加上外侧缝份为2.5cm～3.5cm，内侧缝份为1cm，故推测面料布幅至少大于60cm，为计算出最少用料，面料的排料图实验在布幅60cm的基础上完成。排料实验表明，制作一套棉甲所需面料最少39032.7cm^2，里料最少需要29141.1cm^2。缘边绸料如果严格执行45°斜裁的话，用自身棉甲绸料会有明显的浪费，因此缘边绸料是单独批量裁制的，这也是棉甲镶边部分都与本料绸布不同的原因（图7-19、图7-20）。

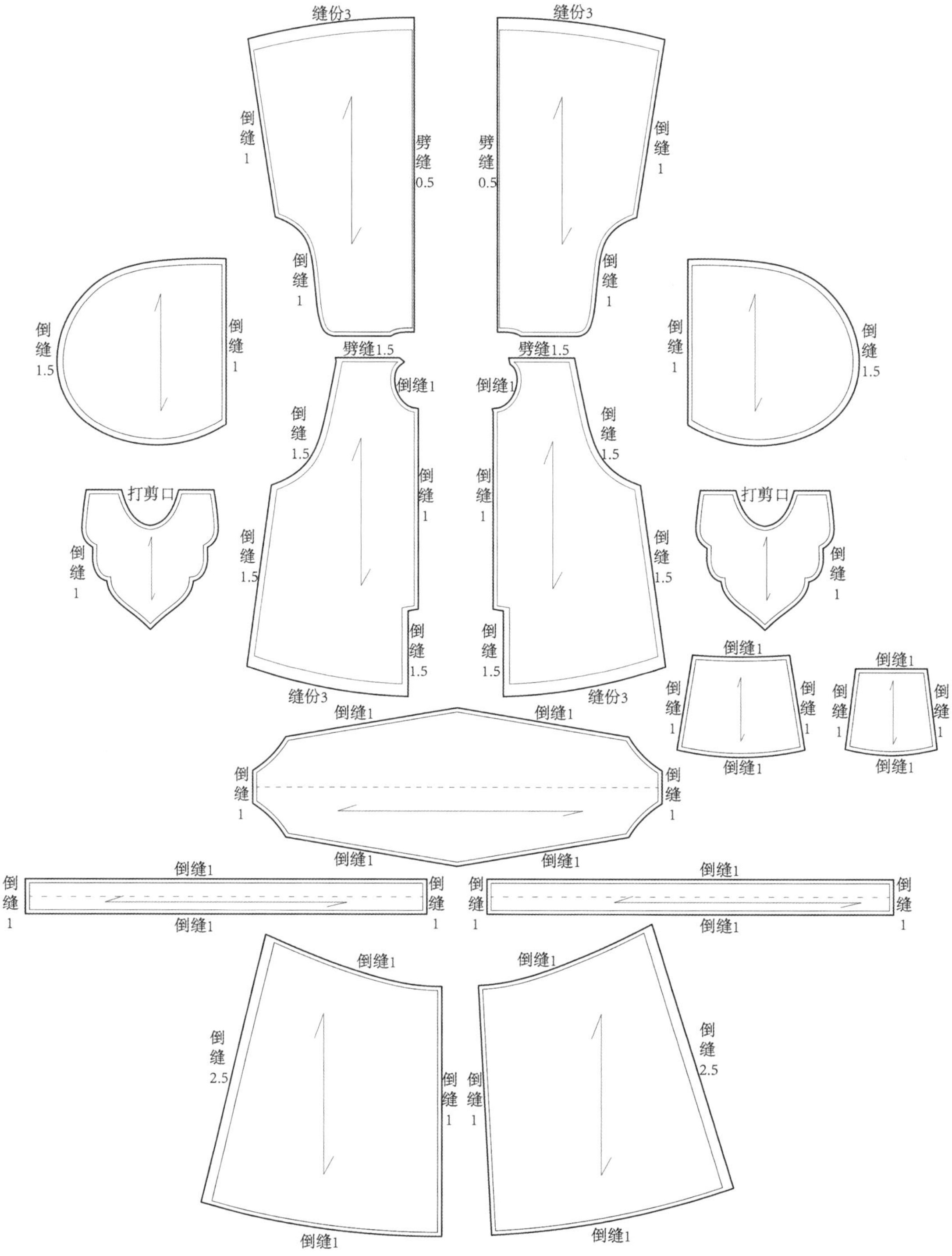

图7-17 乾隆兵丁棉甲面料结构图毛样复原

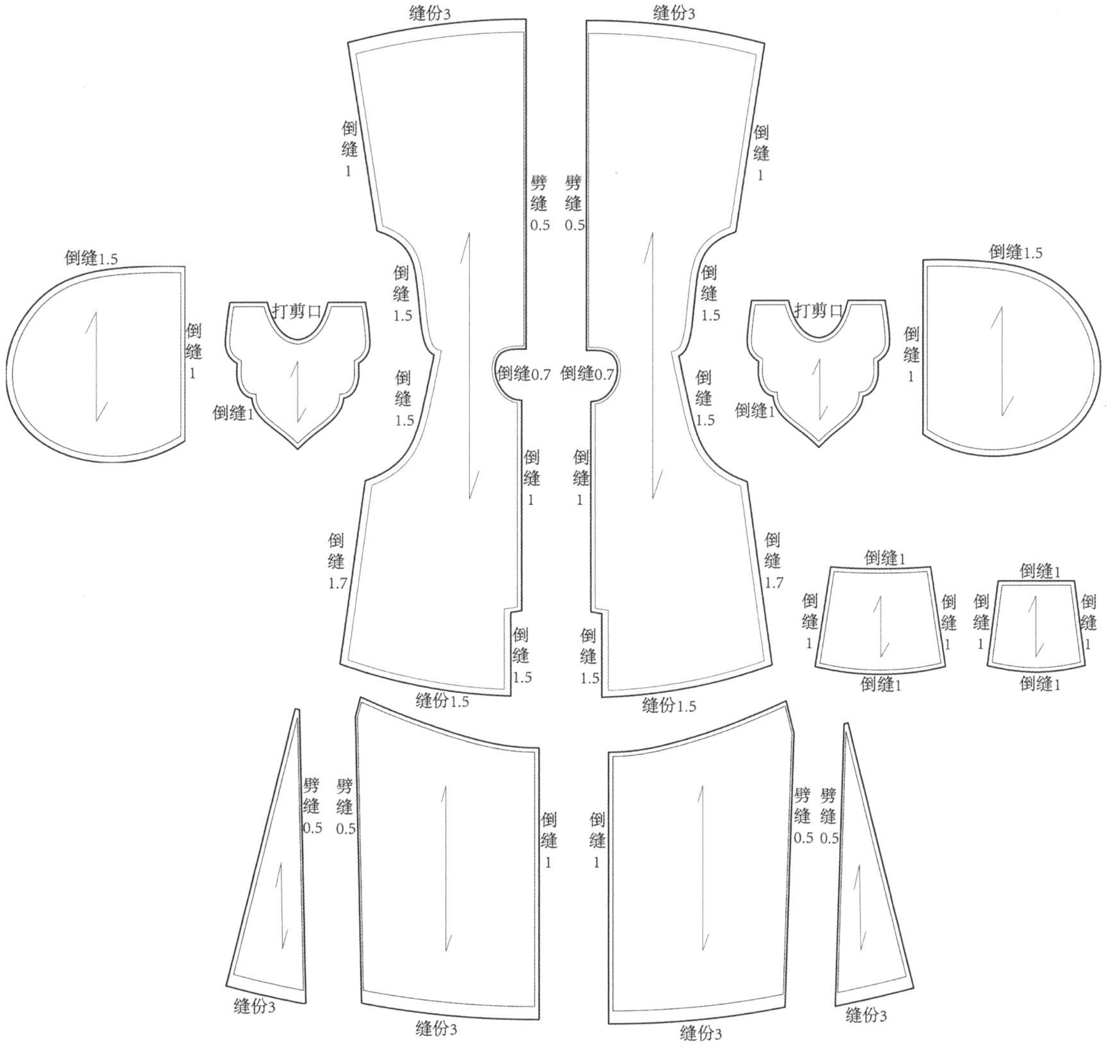

图7-18 乾隆兵丁棉甲里料结构图毛样复原

第七章 乾隆八旗兵丁棉甲标本研究 173

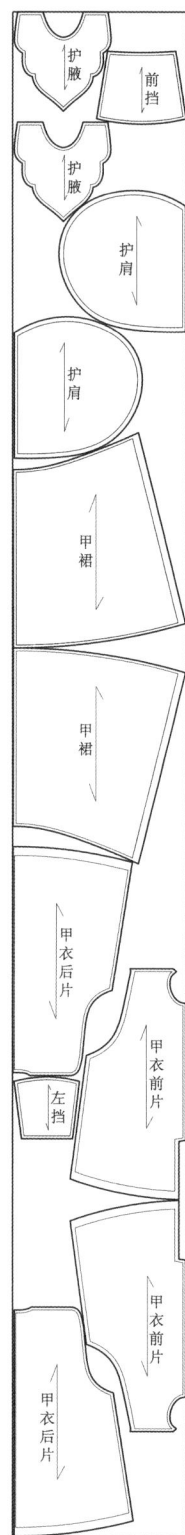
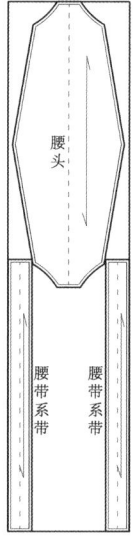

图7-19 乾隆兵丁棉甲面料排料实验
（绸料幅宽60cm，长度520.9cm；腰头棉料幅宽43cm，长度180.9cm）

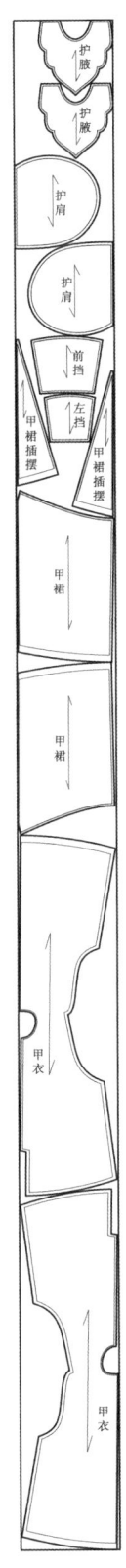

图7-20 乾隆兵丁棉甲里料排料实验
（幅宽43cm，长度677.7cm）

三、八旗兵丁棉甲胄标本的满文"号记"[1]信息

在八旗兵丁棉甲信息采集过程中,发现标本尚存一些满文信息。对于一件文物而言,其所留存的文字信息越多,其研究价值就越大。为识别这些满文信息的含意,专门请台湾师范大学历史系满文专家叶高树教授释读,认为所记载的内容均为棉甲所有者的姓名、所属旗部、职位等军籍信息,通过整理,棉甲胄标本的满文信息翻译对照如表7-5。

表7-5 棉甲胄标本满文信息释读

标本满文信息				
位置	镶蓝旗甲衣后背中间偏上区域	镶蓝旗棉胄护颈中部偏上区域	正白旗棉胄承接盔缨的金属管位置	镶黄旗棉胄内侧
满文转写	kubuhe lamun i jang fung ging nirui uksin lai zu coohai gusai	kubuhe lamun i gin guwang king nirui uksin gin ben yang ujen coohai gusai	gulu sanggiyan i ujen coohai gusai …… bosoku sung lu	fuldun
释意	汉军镶蓝旗佐领江俊金下披甲李闰	汉军镶蓝旗佐领gin guwang king(人名)下披甲金本洋	汉军正白旗……(模糊不清难以辨认)领催sung lu(人名)	富尔敦(人名)

---

1 刘瑞璞、郑宇婷:《八旗兵丁棉甲胄标本"号记"释读》,载《抉微钩沉:中国古代服饰文化研究》,中国纺织出版社,2019,第76—86页。

结合文献考证，这些满文信息不仅记录着清朝对于八旗甲胄的管理制度，还承载了清代武备制度发展的历史信息。早在崇德[1]三年（1638）清兵入关以前就定有军律，军事盔甲后及甲背俱书号记，无盔甲者，衣帽后亦书号记[2]。在《钦定大清会典则例》中也记载有"定八旗甲背盔缨皆用旗色号带上书衔名，文武官弁皆同"[3]。可见使用兵丁所属旗色的上浆布帛[4]"番号"，在棉甲后背与棉胄盔缨处记载军籍信息早成八旗传统，入关后立为大清典制，这一记载与标本上的满文信息所缝缀的位置完全吻合，进一步证实此批棉甲的史料价值。在兵卒制服上"书记名号"即为"号记"，以布帛为之，或圭或方，缝缀特定部位，上书记布帛番号[5]。

在军服上标注所有者信息也是军事管理经验积累的产物。圣祖康熙皇帝曾御驾亲征，以生死心得渐成兵服制度："如衣服器械有异，即行擒拏。……对敌列阵时，主将必度地防险，寇或布野或结骆驼鹿角为营。我军分列行阵，指明某队某旗当击敌阵某处，战时鸣角进兵，战毕仍鸣角收兵。官兵或弃其部伍，混入他人部伍，或轶出本阵，往附他人尾后，或逡巡观望逗留不进，照所犯轻重，正法、籍没、鞭责、革职。"[6]由此可见，号记的使用可起到规范约束官兵行为以及战后赏罚问责的作用，利于军队的管理。值得研究的是，棉甲胄号记的释读不仅呈现了清代戎服文化的某些历史细节，还揭示了这些细节背后从不缺少对中华文化和汉统制度的继承。

---

1 崇德：清太宗爱新觉罗皇太极的第二个年号，清朝使用这个年号共8年。
2 胡建中：《清宫武备图典》，故宫出版社，2014，第82页。
3 [清]官修：《钦定大清会典则例（卷174）》，全国图书馆文献缩微中心，2005，第54页。
4 上浆布帛，使布帛番号硬挺舒展，便于识别管理。
5 周汛、高春明：《中国衣冠服饰大辞典》，上海辞书出版社，1996，第175页。
6 [清]官修：《清实录·圣祖仁皇帝实录（卷169）》，中华书局，1986。

四、八旗兵丁棉甲与苏州码

在标本信息采集过程中惊喜地发现，制作八旗兵丁棉甲面料、里料的内侧书写有一些奇怪的符号，它与"布帛号记"的表达方式不同，是直接书写在内侧布料上的，且此类情况不止一例，故绝非偶然。通过查阅相关史料和访问专家基本可以确定，这些符号被称为苏州码，亦称草码、花码、番仔码、商码等，产生于苏州，是清朝民间流行的"商业数字"。它脱胎于历史上的算筹，相当于汉文的阿拉伯数字，主要用途是商贸速记，曾一度广泛应用于政治、经济、军事等各个领域，如今已罕见，可谓古代速算数字的活化石。苏州码是中华数字文化贸易化演变的产物，是阿拉伯数字在中华大地广泛使用前的一种简便快捷的记录数码。它简单易学，比汉语的大写数字更为便利宜行，故能长时间在民间流行，也说明清代布帛的官营与民间密不可分。后随着阿拉伯数字的普遍使用，苏州码逐步退出历史舞台。它是我国古代民间在生产生活、经济活动中总结出来的智慧财富，需要被铭记。它产生的年代和乾隆盛世的经济繁荣是否有关还值得研究。但苏州码这种古老而中国化的贸易方式，若没有对这些棉甲和残片进行深入、完整和系统的研究，其隐藏于标本深处也许永远无法重见天日。苏州码的数母也是一到十，数算有自己的方法（表7-6）。

表7-6 苏州码数字对照

阿拉伯数字	汉字大写	苏州码	阿拉伯数字	汉字大写	苏州码
1	壹	丨	8	捌	〧
2	贰	丨丨	9	玖	夂
3	叁	丨丨丨	10	拾	十
4	肆	ㄨ	20	贰拾	廿
5	伍	ㄅ	30	叁拾	卅
6	陆	〦	40	肆拾	卌
7	柒	〧	21	贰拾壹	丨丨一

苏州码的表示方法，有特别的排序规律和算法，当苏州码丨、丨丨、丨丨丨……位数组合遇到并列时，为避免数字连写混淆，可将偶数位写作横式。如丨、丨丨、丨丨丨、丨丨丨、丨丨、丨，可写成丨、二、丨丨丨、三、丨丨、一。标本中所书苏州码

可释读为"国320"(国〢卄)、"国159"(国丨ᘔ攵)、"国314"(国〢丨乂)、"462邵"(乂ᅩ二邵)、"龙191"(龙丨攵丨)。其中苏州码中的汉字"国""邵""龙"的含义尚有待考证,可以肯定的是,它与原指的布帛贸易是有区别的。通过观察发现,这些符号隐藏于棉甲面料内侧或里料内侧的边缘处,这说明制作棉甲的工匠并不想让这些符号露在外侧被看见,但由于生产需要又不得不写,故标注于缝份附近便于查验校对时翻看。关于此批棉甲的制作流程已无从考证,这些苏州码的含义也未记载于史料,但它的使用一定是可以为贸易、成造过程提供管理的便捷。关于苏州码在军事上的应用,在北洋政府兵士左边领章上就曾写有苏州码,用来表明兵士的军号或服属[1]。据此推断,八旗兵丁棉甲上标注的苏州码很有可能也是用来表明八旗兵丁的服属。在古代军服的生产环节中,每个裁片需要手工裁剪缝制,虽形状相同,但规格却小有差异,工匠若将每一个布片用棉甲所属者的军号加以标注,既可做到量体裁衣,也可使面与里两两相对,严丝合缝,不致混淆,从而在大规模成造中大大提高被服生产的质量。棉甲标本苏州码与"号记"的满文军籍信息,一个是在棉甲成造过程中起到便于精准制作和批量生产的作用,另一个是在军队管理过程中起到明辨旗属和赏罚分明的作用,这两个细节揭示了乾隆棉甲成造的标准化与大阅文化的繁荣(图7-21)。

| 国〢卄 | 国丨ᘔ攵 | 国〢丨乂 | 乂ᅩ二邵 | 龙丨攵丨 |

图7-21 棉甲标本内侧的苏州码信息

---

[1] 服属,苏州码是布匹贸易的信息,布匹的价格、品质、产地等也就通过苏州码反映出来,这个信息也就决定了军服所属的品级。

五、八旗兵丁棉甲的官营与"杭州织造"

今承前制不仅是清王朝的国策,也是历代王权的通例,何况清朝又是少数民族政权,基于统治的需要服饰规制对汉文化的继承是显而易见的,戎服更不例外,清棉甲继承明制也是历史的必然。在明代李盘等所著的《金汤借箸十二筹》中,详细记述了棉甲制造方法:"绵甲,绵花七斤用布盛如夹袄,麤[1]线逐行横直缝紧,入水浸透,取起铺地,用脚踹实,以不胖胀为度。晒干收用见雨不重,黴黰[2]不烂,鸟铳[3]不能伤。"[4]对比乾隆八旗棉甲的材质和工艺,与明代的文献记载相符,证明清代棉甲与明代棉甲确有明显的传承性。

除此之外,八旗棉甲的形制还具有鲜明的满族游猎文化特色。根据《皇朝礼器图式》武备卷的记载:"谨按乾隆二十一年,钦定骁骑棉甲绸表各如其色,蓝布里缘如胄制,中敷棉,外布白铜钉,上衣下裳护肩护腋前挡左挡全。"[5]棉甲采用上衣下裳分体式,这种制式具有典型的游牧民族特色。早在战国时期,赵武灵王为提高军队战斗力,效仿北方胡人的上下分体式窄袖短衣,胡服骑射的改革大大提升了赵国军队的战斗力,使赵国迅速成为战国七雄之一。清王朝遵循民族服饰传统,将棉甲设立为上衣下裳制。这种"行汉章遵祖式"在戎服中满俗汉制的表现,无疑暗含皇帝希望八旗军队保持满族弓马骑射传统,勿致武备废弛。

清代的大阅甲内侧起初缀有层层压叠排列的金属甲片,后乾隆皇帝基于"铁叶甲亦仅军容而已,至于临阵不甚裨益,宜通融办理,不致苦累兵丁"[6]的考虑,于乾隆二十一年亲自下令,将部分兵丁铁甲改造为棉甲。后为整肃八旗军容,于乾隆二十二年正月与军机大臣议奏,"盛京等十处驻防兵丁添造绵甲一万七千八百件……随将应造绵甲令其照依其式成造外,其锭钉盔甲绘书纸样,交发三处织造各成造一分,遣送来京俟呈览后再行如式成造"[7]。由此可知,八旗棉甲样式是由内务府画师设计,再交发苏州、杭州、江宁三处织造

---

1 麤(cū),汉字"粗"的异体字,麤线即粗线。
2 黴黰(méizhěn),"黴"通"霉",发霉,霉变之意。"黰","黑色"之意。
3 鸟铳:明清时期对火绳枪的称呼。
4 [明]李盘、周鉴、韩霖:《金汤借箸十二筹(卷十六 兵器)》,全国图书馆文献缩微复制中心,2001,第63-64页。
5 [清]允禄、蒋溥等:《皇朝礼器图式(卷十三)》,哈佛燕京学社中日图书馆,1959,第40-47页。
6 故宫博物院:《钦定内务府则例二种(第五册)》,海南出版社,2000,第81页。
7 同上。

局制作样衣，皇帝批准后方能批量制作。改造后的棉甲更具礼仪性而缺乏实战性，这也是因为康乾盛世，天下太平，少有战事纷争，加之作战方式逐渐由冷兵器转为火器，无需再穿用沉重的铁甲，因此礼仪规制便成为棉甲形制的主要功能，"行汉章显佛纹"便被发扬光大。专门为大阅典礼斥巨资来制作兵丁棉甲，在清代惟乾隆一朝，足见乾隆盛世的繁荣富庶。然而，兵丁棉甲研究鲜有关注也无成果，故真正实施成造棉甲的流向[1]并不明确，更无制造棉甲的技术、工艺的相关信息，标本研究确有重要发现。

棉甲胄标本内侧均印有"杭州织造"墨迹章，无疑它们是由杭州织造局所制。"杭州织造"是官营丝织官署江南三织造之一。明清时期，江南地区作为最重要的丝绸生产基地，为满足皇家日常用度以及赏赐需要而提供大量的上乘丝织品。明朝主要由设立在南京的织染局、神帛堂、供应机房，和在苏州、杭州等地设立的织染局共同承担。清朝入关后，在继承明朝官营制度的基础上更加完善，杭州织造局便是于顺治初年在明代杭州织造局旧址上重建的。其建立之初的发展并非一帆风顺，由于当时江南地区还处于南明[2]政权统治下，动乱不断，杭州织造局先后历经了设罢、罢复的过程。直到康熙二十年，清政府平定三藩叛乱，使江南地区政治稳定，杭州织造局才进入历史上的黄金期，由一个区域经济体逐渐演变为参与国运政治的官造机构。标本附载"乾隆二十九年第一次杭州织造监制"的历史信息，不仅说明八旗棉甲的成造是以物质形象复现盛世江南物产的富庶，而且为我们呈现了乾隆盛世"国之大事，在祀与戎"[3]制度生态的物化样貌（图7-22）。

在八旗军队森严的封建等级制度中，兵丁棉甲属八旗下级兵士穿戴的兵甲，因其人员众多，所需各项物料十分庞大，故由三处织造局合力完成。据文献记载，三处织造局先后于乾隆二十二年奉旨造办棉甲20000件，大阅后添

---

1 流向：流向主要是织造局，但并不明确。根据史料记载，三织造各有优势特色而各有分工，清史界的重点多在宫廷皇室御用品上，武备的兵丁棉甲成造无重点研究课题。而就乾隆大阅文化的繁荣而言，并非如此，从乾隆八旗兵丁棉甲标本的研究和乾隆二十二年与军机大臣议奏官方文献记载就能得到证明。
2 南明：明亡后，明朝残余力量曾先后在江南地区建立弘光等政权，称"南明"政权。
3 杨伯峻：《春秋左传注》，中华书局，1981，第860-861页。

甲衣内侧后领部墨迹章　　　　　　　　甲裳内侧腰部墨迹章

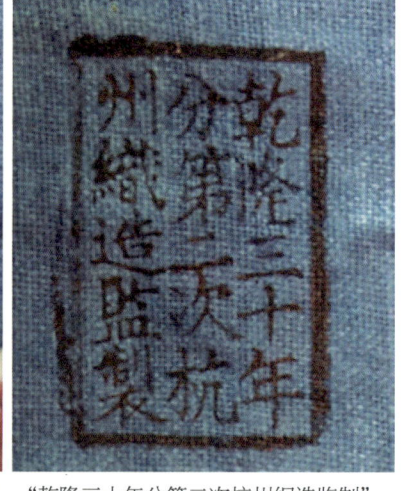

"乾隆二十九年第一次杭州织造监制"　　"乾隆三十年分第二次杭州织造监制"

图7-22　八旗兵丁棉甲标本中"杭州织造"的墨迹章

设棉甲18080件，盛京等十处驻防营添设棉甲17800件，共计55880件[1]。如此庞大的数量对于尚处农业手工业生产方式的社会而言需耗费巨大的人力物力与工时，而这对于在乾隆盛世年间地处物产丰饶、织造工匠聚集的杭州织造局来说并不成问题。《杭州府志风俗物产单行本》详细记载了浙江地区丰富的物

1　故宫博物院：《钦定内务府则例二种（第五册）》，海南出版社，2000，第81页。

产情况，成造棉甲胄所需的纺绸、棉布、靛蓝染料、丝绵、帽缨、铜、金、漆等皆产自浙江，很大程度上为杭州织造局生产八旗兵丁棉甲胄提供了物质保障，又反映出乾隆盛世江南地区物产丰饶，社会生产力水平兴旺发达[1]（表7-7）。

为进一步验证制作棉甲的物料质量，将棉甲中间的絮料置于显微镜下观察，放大后的棉絮颜色纯白，有丝的光泽，匀称不结块，且手感细腻柔软，鉴定为丝绵。据光绪《杭州府志》记载，"钱塘、仁和、余杭……以同宫茧与出蛾之茧不任缫丝者，湅为绵，以余杭所出为佳"[2]。又嘉庆《余杭县志》记载，余杭狮子池"以其水缫丝(含制绵)最白，且质重云"[3]。这些都证实了杭州地区丝绵的品质与名气（图7-23）。

表7-7 成造八旗棉甲胄"杭州织造"分料记述

材料	文献记述（《杭州府志风俗物产单行本》）	用途
靛蓝	靛，即蓝也。于地窖中野水浸一宿，用石灰搅之千转，澄去水干收。用染青碧其浮沫，掠去阴干，谓之靛花即土青黛	棉甲里料须经靛蓝染色
棉布	於潜俗出好布……木棉结实，吐棉纺以为布，本地所出者粗	棉甲里料
纺绸	杭绸有一等极轻者用湖水漂净宜染色。散丝而织者曰水绸，纺丝而织者曰纺绸，俗名杭纺	棉甲面料
丝棉	钱塘、仁和、余杭……以同宫茧与出蛾之茧不任缫丝者，湅为绵，以余杭所出为佳	棉甲絮料
帽缨	杭州帽缨较胜他处，绒丝等皆杭州之专产。帽缨以丝线捻成，有六合扛及文珠等名，俗总名曰帽纬……货之四方杭州为上	棉胄缨枪
铜	余杭有铜，相传余杭舟枕山唐文明元年有得铜矿	泡铜钉等
金	粟山西有金姥山，故老言古于此采金	铜钉等表面鎏金
漆	浙中出一种漆树，似槭而大，六月取汁，漆物黄泽如金，即唐书所谓黄漆者也	棉胄表面髹漆

---

1 陈璚：《杭州府志风俗物产单行本（物产卷二、四）》，国家图书馆藏铅印本，1924。
2 杭州市地方志编委会：《杭州府志（卷八十 物产）》，中华书局，2008。
3 杭州市余杭区地方志编委会：《余杭县志（卷三十八 物产）》，浙江古籍出版社，2012。

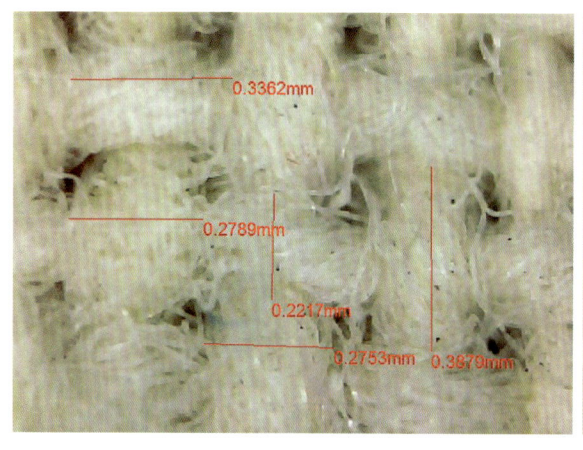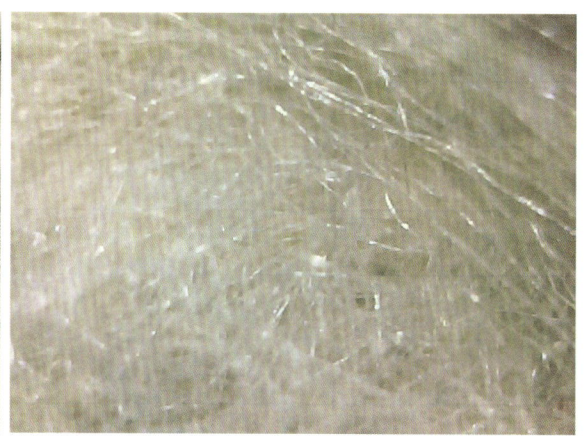

图7-23 棉甲标本填充丝棉显微镜图像

"千里迢迢来杭州,半为西湖半为绸",杭州自古以来以盛产质量上乘且产量巨大的丝绸而闻名天下,八旗兵丁棉甲大量使用的丝棉物料产自"杭州织造"自成必然。通过对棉甲冑标本织物组织放大的显微镜观察,可以清晰地看到,棉甲面料为平纹组织,经纬不加捻,绸面较平挺,质薄而坚韧,为典型的杭州纺绸,故名杭纺,里料则为粗纤维的棉布。棉甲标本自"乾隆二十九年制"距今已有两百五十多年,依然光泽依旧,平整如新,可见杭州织造所产杭纺质量上乘,经得起岁月磨洗。故杭州织造便成为三处织造局中最适合大批量生产八旗兵丁棉甲的宝地。标本墨迹章"乾隆定制"和"杭州织造"两种信息的组合,成为了乾隆盛世的时代物证[1](表7-8、表7-9)。

---

1 郑宇婷、刘瑞璞:《"杭州织造"乾隆八旗棉甲的规制与成造》,《丝绸》2018年第10期。

表7-8 棉甲标本不同织物组织放大图

标本名称	不同织物			
正白旗棉甲 	面料 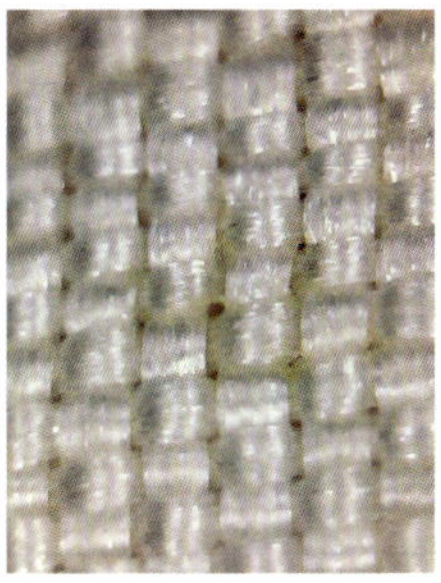	里料 	滚边 	系袢 
正蓝旗棉甲 	面料 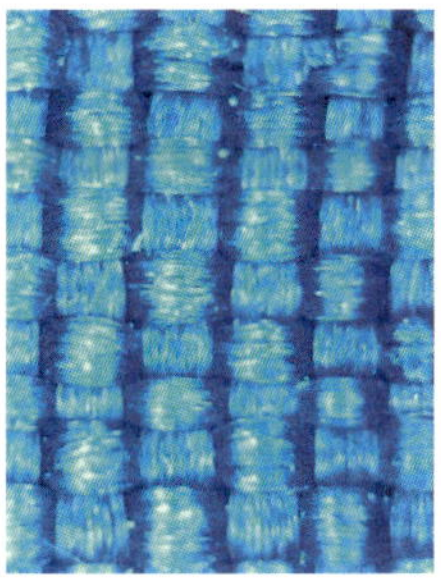	里料 	滚边 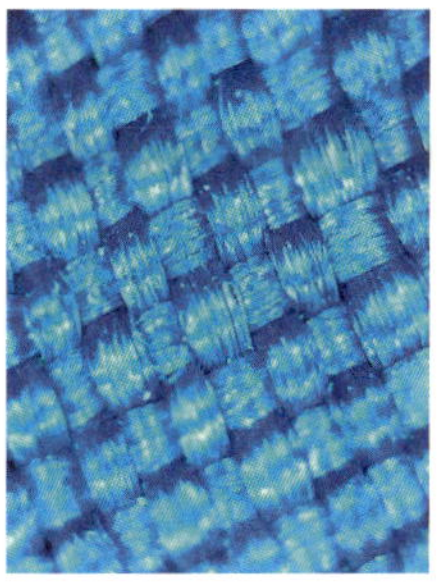	系袢 
镶白旗棉甲 	面料 	里料 	滚边 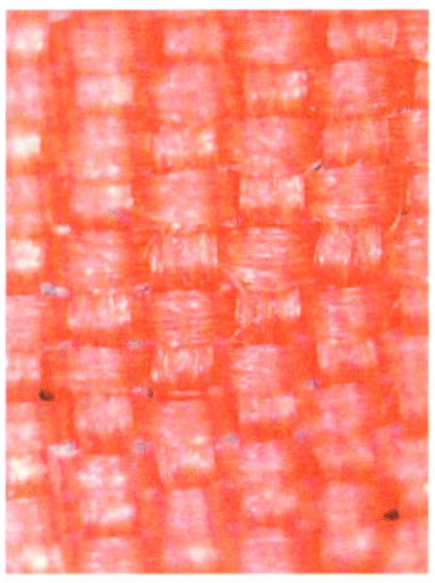	系袢 
镶蓝旗棉甲 	面料 	里料 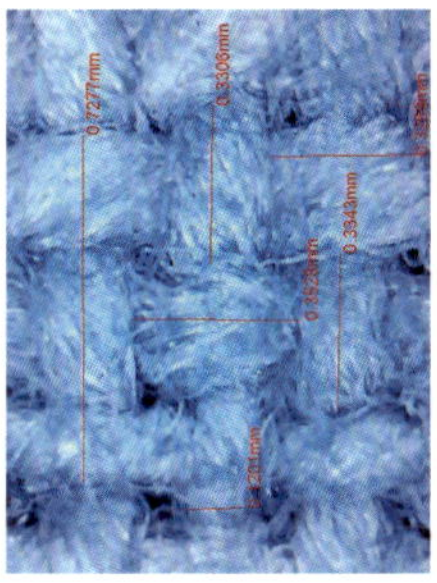	滚边 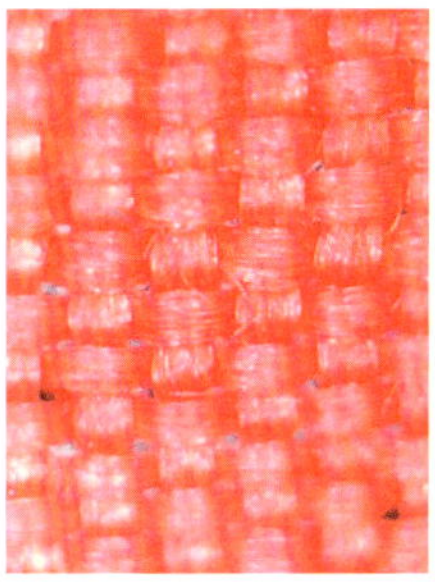	系袢 

第七章 乾隆八旗兵丁棉甲标本研究

表7-9 棉胄标本不同织物组织放大图

标本名称	不同织物			
镶黄旗棉胄 	面料 	里料 	滚边 	系袢 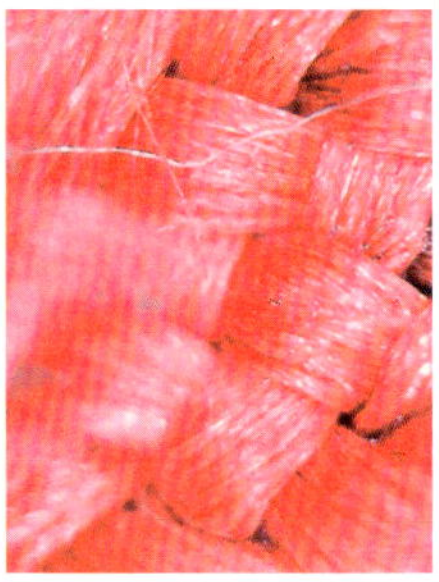
镶蓝旗棉胄 	面料 	里料 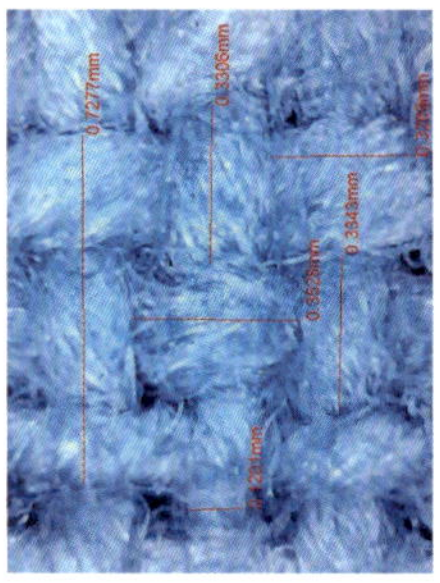	滚边 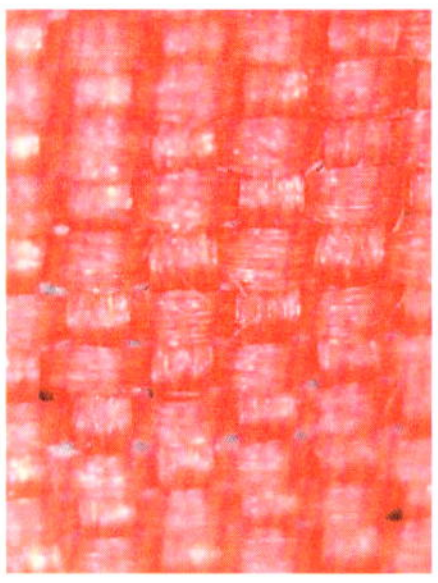	系袢 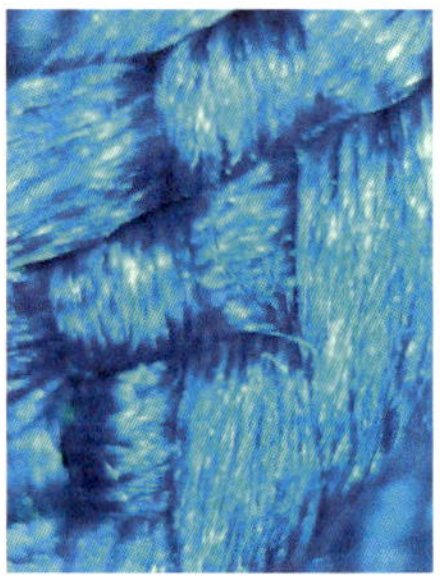
正白旗棉胄 	面料 	里料 	滚边 	系袢 
校尉棉胄 	面料 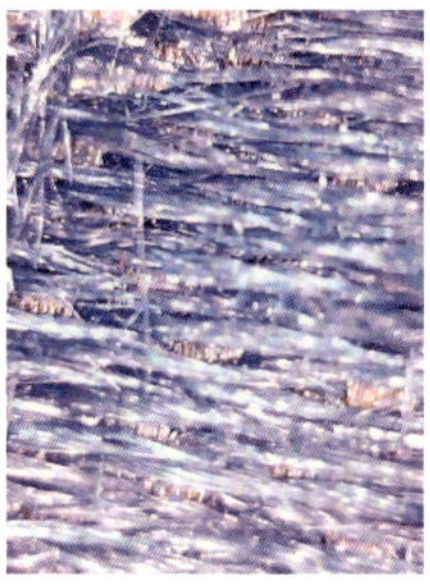	里料 	滚边 	系袢 

六、八旗兵丁棉甲胄的贮藏

八旗兵丁棉甲标本的史料价值，表现在它的系统性上，包括代表性的正色和镶色旗属的棉甲棉胄，标本结构形制和号记、苏州码、墨迹章等细节。在对标本结构研究的过程中发现，每套棉甲都配有一套棉垫，且棉垫比棉甲小一个包边的宽度。起初认为棉垫是为御寒配套使用的。随着对其结构深入研究发现，棉垫与棉甲之间没有任何可以连接固定的装置，故不具有穿着的功用，通过对护腋棉垫结构研究得到证实，它是棉甲贮藏时所用的保护棉垫。通过考证文献得到互证。在清代军政官方文献《防海备览》卷六中有"护腋二各长一尺，上广九寸，凹其中以承腋"[1]的记载。如果说护腋中间凹下的形状是为了穿着时符合人体腋下结构而设计，那么护腋所对应的棉垫也应该有"凹其中"的设计，但实物没有，可以推断棉垫的存在并不是为了穿用，那么就只剩下贮藏时保护棉甲的作用。关于八旗兵丁棉甲的保存方式，虽没有具体记述，但参考武备院对于皇帝御用棉甲的保存方法，即采用黄布绸缎包裹，每套棉甲分八至十二片，每片亦用黄绸缎铺垫丝棉，以免甲与甲之间因镶嵌、铜鎏金等饰物而相互摩擦、碰撞、硬扯而损坏[2]。可见，棉垫存在的关键是八旗兵丁棉甲中布满铜钉，保证贮藏时使它们之间隔离。这又一次证明在兵丁棉甲贮藏保护中是有"延长寿命"的意识和制度的，这一点与皇帝棉甲并无区别，因此节俭、爱物、惜物不仅成为国家意志，亦是"俭以养德"的自觉行动（图7-24）。

八旗兵丁棉胄的贮藏不像皇帝御用棉胄用特制的楠木或杉木匣收贮那么讲究，但仍有一套用定制棉垫包裹的程序规范，是将棉胄漆皮盔胎下的护耳、护项、护颈全部上翻，用护颈上的细带系扎固定，再用一块约一平方米的方形蓝色棉布包裹。这种设计是基于兵士操作简便省时、节约空间，又便于收贮。就是如此大规模的兵丁棉甲胄也需要用制度去规范。值得注意的是，这种制度化在皇帝和兵丁之间，并非我们惯常理解的尊卑差异，它所隐藏的"备物至用"或是这种制度背后的精髓，因为兵士棉胄用任何木匣收贮都会影响战斗力。因此，乾隆大阅文化之繁盛，大阅制度之严整并没有丧失它的基本属性，只是平添了更多的表征意义（图7-25，图7-26）。

---

1 国家图书馆分馆：《清代军政资料选粹（八）》，全国图书馆文献缩微复制中心，2002，第345页。
2 毛宪民：《乾隆朝盔甲改造探析》，载《清代档案与清宫文化——第九届清宫史研讨会论文集》，中国第一历史档案馆，2008，第154页。

甲衣与保护棉垫

甲裳与保护棉垫

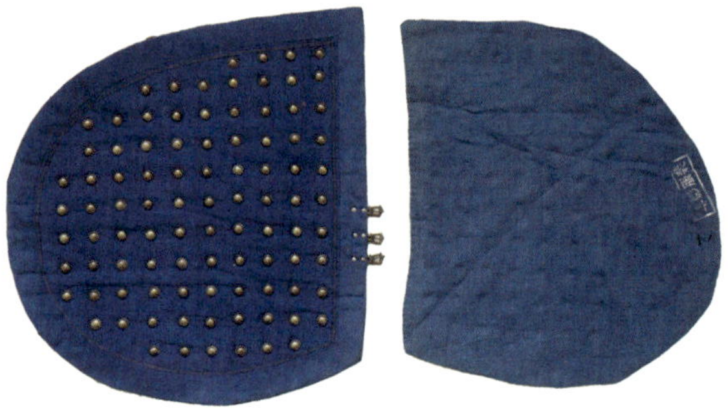

护肩与保护棉垫 　　　　　前挡与保护棉垫

护腋与保护棉垫 　　　　　护腋贮藏时状态

图7-24　棉甲贮藏的保护棉垫

188　满族服饰研究：清代戎服结构与满俗汉制

图7-25 乾隆皇帝棉胄与收贮木匣[1]

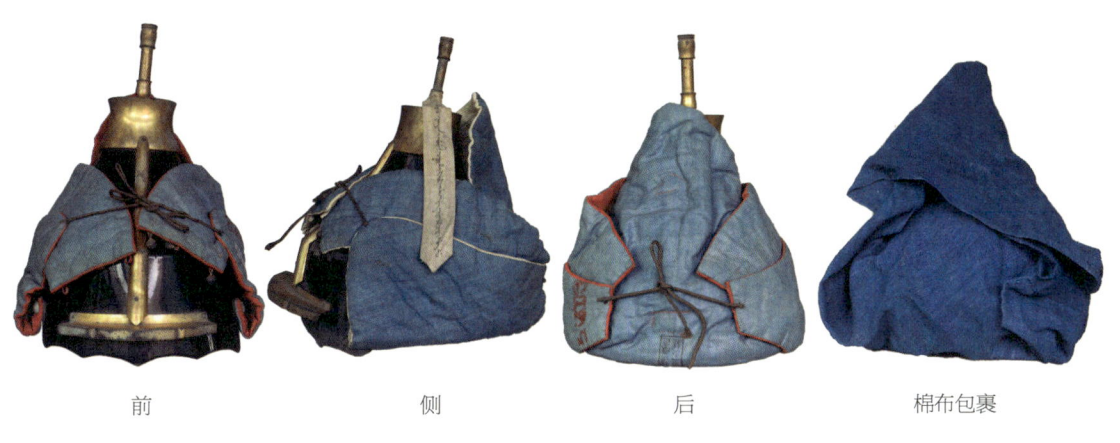

| 前 | 侧 | 后 | 棉布包裹 |

图7-26 八旗兵丁棉胄的贮藏

---

[1] Chuimei Ho and Bennet Bronson, *Splendors of China's Forbidden City* (Chicago: Merrell Holberton, 2004), p.9.

七、本章小结

无论是乾隆皇帝御用棉甲胄还是八旗兵丁的棉甲胄，可谓乾隆盛世"行汉章遵祖式"的标志性事件，标本研究提供了这个事件的物化样貌和历史细节。定制后的棉甲胄形制主要表现在章制的严格规范，等级森严，其结构的基本功能并没有改变。铁叶的去除使清代甲胄的实战效果荡然无存，礼仪性成为主导。这也是大规模冷兵器战事被火器战事取代的结果，弥补这种兵服缺位的并不是"火甲"的发明和研究御火技术，而是发展大阅文化提振军戎神威。上至乾隆皇帝大阅甲，华丽威武，堪称清代皇帝大阅甲中的巅峰之作，下至八旗兵丁棉甲，简洁精致，旗属规范，整齐划一，彰显大国之气，军队之仪，乃是清代大阅文化军戎服饰发展的巅峰。

可以说，八旗兵丁棉甲的规制等于"褪去浮华"的御用棉甲。事实上从铁甲到棉甲在明朝就开始了，它产生和发展的理由一定是铁甲的负面因素更多，它是在承袭明后期布面甲工艺的基础上进行改良，满俗汉制在乾隆朝棉甲中成为集大成者。甚至棉甲的官营制度、成造手段原封不动地照搬明人，但规模上让明人望尘莫及。仅乾隆二十二年奉旨造办的棉甲就高达55880件，由江南三织造局历经数年制作完成，使"杭州织造"成为象征乾隆盛世戎服生产力水平的高峰。而标本中首次发现的苏州码，在同一个标本中甲衣上"乾隆二十九年第一次杭州织造监制"，甲裳中"乾隆三十年分第二次杭州织造监制"的墨迹章记录的这些历史细节告诉我们，大规模的棉甲成造，选用苏杭所产上好的丝绸与丝绵，是清朝军戎服饰与丝绸文化的一次完美结合。它的鼎盛繁荣，一方面提高了阅兵观瞻效果所显示的国家意志，另一方面也是乾隆皇帝为巩固加强封建集权统治的需要。斥巨资去造办仅用于大阅典礼穿着一时的礼仪戎服，表现乾隆皇帝的好大喜功，而为一个多民族大一统国家所带来的民族自信却比他的任何一个祖帝和后皇经营的朝代都强。可见实物研究呈现的生动而深刻的历史褶皱，为我们提供了重新思考乾隆盛世利弊的理由。

第八章

晚清棉甲的结构与规制

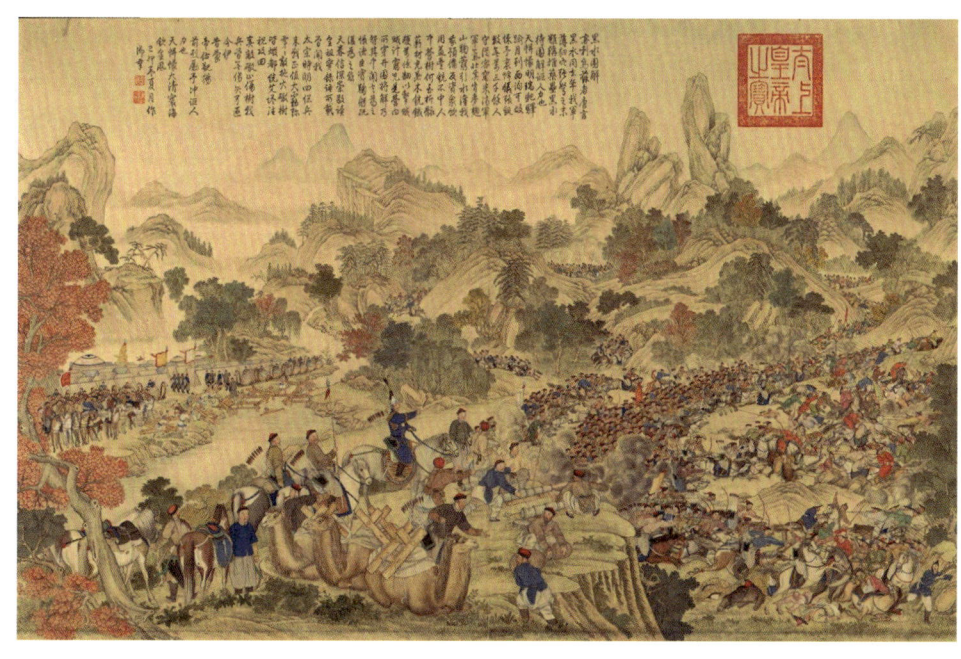

穿棉甲的将官

穿行服的兵士

图8-1 清《平定准噶尔回部得胜图：黑水围解》
（来源：故宫博物院藏）

晚清时期普遍被认为是从道光二十年（1840）到宣统退位（1912），此为清朝衰败期。其实，自乾隆朝之后，清朝就开始呈现倾颓之势，上至朝廷武官只知官阶俸禄，下至八旗兵丁不能自如驰马，勇武渐失，甚至在行围演武中雇炮手射杀猎物再插到弓箭之上以图充数[1]，可谓荒唐至极。整个朝廷沉浸在太平盛世的麻醉之中，疏于对军队的管理训练，进而使得清军武备长年搁置不用且年久失修，仅于每年秋季阅兵时抬出盔甲兵器，招摇过市，以供观瞻，就连皇帝大阅甲也是照搬祖上遗物，穿着一时聊作表面功夫，两幅道光皇帝戎装像即是例证（见图6-8、图6-9）。由于此时作战火器普遍使用，穿着棉甲繁复沉重十分累赘，且作用有限。从清代留存的战图可见，至少从乾隆朝开始，士兵们就已经穿着行服上战场了，棉甲仅用在指挥督战的将官身上。长年累月，棉甲逐渐失去实战作用而仅具礼仪功能（图8-1）。纵观晚清朝野风尚，不是褪去浮华而是奢华无度，大阅繁荣日趋消靡而甲胄却达到了娇饰至极的程度，看上去更像戏服。这段衰败的历史在对清晚期棉甲标本结构与规制的研究中，呈现得更真切、具体，甚至有新发现。

---

1 据《仁宗睿皇帝实录》卷365"嘉庆二十四年十二月辛亥"的记载，嘉庆皇帝向盛京（今沈阳）副都统富祥询问行围情况，富祥回答每次行围后，依照惯例每兵丁需交出射杀的一只鹿、两个鹿尾，但兵丁等担心不能交出足够数量的猎物，竟聘雇数百名炮手，用火铳枪射杀鹿只再插到弓箭之上来交差。可见骑射技艺已生疏至此，不难想象平时军事训练是何种状况。

第八章　晚清棉甲的结构与规制　　193

一、晚清的裈甲和棉甲规制

晚清时期各种铠甲皆为棉甲，相比于清中期的棉甲形制，晚清棉甲最大的区别是多了一个"裈（kūn）"的部件，故称裈甲。对"裈"的解读或许能揭开晚清娇饰风格棉甲的谜团。"裈"可追溯到上古，是指有裆的裤子，以别于无裆袴（裤）。《晋书·阮籍传》："独不见群虱之处裈中……行不敢离缝际，动不敢出裈裆。"这个深刻而生动的历史细节记录了中国古代服饰史具有里程碑式的历史信息：首先有裆裤和无裆裤至少在汉代就形成了共治；其次"裈"成为有裆裤的专属语，且在汉族士大夫中认知很深，否则不会在官修的史书中有如此深刻的描写。晚清的裈甲，应该解释成有裈的裤甲，而实际上只是在甲裳的中间作垂饰，在汉统礼服中称蔽膝[1]。在古代甲胄中蔽膝是下裳裆部的防护部件，是典型的汉制。善骑射的八旗制继承汉统时自然就把蔽膝去掉，以示不忘祖制。到了清后期棉甲恢复了蔽膝，但仅作为一种形塑威武的装饰而存在，并无实际功用。玄机在于称谓上用"裈"表示有裆裤，这是满族弓马骑射的"祖衣"，裈甲便成为晚清"满俗汉制"的标志之物。清末民初动荡的年代裈甲变成了戏服，称谓变成了靠甲[2]（图8-2）。这个细节的改变揭示了晚清棉甲彻底沦为一个即将进入历史的封建王朝军队的符号化存在。1911年，当时著名的法文刊物 *Lepetit Journal*[3] 上曾刊登一幅表现当时时局的西洋画作，画中清政府将官身着裈甲与穿补服的朝廷官员站在一起，在革命军面前耀武扬威，造型夸张，两者形成鲜明对比。其浮夸无任何作用的繁复装饰充分反映了晚清的迂腐与落后，"当革命军碰到大清军"不知是谁不堪一击？甲午战争、辛丑条约、洋务运动的结果无疑都给出了答案（图8-3）。

---

1 蔽膝，也作"敝膝""芾膝"等，贵族男女礼服前部的装饰物，有"蔽私"之意。用熟皮制成上窄下宽的长条，使用时佩系在胸腹前的革带上，下垂至前膝。源于上古商周时形成的佩戴制度。《诗经·小雅·采菽》："赤芾在股，邪幅在下。"汉郑玄笺："芾，太古蔽膝之象，冕服谓之芾，其他服谓之韠……"唐孔颖达疏："古者田渔而食，因衣其皮，先知蔽前，后知蔽后。后王易之以布帛，而犹存其蔽前者，重古道，不忘本，是亦说芾之原由也。"元熊梦祥《析津志·祠庙仪祭》："礼仪使四员，貂蝉冠，青罗服，红罗裳，红蔽膝。"引自孙晨阳、张珂：《中国古代服饰辞典》，中华书局，2015，第6页。
2 裈甲戏服，民初败落的满人贵族变卖包括服饰的家产，服饰的出路主要是戏班购得作为戏服，被称为靠甲。
3 *Lepetit Journal*：创刊于1891年，是当时最为著名的报道国际事件的法文刊物，直到二战时法国沦陷才停刊。

图8-2 清代戏曲服饰的靠甲
（来源：《清宫生活图典》[1]）

图8-3 *Lepetit Journal*中《当革命军碰到大清军》

晚清时期的棉胄（盔帽）也多了左右两侧类似"凤翅"的装饰，这种装饰在乾隆二十四年修撰完成的《皇朝礼器图式》中并无记载，为晚清时追加的一种棉胄装饰，并无任何实际功用，仅是为增加隆重感的华丽装饰。根据李雨来先生收藏同时期盔帽标本的图像资料来看，晚清盔帽护耳、护项、护颈的面

---

1 万依、王树卿、陆燕贞：《清宫生活图典》，紫禁城出版社，2007。

料采用锁子锦，上缀镀金泡钉，边缘以青色缎镶里。盔胎为铁质，上镶有吉祥图案的金属雕饰，辅以点翠工艺，盔檐嵌有红宝石。盔缨缀獭尾，上有雕翎两支，雕翎上以金线绣有行蟒纹，制作精美。然而对照乾隆《皇朝礼器图式》，基本上晚清以皇帝个人的好恶取代了礼制（图8-4）。

图8-4 清晚期棉胄
（来源：李雨来藏）

晚清棉甲胄虽未完全按照典章制度成造，但毕竟大清制度还在（乾隆定制），形制、章制基本保持着典章规制中的则例。为考证此棉胄的等级，参考《皇朝礼器图式》中的记载，发现职官胄与亲王胄均与标本形制有契合的地方。关于职官胄的记载，"本朝定制，职官胄顶植雕翎二，衔镂花金叶宝盖盘座，俱髹以漆，镂金花及云龙，周垂貂尾，缨十有二，梁及舞擎亦髹漆，镂金云龙，梁左右无梵文，护项、护耳、护颈皆石青缎表，蓝布里，通绣蟒五，中敷铁叶，外布银钉……"[1]。关于亲王胄的记载，"本朝定制，亲王胄炼铁为之，或以革髹漆，其制下达庶官，顶镂金火焰，衔红宝石或蓝宝石及珊瑚绿松石，惟不得用东珠承以金云，下为金立龙二，饰红宝石各一，又下为金衔珊瑚圆珠，又下为金垂云宝盖贯枪植管，周垂熏貂，缨十有八，红缎里，管衔金叶四，承以圆盘，皆镂龙盘，下镂龙金座，胄前后梁亦镂龙，其饰杂宝为宜，梁左右金梵文三重，上重八次七间，以金璎珞次二十，舞擎亦镂龙，饰杂宝，护额浴铁镀金龙，护项石青锁子锦表，月白缎里，石青倭缎缘，左右护耳、护项、护颈亦如之……"[2]。史料中记载的职官胄与亲王胄均中敷铁叶，标本无铁叶，正经成为名副其实的棉胄。结合文献记载对比实物，从"植雕翎二"等信息来看，符合职官棉胄的特征，从"亲王胄炼铁为之""护额浴铁镀金龙，护项石青锁子锦表"等信息来看，又更像是亲王棉胄。由此可见晚清甲胄规制已经到了如此混乱的地步，从对武备服饰的成造中也侧面反映了清廷此时纲纪涣散，典章规制濒临失效（见图8-4）。

就晚清棉甲的实物研究发现，无论是裈甲还是非裈甲，将军级的甲衣和护袖的分制形式都合二为一了，基本上是行褂和棉甲各种护件组合的结果，当然铁叶也被全部取消，取而代之的是锁子锦和铜钉，确实以极致的"形式大于内容"诠释着这个特殊的时代（图8-5、图8-6）。

---

1 [清]允禄、蒋溥等：《皇朝礼器图式（卷十三）》，哈佛燕京学社中日图书馆，1959，第20页。
2 同上书，第14-15页。

图8-5 清晚期裈甲
（来源：李雨来藏）

图8-6 清晚期职官棉甲
（来源：李雨来藏）

二、晚清亲王锁子锦棉甲标本形制与《皇朝礼器图式》的记载

收藏家李雨来先生提供的三套晚清棉甲标本，一套是亲王锁子锦裈甲胄（见图8-4、图8-5），一套职官棉甲和一套亲王锁子锦棉甲（见图8-7），三套棉甲结构形制基本相同，其中两套锁子锦棉甲承载了更多的晚清信息，颇具研究价值。当对其进行完整的信息采集、测绘与结构图复原，有些信息甚至颠覆了我们惯常的认知。亲王锁子锦棉甲标本为上衣下裳制。甲衣形制为马蹄袖对襟褂式，后身不破缝，这意味着虽然为十字形平面结构，但前后身相连共用一个整幅，不足部分两侧拼补。这种有悖于十字形平面结构传统的案例在主流文化中是很少见的，无后中缝结构通常是少数民族"贯首衣"的结构特点，在晚清贵族甲衣中出现有乱制之嫌。包括棉甲的护件也变成了摆设，如左右护肩、左右护腋，胸前悬有的护心镜等，相比中期都小了很多。前中衣摆处应有的前挡（标本缺少），左侧应有的左挡（标本缺少）想必也是小尺寸比例。甲衣胸背各绣有两行蟒纹圆补，左右护肩及左右两幅甲裳中间各绣一团蟒纹，绣工精致。甲衣甲裳全色锁子锦面料，用石青色平绒镶边，护肩甲绦[1]为黄色，里料为平纹月白色细棉布，足见此套棉甲等级之高。甲裳呈左右两幅，外轮廓为晚清典型的葫芦形，细致观察发现有"裈系"，故应为裈甲（标本缺少），通过布带系扎腰间（图8-7）。

面料为仿铁色锁子锦，其上缀有人字形镀金甲钉，不是通常的圆形泡铜钉，呈星状排布，此为该棉甲标本特殊的形制。这种人字形甲钉形状与面料锁子锦纹样相同，明显有承明制铁甲的传统。在明定陵神道将军石像上就刻有这种人字形铠甲，不过石像上的人字形图案呈立体状，应为铁质环锁相连，在中国古代有"山纹甲"[2]之称，是真正具有实战防御功能的铠甲工艺形制。标本将这种人字形锁子甲直接织成面料图案，典籍中称这种面料为"锁子锦"[3]，其上再钉缀人字形甲钉，是将这种具有实战功用的甲胄彻底符号化了。裈甲在清晚期棉甲中复现也是继承了明甲传统（见图8-5），但已无功用，变成仅具礼仪性的道具（图8-8、图8-9）。

---

1 甲绦：绦子或绦带，多用丝线编织的扁平带子，在甲胄中使用成为"甲绦"，在清典籍中也有记载。
2 山纹甲：最早见于《唐六典》中的记载。是一种流行于宋、明两朝用于防御性与礼仪性兼备的高等级铠甲工艺形制。
3 [清] 允禄、蒋溥等：《皇朝礼器图式（卷十三）》，哈佛燕京学社中日图书馆，1959，第16页。

图8-7-1 清晚期亲王锁子锦棉甲正面

图8-7-2 清晚期亲王锁子锦棉甲背面

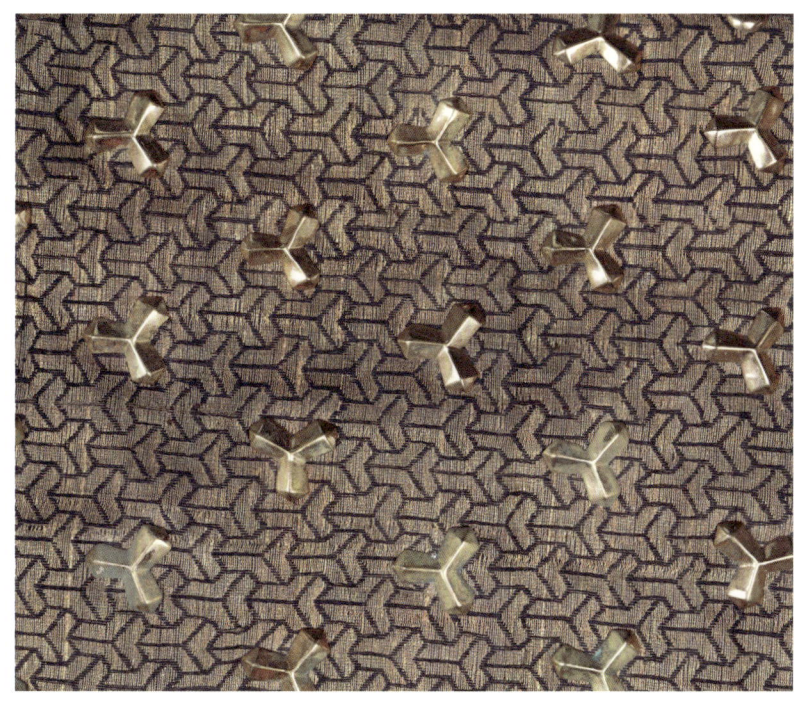

图8-8 清晚期棉甲标本锁子锦人字形图案和镀金甲钉

图8-9 明定陵神道上的将军石像

清代甲胄是通过面料质地、章制、部件（有无护心镜、甲袖）、颜色等来划分等级的，到清晚期，虽出现乱制现象，但在封建等级问题上对祖制还是要基本遵守的。通过实物和祖制典章比较出现的相同点和不同点正说明了时代的变化。将晚清标本置于乾隆《皇朝礼器图式》典章中查证，发现亲王甲与职官甲均在一定程度上满足了典章要求。关于亲王甲记载："本朝定制，亲王甲石青锁子锦表，月白绸里，中敷铁叶，外布金钉，青倭缎缘，裳幅铁叶四重，护肩接衣处，铁叶十有四，周以镀金云龙饰珊瑚绿松青金石各一。前悬护心镜，甲绦金黄色，郡王亦披之。"[1]由此得知，清中期定制时，亲王甲采用石青色锁子锦面料，兼具护心镜与甲袖，有铁叶，但不具团蟒纹饰。关于职官甲记载："本朝定制，职官甲石青缎表，蓝布里，中敷铁叶，外布银钉，石青倭缎缘，前后及护肩、护腋、前挡、左挡各绣团蟒一，裳幅团蟒二，护肩接衣处铁叶二十，髹漆镀金龙，甲绦石青色……。"[2]由此得知，职官甲采用石青缎，有甲袖与铁叶，无护心镜，并于护肩、护腋、前挡、左挡、甲裳处均绣有团蟒纹，甲绦为石青色。两处记载相互权衡，职官甲绣有团蟒纹，石青缎表，蓝布里，石青倭缎缘等元素与标本一致。在等级信息上，标本与亲王甲形制特征相似的元素更多，尤其是护心镜与黄色甲绦的使用，所改变的是使用锁子锦和人字金钉、银钉的区别。标本团蟒纹的数量与典章的记载也不相同，两护腋为素面，算上前挡、左挡等护件的团蟒纹共六团。若非皇亲贵胄，实属僭越之举，故此标本最低为亲王以上棉甲（见图8-7）。

清晚期甲胄形制与清中期定制的法典记载常有出入，且现存标本实物中，有的棉甲仅有前挡，而无左挡，护肩形状有圆边方边，裈甲时有时无，钉缀的铁钉形状各异等，对规制的遵守已非清中期那样严格明确。在封建统治中，等级制度的约束一旦出现混乱，则朝纲必乱，预示着一个王朝正逐渐向穷途末路逼近，清晚期两例同属于亲王棉甲的标本却形制各不相同正说明这一点（表8-1）。

---

1 [清] 允禄、蒋溥等：《皇朝礼器图式（卷十三）》，哈佛燕京学社中日图书馆，1959，第16页。
2 同上书，第27-29页。

202　满族服饰研究：清代戎服结构与满俗汉制

表8-1 清晚期亲王锁子锦棉甲标本基础信息

形制特征				
名称		亲王锁子锦棉甲	朝代	清晚期
数量		1套	保存程度	良好，缺前挡、左挡、裈
结构信息	基本结构	十字形平面结构	典型结构	上衣下裳
	领形	圆领	衽式	对襟
	衣长	长至臀部以上	裳长	长至足踝以上
	袖	袖与衣一体	前后中	前中为对襟，后中不破缝
	扣与扣袢	前中、袖底缝、各部件连缀处	下摆	外弧
	夹里	充棉	腰带	有
	袖形	马蹄袖	侧缝	左右开衩与袖底排扣对接
面辅料信息	面料材质	铁色锁子锦	依据标本绘制款式图	
	里料材质	月白平纹细棉布		
	缘边材质	石青色平绒		
	甲面泡钉	人字形镀金甲钉		
工艺信息	裁剪纱向	经纱裁剪		
	缘边工艺	平绒包边		
	接缝工艺	倒缝、劈缝		

三、晚清亲王锁子锦棉甲标本结构图复原

对亲王锁子锦棉甲面料、里料的结构进行数据采集和结构图复原,得到标本的一手数据信息。标本甲衣长为72.7cm,甲裳长为105cm(含腰头宽),通袖长(不含马蹄袖)为177.5cm。袖底缝并非缝合,而是左右袖各有10对纽袢系扣。这种结构形制仍然带有清中期乾隆定制时的痕迹。定制前高等级棉甲是配甲袖的,这样与甲衣分离的结构,甲衣就变成了马甲,但侧缝不缝合而用纽袢系扣,这样穿脱便利又宜于打理(见图6-3)。到晚清甲袖和甲衣成为整体,如若保持"定制"时的穿法,袖底缝就不能缝合而用扣系,后来干脆放弃了实战,完全变成了行褂的结构,亲王两例锁子锦棉甲的结构区别就在于此(见图8-5和图8-7)。标本胸前团蟒纹直径约25.5cm,中心系护心镜,通过四角上的系扣固定,护心镜直径约14.4cm。背后团蟒纹和甲裳左右团蟒纹与前相同。标本结构复原图中所标数据为清晚期亲王锁子锦棉甲标本实测数据,因此它们所呈现的全部信息,基本上还原了晚清棉甲结构形制的样貌。值得注意的是,将此与清中期定制的棉甲结构形制相比,前者表现为"去衣尚甲",后者便是"去甲尚衣",不变的是十字型平面结构(图8-10)。通过对标本进行信息采集、测绘和结构图复原的数据整理,得到标本各部位结构的精确数据信息,将其进行数字化处理使其具有文献价值。扎实的基础性工作可为清晚期棉甲结构与规制的研究提供一手物证资料,为应用"二重证据法"对文献与标本的综合分析提供重要的数据支持(表8-2)。

标本状态良好,边缘无破损,故无法采集缝份数值,为推算制作标本所需的最少用料,将缝份按照1cm来计算。观察发现,标本前后身连裁,两侧呈连袖拼接,再加接袖片。甲身整幅面料宽72cm,据此推测锁子锦面料加上缝份幅宽约为74cm,考虑测量误差取锁子锦面料幅宽75cm,里料用同样方法计算。应用服装CAD软件进行排料实验,得到制作标本所需的最少面料为37605cm^2,里料为40057.5cm^2(图8-11~图8-12)。

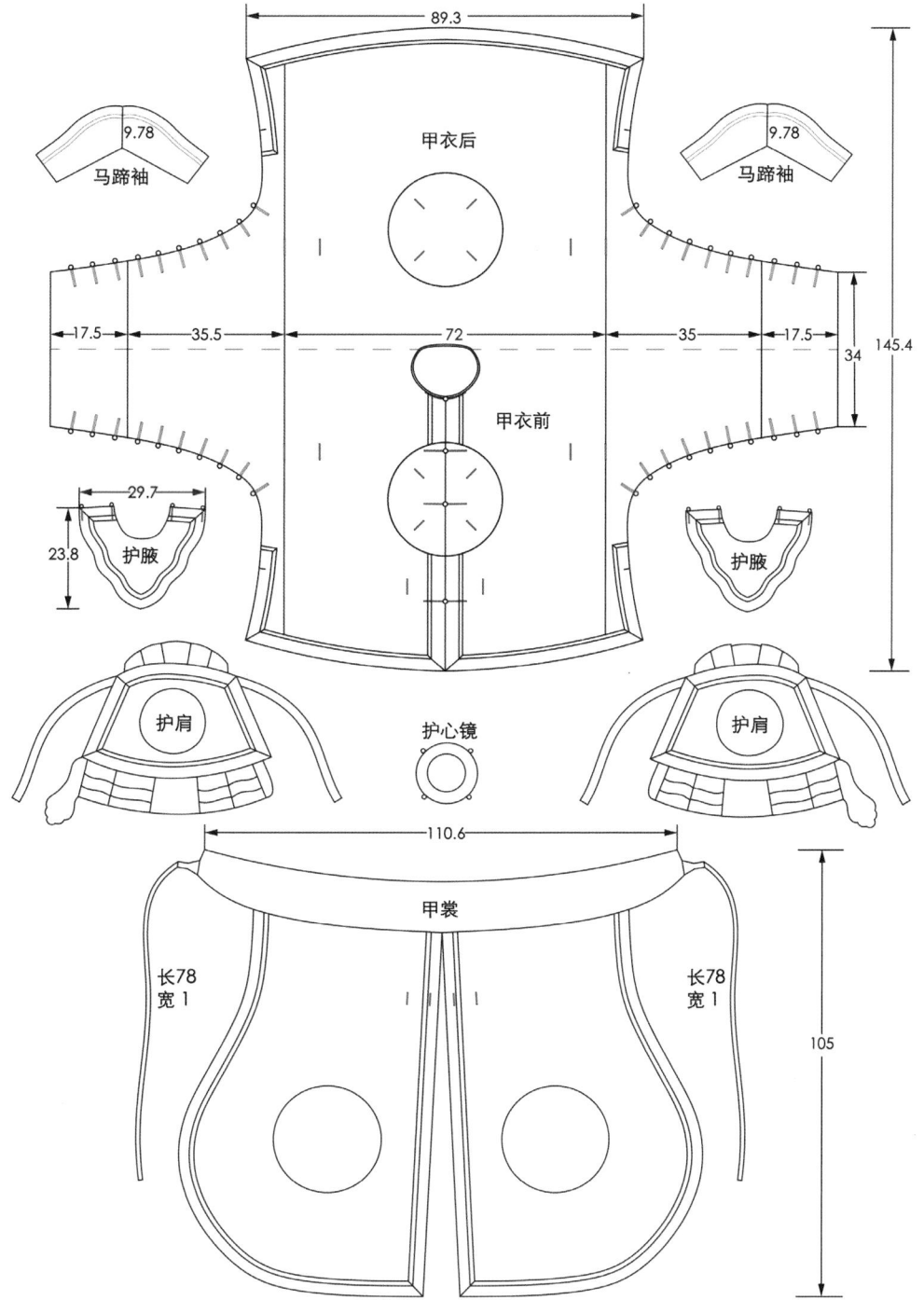

图8-10-1 清晚期亲王锁子锦棉甲面料结构图

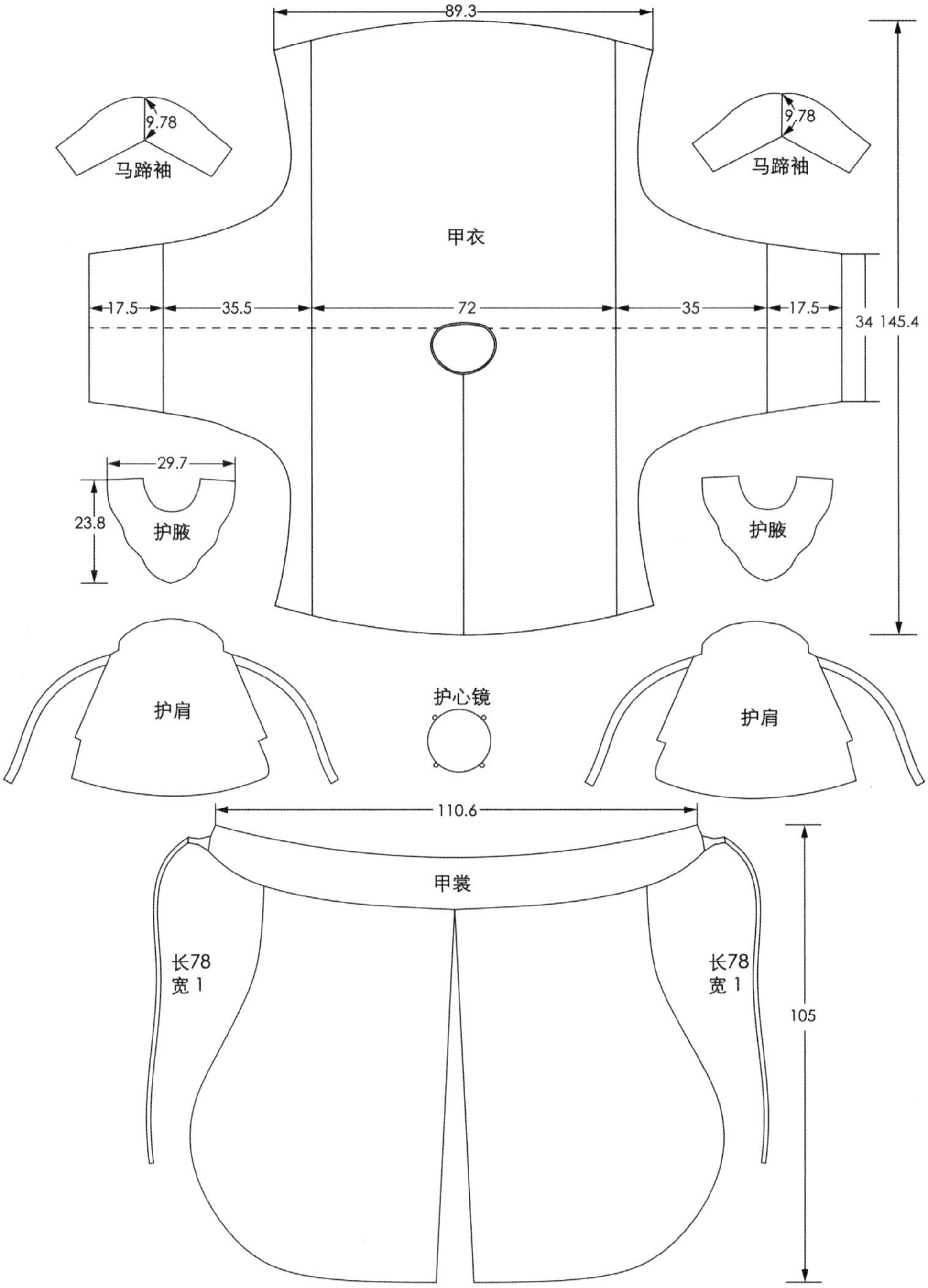

图8-10-2 清晚期亲王锁子锦棉甲里料结构图

表8-2　清晚期亲王锁子锦棉甲标本结构数据信息　　　　　　　　　　　　单位：cm

名称	亲王锁子锦棉甲		采集时间	2018年1月22日
结构特点	上衣下裳，十字形平面结构，甲衣对襟连袖，甲裳左右两幅对称结构			
棉甲部件	部位	尺寸	部位	尺寸
甲衣	前衣长	72.7	后衣长	72.7
	前胸宽	86.0	胸围高	31.5
	后背宽	86.0	通袖长（不含马蹄袖）	177.5
	衣摆最宽处	89.3	衣摆起翘	7.0
	缘边宽	2.6	镶带宽	0.8
	袖底扣间距	均约5.0	侧开叉	16.5
	总领围	42.9	门襟扣距（从上到下）	11.8、12.0、11.0、11.4
甲裳	腰部弧线长	112.0	裳长	105.0
	腰头宽	12.0	蟒纹圆补直径	25.5
	腰部系带宽	1.0	腰部系带长	78.0
	底摆最宽处	122.7	底摆起翘	7.5
	缘边宽	2.5	镶带宽	1.0
护肩	长度	40.7	最宽处	44.5
	缘边宽	2.6	镶带宽	1.0
护腋	总宽度	29.7	最长处	23.8
	凹陷宽度	13.1	凹陷高度	7.7
	缘边宽	2.2	镶带宽	1.0

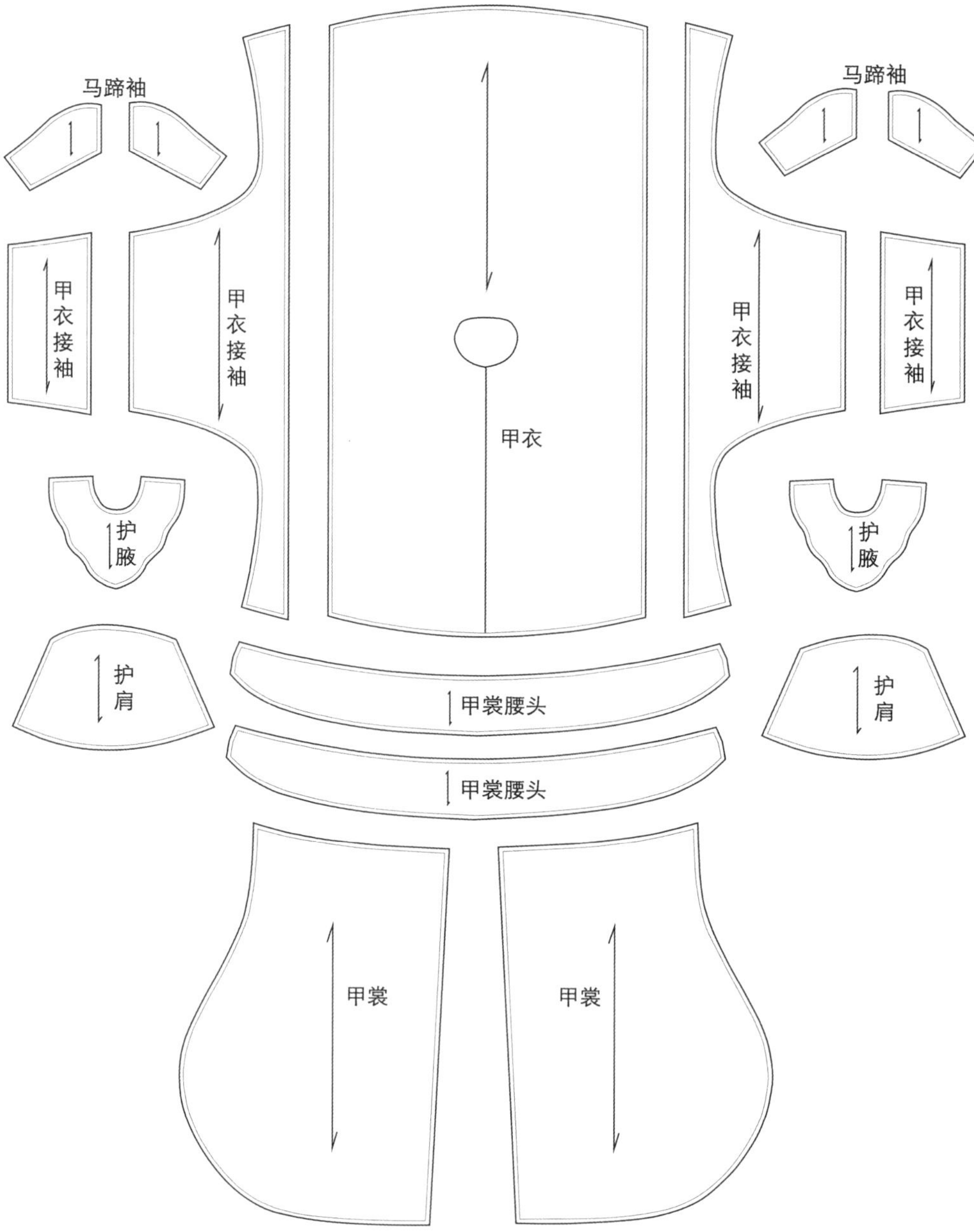

图8-11-1 清晚期亲王锁子锦棉甲面料分板

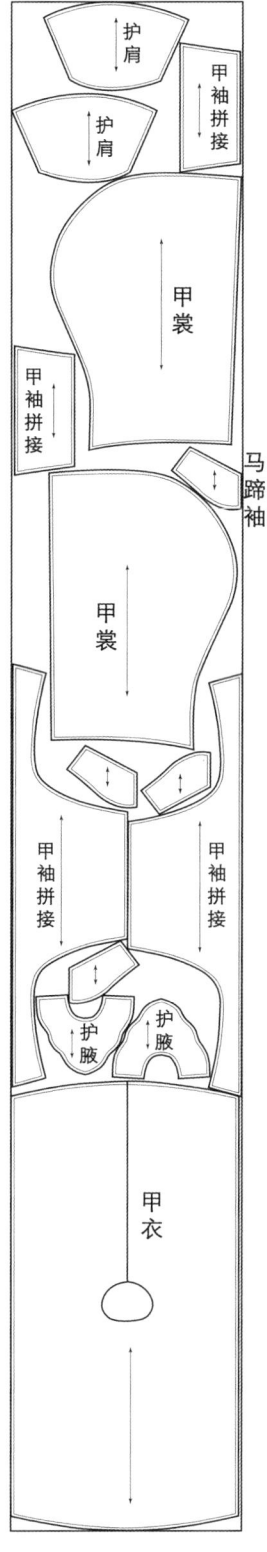

图8-11-2 清晚期亲王锁子锦棉甲面料排料实验
（幅宽75cm，长度501.4cm）

第八章 晚清棉甲的结构与规制

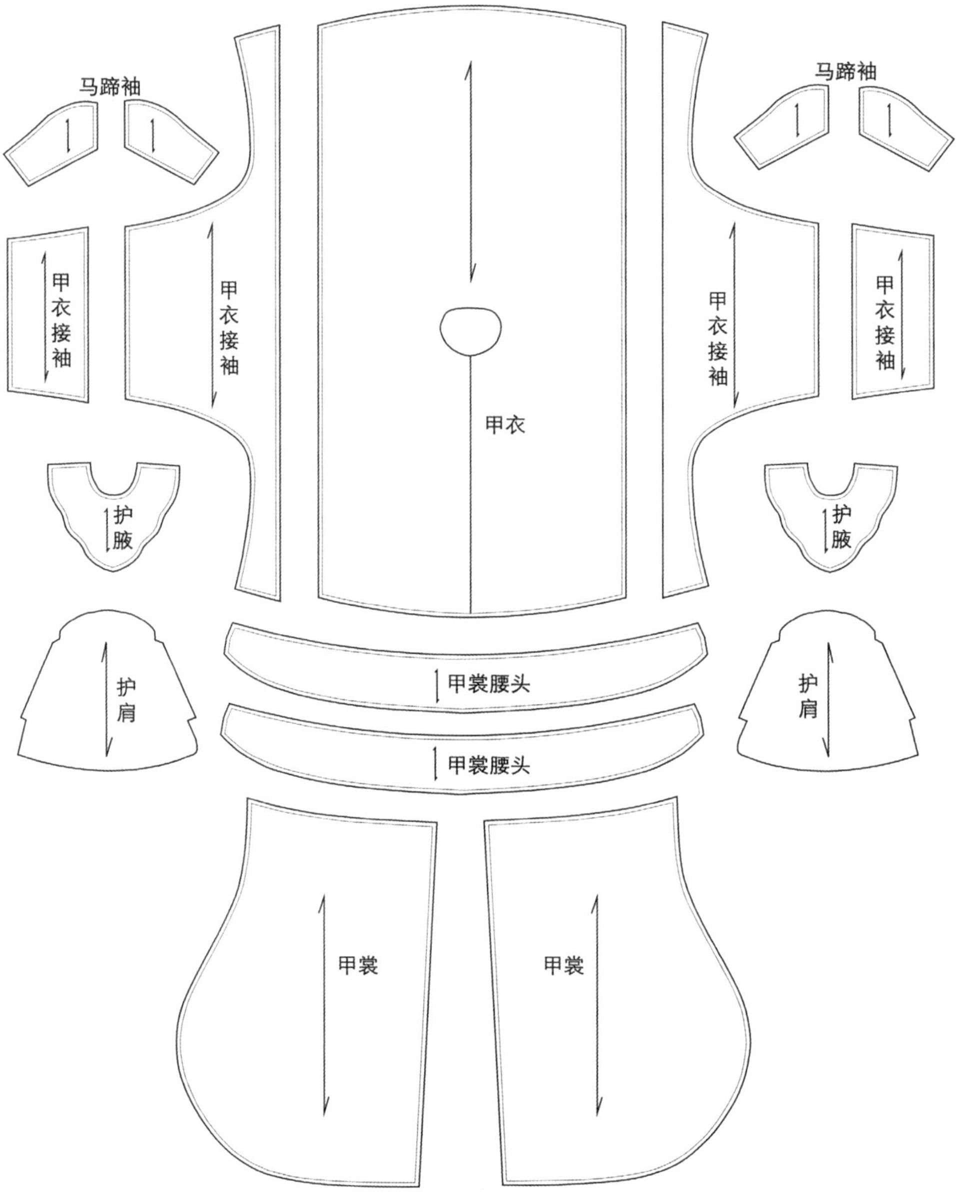

图8-12-1 清晚期亲王锁子锦棉甲里料分板

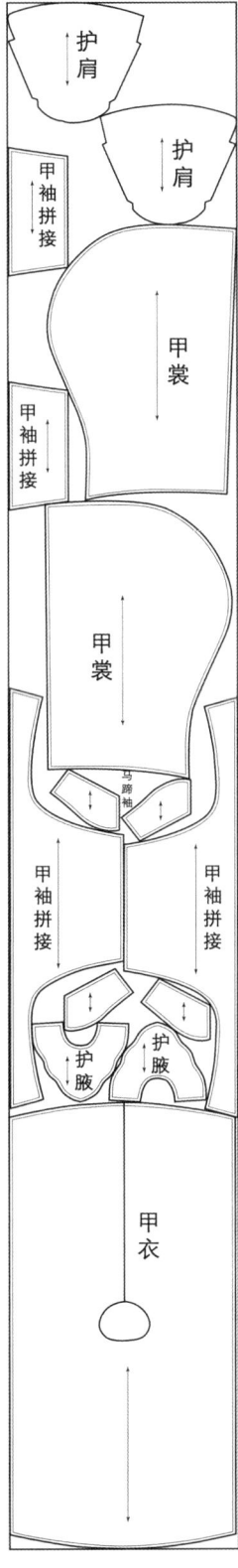

图8-12-2 清晚期亲王锁子锦棉甲里料排料实验
（幅宽75cm，长度534.1cm）

第八章 晚清棉甲的结构与规制 　211

四、晚清亲王锁子锦棉甲标本织物和纹饰细节

应用显微镜采集得到织物的细节图像。通过对织物组织的观察，标本面料锁子锦上的提花纱线采用了捻金线，局部虽有些许脱落，但整体品相依然鲜亮规整，石青和捻金线分明而产生华丽感。里料为月白平纹棉布，表面纱线细腻平整，颜色均匀。对织物进行细节放大可更好地确认面料的织造细节、保存状态，为全面了解标本的成造技术和人文信息提供帮助（表8-3）。

标本团蟒纹采用捻金线，运用盘金绣、平绣等技法，在胸背团蟒纹中各绣有两行蟒相对，这与对襟有关，而背部团蟒本应用正蟒[1]团纹，却将就与胸纹相同，甲裳左右各绣正蟒纹，这些都是"乱制"的表现。标本团蟒纹风格与清中期的相比，形象松弛，蟒身肥硕，缺少力量感，蟒眼凸出，黑睛偏大，大而无神显呆滞。蟒鳞刻画粗壮有余而细致不足，缺少威严之气，整体造型少了升腾飞跃之势。清晚期蟒纹的造型越来越符号化，缺乏立体感。在古代封建社会，宫廷服饰中的龙纹、蟒纹需要刻画得威严可畏，表现的是王权尊严及王室百官的荣耀，有宣扬皇权的功能。从清晚期皇亲棉甲蟒纹形象上也真实地反映出当时社会僵化迂腐、缺少生机的历史细节（图8-13）。

---

1 正蟒，在乾隆定制之后，亲王棉甲形成胸对蟒、背正蟒纹的规制，而清初胸背部是单个行蟒。因此晚清亲王棉甲胸背均为对蟒团纹，既不符合定制又与传统相悖，可见乱制在晚清是自上而下的。

表8-3　清晚期亲王锁子锦棉甲标本织物细节

标本名称	织物不同部位			
棉甲正面	甲衣面	甲裳面	护肩面	护腋面
棉甲衬里	甲衣里	甲裳里	护肩里	护腋里
刺绣团蟒细节	火珠	团蟒祥云部分	蟒背	团蟒边缘

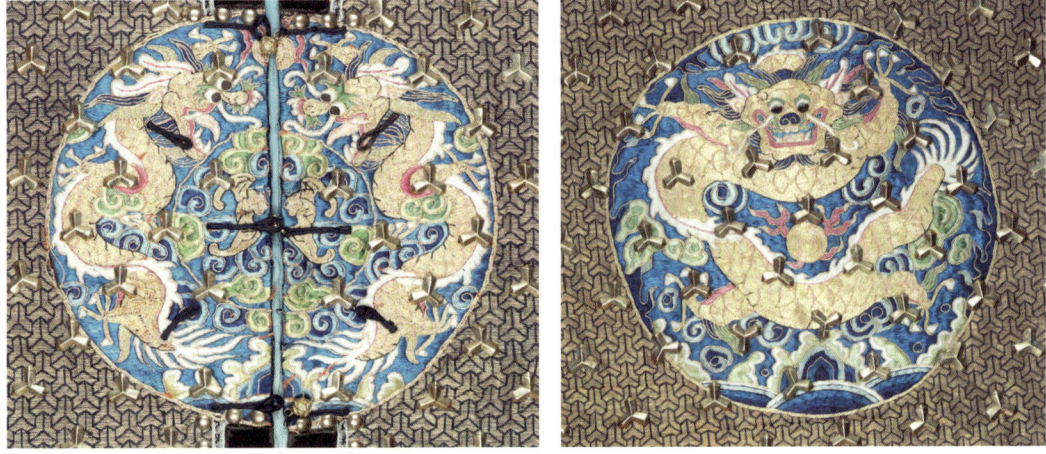

图8-13　锁子锦棉甲标本前胸行蟒团纹和甲裳正蟒团纹

第八章　晚清棉甲的结构与规制

五、本章小结

清晚期棉甲胄，皇亲贵胄也好，职官甲也好，都变得娇饰而乱制不堪，由此也可推断兵丁甲的面貌不过只剩下一个"兵"的符号。在结构上较清中期所出现的变化，呈现弃甲求衣、废用至饰的局面，棉甲的甲袖与衣身连为一体，甲裳中多了裈饰，棉胄左右插上了凤翅，如此棉甲胄规制并未沿袭乾隆朝典章制度的规范，而时有僭越及规制不清的情况。通过研究实物的面料、纹样、装饰等已不能准确辨别穿着者的身份等级。棉甲上所出现的变化与当时清朝社会异变息息相关，特别是在王朝社稷发生蜕变时。乾隆朝之后，国家承平日久，尚武治国的方针逐渐名存实亡，致使满人习惯安逸，疏于训练，武艺逐渐废弛。这也使得此时期的棉甲实战性荡然无存，所以才出现了造型夸张的裈甲，却完全忘了它会阻碍骑射，忘祖的警示变成了娇饰；全然无用的锁子锦取代有实战功用的铁叶；所有甲胄护件不是变小就是变成装饰物，粉饰世道成为"乱制"的理由。晚清甲胄几乎变成了唐甲明胄的外壳，看上去更像戏装，因此晚清宫廷服饰大量流向民间作为戏服，这既是经济的考虑也是演戏粉墨登场的契合。从此时期武备服饰成造对祖制的漠视和宽松态度可看出清晚期朝廷对军队管理的放任。愚庸的清朝统治者未意识到此时的大清王朝正处于内忧外患的窘境，闭关锁国导致大清武备思想未能顺势兴革，仍然死守吾朝为世界中心的观念，天真地认为将武备服饰制作得华丽威武方可凸显国力，不用说面对外敌的洋枪利炮，就是当大清军碰到革命军也是不堪一击，可谓成也武备，败也武备，清朝最终走向无可挽回的亡朝之路。

第九章

结 论

武备制度的核心是八旗制度，在乾隆定制之后形成了一个完整的清代戎服文化，与历代王朝不同的是，它是由满俗骑射传统形成的行服和继承明制的甲胄两大系统组成，它们相互联系又相对独立。行服由行冠、行褂、行袍、行裳和行带组成，皇帝、亲王、都统、侍卫和兵丁的行服规制区别是通过材质、组配方式和章制体现的。政权稳定后，从顺治的"武功开国"，康熙的演武规程纳入礼制典章，到乾隆的"武备一道，乃国家紧要之事"，都指向了"勿以太平而忘武备"的治国理念。其中有两件事，就是木兰秋狝和大阅制，前者的标志就是行服，后者的标志就是棉甲，且在乾隆定制而完善。行服制主要用于木兰秋狝和围猎骑射的操演，且视季节和用途，行袍和行褂可组合也可单独穿用，当行袍与甲胄组合时可视为"中衣"[1]。由棉甲和棉胄组成的甲胄系统，除皇帝大阅甲之外，还分为亲王甲、贝勒甲、职官甲、前锋校甲、骁骑校甲、前锋甲、骁骑甲等，与其对应有皇帝胄、亲王胄、贝勒胄、职官胄、入八分公胄[2]、王府长史胄[3]、王府护卫胄[4]、前锋校胄、护军校胄和骁骑胄等。甲胄通配行袍，主要用于大阅和实战，依据大阅制和兵制，结构形制规范统一，通过颁布典章，以法典的形式严格区分甲胄的质料、图符、装饰、配件、颜色等元素，进而满足区分等级的需要。清代武备制度，无论是行服还是棉甲，等级结构形制规范统一，但有明显的时代特征，特别是乾隆朝定制前和定制后，由此形成清棉甲结构图谱，在此基础上通过颁布纹章、属色、质料和工艺典章严格区分等级，即"定结构，分章制"，形成中国帝制独具满俗汉制的戎服文化，这对研究清代服装史、构建中国古代戎服文献体系具有标志性意义。

---

1 中衣，又称里衣，是儒家传统对衬衣的称谓，虽起搭配和衬托的作用，但随外衣的礼法制度而形成中衣规制。
2 入八分公胄，《皇朝礼器图式》武备卷记载："本朝定制，入八分公胄顶植蜜鼠尾，宝盖盘座俱髹以漆，镂金花及云龙垂貂尾，缨十有二，梁及舞擎亦髹漆，镂金云龙，梁左右无梵文，余俱如亲王胄之制。"
3 王府长史胄：《皇朝礼器图式》武备卷记载："本朝定制，王府长史胄顶植猞猁狲，周垂黑氂，梁及舞擎俱镀银云龙，余俱如职官胄一之制。"
4 王府护卫胄：《皇朝礼器图式》武备卷记载："本朝定制，王府护卫胄顶植猞猁狲，周垂朱氂，梁及舞擎俱镀银云龙，余俱如职官胄一之制，典仪亦冠之。"

一、满俗汉制的棉甲结构图谱

定结构，分章制也是中国帝制时代服装形制的传统，从先秦两汉的上衣下裳深衣制、中古唐宋的褒衣博带，到明清的盘领（清为圆领）右衽大襟袍，不变的是十字形平面结构[1]，这种结构形制就是到了民国的改良旗袍仍在坚守。古代戎服结构从汉制的通袍到上衣下裳分属共治[2]，不变的仍是十字形平面结构，它已成为像汉字象形结构一样的中华基因。根据乾隆皇帝复制先祖努尔哈赤的甲胄，形制明显呈上下连体的通袍式样，说明在清朝之前的后金政权就继承了明代罩袍配臂铠的十字形平面结构。皇太极在盛京（今沈阳）改国号为大清，此时清甲形制为上衣下裳分属式，前挡、左挡出现，但尚存臂铠。顺治时期臂铠演变为护肩连甲袖，初具清甲基本结构形制，但甲衣配件与衣身的比例尚不稳定。康熙、雍正时期清甲结构趋于稳定，因尚未定制，故在形制方面存在差异。到乾隆时期，江山固、大阅兴，甲胄面貌也呈戎衰祀盛之势。乾隆皇帝大阅甲为上衣下裳式，前悬护心镜，左右护肩连甲袖，其下有护腋，前挡、左挡全，至此清代甲胄正式定制，上至皇帝大阅甲、亲王贝勒甲，下至职官甲、八旗兵丁甲均有系统完整的"章制"等级规定，但结构形制统一规范。

根据清代棉甲标本结构图复原显示，清早期前锋校甲与骁骑校甲为上衣下裳式，内缀铁叶，以实战功用为主导。两套甲的基本结构相同，但因未定制，其细节尚不规范，甲衣左右对称，类似马甲结构，缘边宽度也不均匀。清甲于乾隆朝正式定制，马甲结构被固定下来，章制以法典的形式严格规定不同等级军士的甲胄规制。定制前由于作战火器的大量使用，近身肉搏的铁甲逐渐失去功用，于乾隆二十四年下令大面积裁撤铁叶，改造为棉甲[3]。乾隆兵丁棉甲标本研究表明，定制后的八旗兵丁棉甲保持上衣下裳式，但内无铁叶，且棉甲标本的缘边宽度与间距均匀，甲衣甲裳裁片规整，足见乾隆盛世手工业制造的发达程度，已近乎达到标准化生产水平。清晚期棉甲虽依然为上衣下裳式，但已

---

1 十字形平面结构，最早在《古典华服结构研究——清末民初典型袍服结构考据》（作者：刘瑞璞、邵新艳、马玲、李洪蕊）一书出现，从"十字形整一性平面体结构"简化而来。相对西方服装的立体三维结构而言，中华传统服饰的十字形平面结构属于平面二维的构成方式，此种形制自有文献记载开始到20世纪初没有变过，成为中国古代服饰结构体系的标志，即十字形平面结构中华系统。
2 通袍分属共治，到清中期后，戎服的通袍分属共治集成大成者，即行袍（通袍）和棉甲上衣下裳（分属）组配成为定制一直到清朝灭亡。
3 故宫博物院：《钦定内务府则例二种（第五册）》，海南出版社，2000，第81页。

脱离马甲结构的甲衣功效，结构上出现三处较大的改变。一是甲袖与甲衣连为一体，又回到明代袍甲的十字形平面结构，形成去甲尚衣的趋势；二是甲胄面料从丝棉变成锁子锦，并出现裤饰的裤甲，这是明显弃骑射兴阅仪的忘祖写照，由于它的粉黛妆颜，到晚清被整体搬上了戏装，裤甲也变成了靠甲；三是甲裳下摆外轮廓演变为外弧线形，虽然外观依旧规整对称，但实际上规制已无存，完全无视本朝棉甲典章的存在，护件萎缩，护肩繁复，表面上看似乎是恢复汉制服章的正统，实则是一副华而不实毫无实战作用的唐甲明胄的外壳。但无论如何，它总是在满俗和汉制的博弈中消长。

纵观清代各时期棉甲结构形制，尽管在不同历史时期呈现相应的变化，但上衣下裳的十字形平面结构中华系统未变。从清早期棉甲的不规范、无秩序，到清中期定制后的规范统一，再到清晚期棉甲漠视律章而乱制，朝着华而不实的方向越走越远，最终伴随大清帝国统治的瓦解而消失在历史长河中。可以说，一段清代棉甲的演变历史，就是一部大清王朝的兴衰史，其中的重要推手就是满俗汉制此消彼长，棉甲的结构图谱可谓实证（表9-1）。

表9-1 清代棉甲结构图谱

时代	棉甲结构形制	《皇朝礼器图式》武备卷记录	行服与结构特点
清早期	前锋校甲结构 骁骑校甲结构	前锋校甲和骁骑校甲形制相同	上衣下裳，十字形平面结构，未定制

（续表）

时代	棉甲结构形制	《皇朝礼器图式》武备卷记录	行服与结构特点
清中期	皇帝大阅甲结构（康熙） 护军校棉甲结构、骁骑校棉甲和八旗兵丁棉甲结构相同	皇帝大阅甲 护军校棉甲和骁骑校棉甲形制相同 八旗兵丁棉甲	上衣下裳，十字形平面结构，已定制
清晚期	亲王棉甲结构	亲王棉甲形制（本绘）	上衣下裳，连袖，十字形平面结构，裤甲和棉甲共治，未按照典章规制成造

二、定结构，分章制

从乾隆《皇朝礼器图式》"本朝定制"的皇帝大阅甲所记图式与同时期八旗兵丁棉甲标本相比，在结构规制上并无区别，棉甲按照等级划分有五六十种之多，不同等级棉甲的结构相同，即"定结构"。"分章制"是通过面料、颜色、纹章、缘边和护件的不同配备来区分等级。高等级甲胄绣龙蟒纹等，缀金叶，兼具护心镜与甲袖，又有皇帝大阅甲和皇帝御用甲之分。皇帝大阅甲为大阅典礼当天所穿，按照典章规制对其面料、纹章、金叶数目有严格规定；御用甲胄为皇帝在大阅典礼的随行甲胄，有供奉恭瞻之功用，规制上未有明确规定，实则按照皇帝本人的喜好进行定制[1]，现存乾隆皇帝御用甲胄的面料、纹章、颜色皆有不同就是最好的例证[2]。

在亲王、将军与校尉甲之间，主要依照面料、纹章、缘边、有无甲袖和护心镜来区分等级。在清甲定制时期，规定亲王甲采用锁子锦面料，将军校尉甲采用缎料并绣有蟒纹。锦缎面料的棉甲等级高于丝绸面料的，带有甲袖的棉甲等级高于不带甲袖的，前中悬护心镜的棉甲等级高于未悬的[3]。在八旗兵丁棉甲中，面料材质均为丝绸，颜色代表所在旗属，主要通过棉甲面料的颜色和工艺来区分八旗兵丁等级高低。上三旗为正黄旗、镶黄旗和正白旗，由皇帝直接统领，下五旗由皇帝的子侄、贝勒、贝子统领，故上三旗等级高于下五旗，相应上三旗兵丁的棉甲等级也高于下五旗兵丁的棉甲等级，下五旗之间正旗等级高于镶旗[4]。但到了晚清，因军队疏于管理，棉甲的成造出现乱制现象。从这个时期的实物研究表明，仅根据清中期留下的章制已不能准确判断穿着者的身份地位。棉甲从最初顺治的"天下一统，勿以太平而忘武备"，到乾隆的"大阅清制"彰显国家武功仪式之需，最终在晚清沦为粉饰太平的道具。

清代棉甲结构相同，章制有别，成为"盖人物相丽，贵贱有章，天实为之矣"[5]的物证体现。以章制区分等级最早来源于周代衣冠的服章制度，到了清

---

1 [清]官修：《钦定大清会典》（卷六十七），刻本。
2 见表6-1，乾隆皇帝各式大阅甲胄。
3 基于《皇朝礼器图式》武备卷总结而出，清代皇帝甲、亲王甲等高等级甲均配有护心镜。
4 除上三旗等级高于下五旗外，在下五旗之间，默认正旗等级高于镶旗。总之，在八旗制度中，正旗高于镶旗。
5 潘吉星译注：《天工开物译注》，上海古籍出版社，2008。

代将其发展到极致。棉甲中所含章制元素越多,礼仪等级越高[1]。清代统治者正是通过对棉甲章制的严格界定,完成对八旗军队的等级化管理,也可以说是现代军队"番制"的雏形,是满族统治者极大限度收编汉人精英以达到巩固"文化霸权"目的的一次成功尝试[2],亦是乾隆"定祖式效汉章"治国理念在戎服文化建设中的伟大实践。

---

1 魏佳儒、刘瑞璞:《清古典袍服结构与纹章规制研究》,中国纺织出版社,2017,第328页。
2 满汉文化融合的初衷是强化满族"文化霸权",事实上成为一次成功的多元一体中华文化的伟大实践。

三、满俗汉制的棉甲"号记"信息

清太宗皇太极崇德三年（1638）清兵入关以前就有兵服制，"军事盔甲后及甲背，俱书号记，无盔甲者，衣帽后亦书号记"[1]。《钦定大清会典则例》记载，"定八旗甲背，盔缨皆用旗色号带上书衔名，文武官弁皆同"。后衍生出兵卒制服上的徽识，称为号布，"以布帛为之，或圆或方，缝缀于前胸后背，上书布帛番号"[2]。这一切都在八旗兵丁棉甲标本研究中得到证实。然而标本承载的信息远比文献记载丰富得多，往往会有重要发现，如三织造的成造信息、苏州码的商贸信息以及满文记载的军籍信息等。这些都对文献史料有重要的补充，甚至因此修改历史，无疑戎服标本"号记"研究具有重要的实物文献价值。标本在物质文化研究领域历来具有无可替代的作用，可以说，标本是历史无言的诉说者。在一件有历史的服装实物中，其所承载的信息越多，所具价值就越大。在"国之大事，在祀与戎"的帝制时代，棉甲标本承载的信息尤为重要。不同时期的标本，以其物质形态记录着历史，清早期棉甲标本内缀铁叶，表示此时甲胄尚具实战功用，它的消失无疑提供了迭代物证，甚至更多文献无法企及的历史细节。清早期棉甲标本的刺绣图案呈现晚明遗风，工艺粗糙，且护肩呈"猪耳"形状，明显表现出清早期甲胄清承明制的证据，亦提供了"满俗汉制"脉络的线索。然而，官方史料对此缺失明确记载，标本起到重要的补遗作用。

清代棉甲于乾隆朝定制，也惟乾隆一朝专门为大阅典礼斥巨资来制作兵丁棉甲，足见乾隆盛世的繁荣富庶，将八旗兵丁棉甲标本所呈现的"成造"和"号记"信息与史料文献相结合还原了这段历史盛世。第一，八旗兵丁棉甲标本与早期相比无铁叶镶缀，这是因为乾隆皇帝基于"铁叶甲亦仅军容而已……不致苦累兵丁"[3]的考虑，于乾隆二十一年下令大面积裁撤铁叶，改造为棉甲。第二，标本甲衣和甲裳均印有"乾隆二十九年第一次杭州织造监制"或"乾隆三十年分第二次杭州织造监制"的墨迹章，与史料记载"其锭钉盔甲绘书纸样，交发三处织造各成造一分"[4]相吻合。墨迹章的存在清楚反映了在

---

[1] 胡建中：《清宫武备图典》，故宫出版社，2014，第82页。
[2] 周汛、高春明：《中国衣冠服饰大辞典》，上海辞书出版社，1996，第175页。
[3] 故宫博物院：《钦定内务府则例二种（第五册）》，海南出版社，2000，第81页。
[4] 同上。

乾隆二十一年下令裁撤铁叶后，八年之间官署三织造中"杭州织造"成造棉甲的面貌，也记录了此时的生产方式。"监制"墨迹章信息既便于定期进行军器检修，也说明在乾隆朝就已出现工业化责任制的生产方式，表达了在乾隆盛世不仅体现了武备制度的管理模式，而且为我们展现了执行力的工业化水平。第三，记录棉甲成造的贸易过程，在棉甲裁片的内侧书写有中原传统贸易的苏州码，将苏州码这一汉人古老的民间商贸数记[1]应用于官营军服的贸易和成造过程，一方面说明乾隆盛世商贸系统的兴旺发达，另一方面深刻反映了清代政权广泛启用汉人经济人才和商贸方式。第四，在甲衣背部以及盔帽的护项盔缨处还绷缝有满文书写的军服所有者的军籍信息，以防"弃其部伍，混入他人部伍，或轶出本阵，往附他人尾后，或逡巡观望逗留不进"[2]，此为清代统治者根据战场上的生死心得总结出的兵服制度，既可起到约束士兵行为的作用，也是战后赏罚的重要依据，可谓现代军队"番制"的雏形。以上种种号记信息均昭示乾隆时期广纳汉制，强化"本朝"法制整饬，促经济繁荣，社会安定，八旗兵丁棉甲成为大清盛世手工业生产水平达到巅峰的"监制"成造，苏州码贸易大有他山攻错的味道。

然而，清晚期棉甲标本研究显示的信息却又是另外一种面貌。锁子锦面料、类似戏服的裈甲、衣袖连体、护件繁缛的金属装置、萎缩的功能、时有时无的左挡都说明此时的棉甲彻底符号化了，盛世后的大清王朝习惯安逸疏于训练，武艺逐渐废弛，尚武治国的方针名存实亡。

---

1 数记，号记的一种，如果布号是记录棉甲所有者的姓名、旗属、职属等军籍信息，作为苏州码的"数记"则很可能是记录棉甲面料的贸易信息，如面料的价格、品质、产地等。
2 [清]官修：《清实录·圣祖仁皇帝实录（卷169）》，中华书局，1986。

四、八旗制度与五行学说

　　作为少数民族的满族，为何能统治中国近三百年的清朝历史在学界一直争论不休，无论是新清史说还是汉化说均未能独立解答这一问题。抛开这两种观点，从文化的民族融合角度重新思考，至少可以认识包容的本质即如何取代对抗使国家繁荣进步。清代统治者将弓马骑射传统与汉统的儒释道文化两相融合，体现在八旗制度中就是附会汉文化的五行学说，尽管是附会（因为没有确凿的文献证据），如果从完整的清文化表象来看，八旗的军事制度与汉统文官国家制度的儒释道文化大融合[1]，恐怕是最符合草原文明运用农耕文化巩固政权逻辑的标志性事件。在雍正朝官修的《八旗通志》中明确指出，八旗方位是依据五行学说而定，取其相生相胜原理[2]，并于雍正六年正式奏定八旗方位[3]才有了后来的"乾隆定制"。但目前尚无证据表明努尔哈赤在创建八旗制度时是否受到五行学说的启发，故此种说法的象征意义远大于实际意义。但可以肯定的是，满族统治者入关后，为巩固"文化霸权"统治，在保留本民族尚武传统的前提下，弥补八旗制度的民族局限，就有了满八旗、蒙八旗、汉八旗，这是事实。满人政权的伟大实践，通过融合汉文化不仅获取了汉儒精英的长久支持，又使清王朝多民族统一的中华文化昭示了满族的正统，在完成制度化建构的同时也赋予了清代统治以合法继承者的身份。八旗棉甲系统深入的研究所表现出的历史细节正是满汉文化交往、交流、交融的生动而深刻的体现。

---

1 儒释道虽是三教，但在世界上是最具包容的宗教或礼教文化之一，这是被国际学术界公认的。儒道和佛教从汉开始就合久必分，分久必合。但"合"总是成为主流，故创制了儒释道的中华传统。清视藏传佛教为国教，又是一次儒释道的大融合，八旗制度以满蒙藏汉为标志的民族融合，极尽附会五行学说或是强调中华的正统。
2 [清]官修：《八旗通志》，东北师范大学出版社，1985，第17页。
3 [清]官修：《钦定八旗通志（第一册）》，吉林文史出版社，2002，第566页。

五、成也骑射败也骑射

"国之大事，在祀与戎"[1]。祀，祭祀也，在中国古代系头等大事，仪式庄严而隆重。戎，军事也，维有武功武备国家机器。可见中华民族很早就意识到国家的治理要靠礼仪典制与军戎武备。大清王朝以弓马骑射统御天下，将"尚武治国"定为国策方针有"戎进祀退"的意味。在清入关之前，由于政权尚不稳固，且长年与明军交战，故此时的甲胄以防护性能为主导，重戎轻祀是历史的必然，或是满族骑射传统的惯性。入关后的清王朝，早在皇太极时期就因治国的需要始定大阅制度，此时的清甲开始显现礼仪功用，清承明制便是由甲胄的戎与祀兼备而体现的。清代中期，国家政权逐渐稳固，满族统治者担忧国家承平日久会使军队疏于武备，故极其重视对军队的日常训练。朝廷于雍正十年颁布诏令："兵可百年不用，不可一日不备。帝王之治天下，未有不以武备为先务者。而兵丁之演习武艺，亦未有不勤加训练而能有成者……人之力量用则日增，不用则日减。如出城操演正可演习步行，又何必骑马乘车。若此等者，一经查出，必从重治罪。"[2]这一时期，棉甲兼具实战与礼仪功用，戎、祀并重也带来了以木兰秋狝、南巡演武和大阅典礼为标志的乾隆盛世。乾隆八旗棉甲成造过程所呈现的满文号记，汉人贸易的苏州码、"杭州织造监制"等信息都真实地记录着这个历史细节。清晚期，朝廷懈怠，骑射传统束之高阁，疏于对军队的训练与武备兴革，更危险的是娇饰无度、乱制成势已不可挽回。实物研究表明，晚清棉甲与其说是重祀轻戎，不如说是祀戎全废。棉甲跳脱法典规定朝着形式化、符号化方向发展，装饰手段达到极致，仅从面料、花纹、装饰、配色已不能准确辨别穿着者的身份等级，更不用说实战作用，彻底沦为粉饰太平的道具。当华丽的棉甲真的成为民间戏服时，大清王朝也就走到了历史的尽头。

可以说，大清王朝成也骑射，败也骑射。一段清代戎服的历史就是一部大清王朝的兴衰史，既是盛世的象征，也是衰世的标志。然而，不管是用于仪仗还是实战，它的每一绺盔缨，每一支翠翎，每一片铁叶，每一缕丝绦的历史褶皱都浸润在中华服饰文化之中。这些细节都反射着中华文明深厚的底色，闪耀着中华民族的璀璨光芒，成为一段非凡历史无言的诉说。

---

1 杨伯峻：《春秋左传注》，中华书局，1981，第860-861页。
2 [清]官修：《钦定八旗通志（第一册）》，吉林文史出版社，2002，第691页。

参考文献

[1] 马雅贞. 刻画战勋——清朝帝国武功的文化建构[M]. 北京:社会科学文献出版社,2016.

[2] 王成勉. 没有交集的对话——论近年来学界对"满族汉化"的争议[C]//汪荣祖,林冠群. 胡人汉化与汉人胡化. 嘉义:中正大学台湾人文研究中心,2006.

[3] Antonio Gramsci. Selections from the Prison Notebooks[M]. New York:International Publishers, 1971.

[4] 包铭新,孙晨阳. 中国古代少数民族服饰研究（匈奴、鲜卑卷）[M]. 上海:东华大学出版社,2013.

[5] 李雨来,李玉芳. 明清绣品[M]. 上海:东华大学出版社,2012.

[6] 李雨来,李玉芳. 明清织物[M]. 上海:东华大学出版社,2013.

[7] [清] 纪昀. 钦定四库全书总目[M]. 文渊阁四库全书电子版.

[8] 曾慧. 满族服饰文化变迁研究[D]. 北京:中央民族大学,2008.

[9] [清] 官修. 钦定八旗通志（第一册）[M]. 长春:吉林文史出版社,2002.

[10] [清] 昭梿. 啸亭杂录[M]//历代学人. 笔记小说大观续编. 台北:新兴书局,1973.

[11] [日] 冈田玉山等. 唐土名胜图会[M]. 日本文化二年影印版,1805.

[12] 孟森. 八旗制度考实[J]. 中央研究院历史语言研究所集刊,1936.

[13] 孙文良. 满族大辞典[M]. 沈阳:辽宁大学出版社,1990.

[14] 陈捷先,成崇德,李纪祥. 清史论集[M]. 北京:人民出版社,2006.

[15] [清]官修. 皇朝文献通考[M]. 上海:商务印书馆,1936.

[16] [清]官修. 钦定大清会典事例[M]. 台北:文海出版社,1991.

[17] [清]官修. 大清世祖章皇帝实录[M]. 北京:中华书局,1985.

[18] [清]官修. 清会典事例[M]. 台北:文海出版社,1992.

[19] 台北"故宫博物院". 大清盛世——沈阳故宫文物展[M]. 台北:"故宫博物院",2011.

[20] 王宏钧. 乾隆南巡图研究[M]. 北京:文物出版社,2010.

[21] [清]官修. 大清高宗纯（乾隆）皇帝实录（第二册）[M]. 台北:华联出版社,1964.

[22] Chuimei Ho,Bennet Bronson. Splendors of China's Forbidden City[M]. Chicago:Merrell Holberton, 2004.

[23] 庄吉发. 清史论集（二十三）[M]. 台北:文史哲出版社,2008.

[24] [清]官修. 皇朝通典[M]. 上海:商务印书馆,1936.

[25] 朱诚如,任万平. 清史图典（乾隆朝）[M]. 北京:故宫出版社,2019.

[26] [清]官修. 清实录[M]. 北京:中华书局,2008.

[27] 华服志平台. 抉微钩沉:中国古代服饰文化研究[M]. 北京:中国纺织出版社,2019.

[28] 周纬. 中国兵器史稿[M]. 北京:中华书局, 2018.

[29] 万依,王树卿,陆燕贞. 清宫生活图典[M]. 北京:紫禁城出版社,2007.

[30] [清] 讷尔经额. 兵技挚掌图说[M]. 清道光二十三年清绘本影印版,1843.

[31] [清] 官修. 清太宗文皇帝实录[M]. 北京:中华书局,2008.

[32] 故宫博物院. 钦定内务府则例二种[M]. 海南:海南出版社,2000.

[33] [清] 官修. 八旗通志[M]. 长春:东北师范大学出版社,1985.

[34] Schuyler Cammann. China's Dragon Robes[M]. Chicago:Art Media Resources Ltd, 2001.

[35] 周锡保. 中国古代服饰史[M]. 北京:中国戏剧出版社,1986.

[36] 李治廷. 新编满族大辞典[M]. 辽宁:辽宁大学出版社,2014.

[37] 魏佳儒,刘瑞璞. 清古典袍服结构与纹章规制研究[M]. 北京:中国纺织出版社,2017.

[38] 严勇,房宏俊,殷安妮. 清宫服饰图典[M]. 北京:紫禁城出版社,2010.

[39] 王云英. 清代满族服饰[M]. 沈阳:辽宁民族出版社,1985.

[40] [明] 王圻,王思义. 三才图会（中）[M]. 上海:上海古籍出版社,1988.

[41] 胡建中. 清代五朝皇帝的甲胄[J]. 紫禁城,1989 (2):36-41.

[42] 毛宪民. 清宫武备兵器研究[M]. 北京:文物出版社,2013.

[43] 宗凤英. 清代宫廷服饰[M]. 北京:紫禁城出版社,2004.

[44] 周汛,高春明. 中国传统服饰形制史[M]. 台北:南天书局,1998.

[45] 台北"故宫博物院". 故宫图像选粹[M]. 台北:"故宫博物院",1971.

[46] [明] 张廷玉. 明史（志第四十三·舆服三）[M]. 北京:中华书局,1974.

[47] 毛宪民. 清宫武备图典[M]. 北京:文物出版社,2013.

[48] 中国第一历史档案馆. 康熙起居注（第二册）[M]. 北京:中华书局,1984.

[49] [明] 郭正域. 皇明典礼制[M]. 明万历四十一年刘汝康刻本.

[50] Joanna Waley-Cohen. The Culture of War in China[M]. London:I.B.Tauris,2006.

[51] 聂崇正. 郎世宁的绘画艺术[M]. 北京:人民美术出版社, 2017.

[52] 张琼. 清代皇帝大阅与大阅甲胄规制[J]. 故宫博物院院刊, 2010 (6): 89-103.

[53] 刘瑞璞, 陈静洁. 中华民族服饰图考（汉族编）[M]. 北京: 中国纺织出版社, 2013.

[54] 孙文良. 满族大辞典[M]. 沈阳: 辽宁大学出版社, 1990.

[55] 胡建中. 清宫武备图典[M]. 北京: 故宫出版社, 2014.

[56] 钦定大清会典则例[M]. 北京: 全国图书馆文献缩微复制中心, 2005.

[57] 周汛, 高春明. 中国衣冠服饰大辞典[M]. 上海: 上海辞书出版社, 1996.

[58] [清] 官修. 清实录·圣祖仁皇帝实录[M]. 北京: 中华书局, 1986.

[59] [明] 李盘, 周鉴, 韩霖. 金汤借箸十二筹[M]. 北京: 全国图书馆文献缩微复制中心, 2001.

[60] [清] 允禄, 蒋溥, 等. 皇朝礼器图式[M]. 剑桥: 哈佛燕京学社中日图书馆, 1959.

[61] 杨伯峻. 春秋左传注[M]. 北京: 中华书局, 1981.

[62] 陈璚. 杭州府志风俗物产单行本（物产卷）[M]. 北京: 国家图书馆藏铅印本, 1924.

[63] 杭州市地方志编委会. 杭州府志[M]. 北京: 中华书局, 2008.

[64] 杭州市余杭区地方志编委会. 余杭县志[M]. 杭州: 浙江古籍出版社, 2012.

[65] 郑宇婷, 刘瑞璞. "杭州织造"乾隆八旗棉甲的规制与成造[J]. 丝绸, 2018 (10): 73-77.

[66] 国家图书馆分馆. 清代军政资料选粹[M]. 北京: 全国图书馆文献缩微复制中心, 2002.

[67] 毛宪民. 乾隆朝盔甲改造探析[C]//中国第一历史档案馆. 清代档案与清宫文化——第九届清宫史研讨会论文集. 北京: 中国第一历史档案馆, 2008.

[68] 潘吉星. 天工开物译注[M]. 上海: 上海古籍出版社, 2007.

[69] 故宫博物院, 嘉德艺术中心. 崇威耀德——故宫博物院藏清代武备展[M]. 石家庄: 河北教育出版社, 2022.

[70] 黄能馥, 陈娟娟, 黄钢. 服饰中华——中华服饰七千年[M]. 北京: 清华大学出版社, 2011.

[71] 中华世纪坛世界艺术馆. 晚清碎影: 约翰·汤姆逊眼中的中国: 1868-1872[M]. 北京: 中国摄影出版社, 2009.

[72] 夏征农, 陈至立. 辞海[M]. 上海: 上海辞书出版社, 2010: 1316.

[73] 孙晨阳, 张珂. 中国古代服饰辞典[M]. 北京: 中华书局, 2015.

[74] 刘瑞璞, 邵新艳, 马玲, 等. 古典华服结构研究——清末民初典型袍服结构考据[M]. 北京: 光明日报出版社, 2009.

附 录

附录1 清代棉甲胄复原

清乾隆大阅甲复原（正面）

清乾隆大阅甲复原（背面）

清乾隆大阅胄复原（三视效果）

附录

清晚期校尉棉甲复原（正面）

清晚期校尉棉甲复原（背面）

清中期正白旗兵丁棉甲复原（正面）

清中期正白旗兵丁棉甲复原（背面）

清中期正白旗兵丁棉胄复原（三视效果）

附录2 术语索引

1. 汉化说　　　　　3，4，225
2. 新清史说　　　　3，4，225
3. 文化霸权　　　　4，13，222，225
4. 改冠易服　　　　4
5. 骑射文化　　　　5，42
6. 戎服　　　　　　5，32，38，57，138
7. 武备制度　　　　5，8，13，138，217
8. 棉甲　　　　　　5，56，91，147，176
9. 棉胄　　　　　　54，143，177，187，195
10. 明甲　　　　　51，57，83，84，199
11. 暗甲　　　　　57，58，87，115，134
12. 二重证据法　　6，8，18，25，204
13. 满俗汉制　　　8，26，29，76，99
14. 大阅　　　　　76，83，145，155，156
15. 木兰秋狝　　　37，40，41，42，48
16. 绥柔外藩　　　42
17. 怀柔政策　　　42，44
18. 南巡演武　　　37，45，46，48，226
19. 肄武绥蕃　　　45
20. 二元戎服系统　51
21. 行服　　　　　5，14，65，66，70
22. 甲胄　　　　　87，88，93，94，132
23. 尚武治国　　　52，214，224，226
24. 上衣下裳　　　54，91，93，137，143
25. 江南三织造　　54，76，145，181，190
26. 八旗制度　　　132，137，217，225，242
27. 大阅甲　　　　56，91，92138，147
28. 图符系统　　　56
29. 垂裳而治　　　48，57
30. 乾隆定制　　　65，91，138，140，152
31. 乾隆盛世　　　144，150，178，181，182
32. 锁子甲　　　　51，58，59，60，77
33. 藤牌　　　　　32，61，62，64
34. 礼制爵序　　　73
35. 尚武文化　　　29，37，48，60，137
36. 戎礼制度　　　77
37. 清承明制　　　33，88，132，223，226
38. 右衽　　　　　69，78，89，218
39. 敬物尚俭　　　78，124
40. 马蹄袖　　　　69，70，78，94，199
41. 校甲　　　　　57，112，115，151，124
42. 骁骑校甲　　　57，100，114，124，151
43. 前锋校甲　　　124，132，134，217，218
44. 大阅文化　　　137，144，145，155，179
45. 十字形平面结构　156，157，199，218，219
46. 号记　　　　　177，178，179，187，223
47. 苏州码　　　　178，179，187，190，223
48. 杭州织造　　　180，181，182，184，190
49. 墨迹章　　　　181，182，184，187，190
50. 裈甲　　　　　194，197，198，199，202
51. 章制　　　　　4，91，134，147，152
52. 戎服文化　　　137，177，217，222，242

附录3 图录

图1-1　清早期暗甲标本图像采集

图1-2　清中期（乾隆）八旗兵丁棉甲胄标本图像采集

图1-3　清晚期亲王棉甲标本图像采集

图1-4　标本结构测绘过程

图1-5　标本信息采集的手绘和文字记录

图1-6　标本结构信息数字化整理

图1-7　标本纸样与模拟排料数字化整理

图1-8　标本织物组织与工艺信息的仪器采集

图1-9　标本与文献互证呈现

图2-1　八旗军妆之图

图2-2　京师八旗驻防与五行五色关系图

图2-3　金启孮《北京城区的满族》京师八旗驻防图

图2-4　《大阅图》（局部）

图2-5　乾隆《大阅第二图·列阵》图记

图2-6　《哨鹿图》清郎世宁绘 绢本设色(纵267.5cm 横319cm)；右图为《哨鹿图》局部，骑者为乾隆皇帝

图2-7　《乾隆皇帝围猎聚餐图》清郎世宁绘 绢本设色(纵317.5cm 横190cm)

图2-8　清乾隆《丛薄行诗意图》(局部) 清郎世宁、方琮合绘 绢本设色
(纵424cm 横348cm)

图2-9　《乾隆南巡图》第十卷江宁阅兵局部：镶白旗、正蓝旗兵丁阵营(左)与镶黄旗、正白旗校尉阵营(右)

图2-10　《乾隆南巡图》第十卷江宁阅兵局部：镶黄旗、正白旗兵丁阵营(左)与汉军绿营校尉阵营(右)

图3-1　八旗等级列表

图3-2　八旗甲胄图绘

图3-3　曾侯乙墓（左）和秦始皇陵兵马俑坑（右）出土的甲士俑

图3-4　清乾隆八旗兵丁棉甲和各部位名称

图3-5　《皇朝礼器图式（内府彩绘本）》皇帝大阅甲的背视图（左）与正视图（右）

图3-6 《皇朝礼器图式》武备卷中锁子甲的记载

图3-7 锁子甲实物

图3-8 《玛瑺斫阵图》清郎世宁绘 纸本设色(纵38.4cm 横285.9cm)

图3-9 藤牌

图3-10 《皇朝礼器图式》武备卷藤牌营兵虎衣、虎帽的记载

图3-11 《兵技执掌图说》中的藤牌营兵

图3-12 《唐土名胜图会》中的藤牌营兵

图3-13 清郎世宁绘《乾隆皇帝落雁图》及行服装备局部

图3-14 《皇朝礼器图式》武备卷皇帝冬行冠

图3-15 《皇朝礼器图式》武备卷皇帝夏行冠

图3-16 清初皇帝行服冠

图3-17 乾隆皇帝夏行冠

图3-18 《皇朝礼器图式》武备卷皇帝行褂

图3-19 清康熙帝石青缎银鼠皮行褂

图3-20 清嘉庆帝明黄色暗葫芦花春绸草上霜皮行褂

图3-21 《皇朝礼器图式》武备卷皇帝行袍

图3-22 《兵技执掌图说》兵士着行袍弓射图式

图3-23 乾隆年制灰色江绸两则团龙夹行袍

图3-24 康熙年制香色夔龙凤暗花绸皮行袍

图3-25 《皇朝礼器图式》武备卷皇帝行带的记载

图3-26 清康熙帝行带

图3-27 《皇朝礼器图式》武备卷中皇帝行裳的记载

图3-28 雍正时期梅花鹿皮行裳正背面

图3-29 清代满族大臣官服佩领的标志符号

图4-1 乾隆遣人复制努尔哈赤红闪缎铁叶盔甲和皇太极蓝缎龙纹铁叶盔甲

图4-2 明《出警图》局部 绢本设色(纵92.1cm 横2601.3cm)

图4-3 明《入跸图》局部 绢本设色(纵92.1cm 横2601.3cm)

图4-4 明《三才图会》中的盔甲与凤翅盔

图4-5 《明宣宗马上像》绢本 (纵73.3cm 横90cm)

图4-6　《明宣宗射猎图轴》绢本 (纵29.5cm 横34.6cm)

图4-7　《明宣宗行乐图》局部

图4-8　顺治锁子纹锦甲（左）和康熙石青缎绣彩云龙纹棉甲（右）

图4-9　清《康熙戎装像》和蓝缎铁叶棉甲

图4-10　清康熙明黄缎棉甲

图5-1　清早期校甲标本与《皇朝礼器图式》中所绘校甲图式

图5-2　《皇朝礼器图式》所绘骁骑校胄与清早期骁骑校胄实物

图5-3-1　清早期前锋校甲标本

图5-3-2　清早期前锋校甲标本分解正面

图5-3-3　清早期前锋校甲标本分解反面

图5-4-1　清早期正蓝旗骁骑校甲标本

图5-4-2　清早期正蓝旗骁骑校甲标本分解正面

图5-4-3　清早期正蓝旗骁骑校甲标本分解反面

图5-5-1　前锋校甲缎料结构图

图5-5-2　前锋校甲里料棉布结构图

图5-5-3　前锋校甲缎料分板

图5-5-4　前锋校甲拼接棉料分板

图5-5-5　前锋校甲里料棉布分板

图5-5-6　前锋校甲缎料排料实验

图5-5-7　前锋校甲拼接棉料排料实验

图5-5-8　前锋校甲里料棉布排料实验

图5-6-1　正蓝旗骁骑校甲面料结构图

图5-6-2　正蓝旗骁骑校甲里料结构图

图5-6-3　正蓝旗骁骑校甲面料分板

图5-6-4　正蓝旗骁骑校甲里料分板

图5-6-5　正蓝旗骁骑校甲面料排料实验

图5-6-6　正蓝旗骁骑校甲里料排料实验

图5-7　校甲标本背蟒纹比较

图5-8　前锋校甲裳和骁骑校甲裳底摆的莲花寿字纹

图5-9　校甲护肩上的西番莲纹

图6-1　《乾隆皇帝大阅图》清郎世宁绘 绢本设色 (纵332.5cm 横232.0cm)

图6-2　Adam van der Meulen 绘路易十四于1674年在贝桑松的围城

图6-3　康熙大阅甲

图6-4　康熙大阅胄

图6-5　《乾隆皇帝大阅图》清郎世宁绘 绢本设色(纵430.0cm 横288.0cm)（左）和乾隆皇帝大阅甲胄（右）

图6-6　清乾隆皇帝着随侍甲胄画像（左）和清皇帝随侍甲（右）

图6-7　《唐土名胜图会》中的皇帝、皇帝随侍及亲王甲胄整装图绘

图6-8　清佚名作旻宁戎装像 绢本设色 (纵281cm 横172.5cm)

图6-9　清人画旻宁耀德崇威图 (纵347cm 横282cm)

图7-1　八旗兵丁大阅棉甲

图7-2　正白旗棉甲胄标本

图7-3　正蓝旗棉甲标本

图7-4　镶白旗棉甲标本

图7-5　镶蓝旗棉甲胄标本

图7-6　八旗兵丁棉甲里侧展开图（各旗通制）

图7-7-1　校尉棉胄（标本一）

图7-7-2　校尉棉胄（标本二）

图7-8　镶黄旗棉胄

图7-9　镶蓝旗棉胄

图7-10　正白旗棉胄

图7-11　棉胄衬帽

图7-12　正蓝旗兵丁棉甲面料结构图

图7-13　正蓝旗兵丁棉甲里料结构图

图7-14　镶黄旗兵丁棉胄主结构图

图7-15　乾隆兵丁棉甲半成品的工艺表现（部分）

图7-16　乾隆兵丁棉甲面料和里料半成品

图7-17　乾隆兵丁棉甲面料结构图毛样复原

附录　239

图7-18　乾隆兵丁棉甲里料结构图毛样复原

图7-19　乾隆兵丁棉甲面料排料实验

图7-20　乾隆兵丁棉甲里料排料实验

图7-21　棉甲标本内侧的苏州码信息

图7-22　八旗兵丁棉甲标本中"杭州织造"的墨迹章

图7-23　棉甲标本填充丝棉显微镜图像

图7-24　棉甲贮藏的保护棉垫

图7-25　乾隆皇帝棉胄与收贮木匣

图7-26　八旗兵丁棉胄贮藏

图8-1　清《平定准噶尔回部得胜图：黑水围解》

图8-2　清代戏曲服饰的靠甲

图8-3　*Lepetit Journal*中《当革命军碰到大清军》

图8-4　清晚期棉胄

图8-5　清晚期裤甲

图8-6　清晚期职官棉甲

图8-7-1　清晚期亲王锁子锦棉甲正面

图8-7-2　清晚期亲王锁子锦棉甲背面

图8-8　清晚期棉甲标本锁子锦人字形图案和镀金甲钉

图8-9　明定陵神道上的将军石像

图8-10-1　清晚期亲王锁子锦棉甲面料结构图

图8-10-2　清晚期亲王锁子锦棉甲里料结构图

图8-11-1　清晚期亲王锁子锦棉甲面料分板

图8-11-2　清晚期亲王锁子锦棉甲面料排料实验

图8-12-1　清晚期亲王锁子锦棉甲里料分板

图8-12-2　清晚期亲王锁子锦棉甲里料排料实验

图8-13　锁子锦棉甲标本前胸行蟒团纹和甲裳正蟒团纹

附录4 表录

表1-1　清代戎服研究相关的古籍文献
表1-2　清代戎服研究相关成果文献
表1-3　与课题研究相关的国外文献
表1-4　清代棉甲胄标本系统
表2-1　满汉八旗官名对照
表3-1　各品级行褂规制
表5-1　清早期前锋校甲标本基础信息
表5-2　清早期正蓝旗骁骑校甲标本基础信息
表5-3　清早期前锋校甲标本结构数据信息
表5-4　清早期正蓝旗骁骑校甲标本结构数据信息
表5-5　清早期校甲标本织物细节
表6-1　乾隆皇帝各式大阅棉甲胄
表7-1　八旗兵丁棉甲标本基础信息
表7-2　八旗兵丁棉胄标本基础信息
表7-3　正蓝旗兵丁棉甲标本结构数据信息
表7-4　镶黄旗兵丁棉胄标本结构数据信息
表7-5　棉甲胄标本满文信息释读
表7-6　苏州码数字对照
表7-7　成造八旗棉甲胄"杭州织造"分料记述
表7-8　棉甲标本不同织物组织放大图
表7-9　棉胄标本不同织物组织放大图
表8-1　清晚期亲王锁子锦棉甲标本基础信息
表8-2　清晚期亲王锁子锦棉甲标本结构数据信息
表8-3　清晚期亲王锁子锦棉甲标本织物细节
表9-1　清代棉甲结构图谱

后 记

历史表明，清代的戎服制度早在大清建国之前的满洲就形成了。1616年，努尔哈赤以创制满文和八旗制度为标志建立了后金政权，这意味着八旗制度作为国家机器在整个大清王朝没有发生根本改变，并创造了康乾盛世的辉煌，在中国古代戎服制度建设上是一个伟大创举。然而作为建清之前反映八旗制度的戎服实物已无从可考，虽然大清建国之后，满洲后人试图复原努尔哈赤的铠甲也不过是对当朝戎服装备的翻版。但有一点是肯定的，八旗制度的连续性也必定使戎服文化保持物质信息的连续性。值得注意的是，清朝戎服系统明显地保持着秦制铠甲的遗风，可谓中华文脉传承有序。因此获得清代任何一个时期的戎服实物都成为研究的关键。

机缘巧合的是，大量成建制的清代戎服实物散藏在非博物馆系统的文化机构和民间藏家手中，这种情况有它的特殊历史背景。中华人民共和国成立之后百废待兴，文化建设也成为重要的国策之一，但由于资金不足、物质匮乏，或考虑人民的文化生活能够在短期获得改善，根据当时"保重放轻"的文物政策，就将"不具文物价值"的服饰品下拨到剧院、电影制片厂等文化机构当作道具，当然还有一些民间文化团体和私人的收藏。今天看来这些文化机构和民间收藏不仅有历史、文化和学术的研究价值，而且成为主流博物馆之外文物系统的重要补充，本课题正是得到致力于中国传统文化保护的文化机构和私人收藏者的大力支持才有了"清代戎服结构与满俗汉制"研究的学术成就。虽然文化机构保存的清中期成建制的八旗兵丁棉甲胄标本已被定级为文物，不能作为道具使用，但这也为郑宇婷作为硕士期间的研究课题提供了实物条件，以此为基础进行深入的结构研究成为可能。通过对标本的结构专题做信息采集，以此为线索进行文献、图像史料考证，在"以物证史"上确有重要的学术发现。本研究首次完整呈现了清中期棉甲分制的结构形态、装配方式、材料技术、成造机制、甲章规制等，并发现了文献史料未记录的信息，如乾隆时期三织造墨迹章、成制的年份信息，甚至发现有兵属的满文墨书、苏州码信息等，这些都极具研究价值。

本研究以清中期兵丁棉甲实物为范本，考索早清和晚清棉甲样本及实物图像史料，进行了包括将军甲、大阅甲戎服结构的系统整理。特别是清代服饰收

242　满族服饰研究：清代戎服结构与满俗汉制

藏家李雨来先生提供了晚清将军甲样本，得以通过不同时期实物研究的相互印证使清戎服的整体面貌更加丰满而系统，并赋予了历史细节的时代特征。当然有些谜题还是要做深入的学术调查。2018年2月，郑宇婷得到赴台湾访学的机会，在此期间进行了"故宫档案专题研究"课题，请教了台湾满学家叶高树教授、清史专家庄吉发教授，并进行有针对性的学术调查，为清棉甲墨迹章、成制信息、兵属满文墨书的解读提供了重要的学术帮助和线索指引。有关棉甲苏州码信息的破解，之前拜访天津清代服饰收藏家何志华先生时，在整理布料藏品中意外发现，并得到何先生释读，为解开清中期棉甲苏州码之谜提供了重要线索。正是有上述专家的倾力相助，才有了本课题的学术成果，懂此聊表谢忱。棉甲标本复原工作得到了铁心斋的大力支持，棉甲标本的信息采集、整理等基础性工作得到了团队成员陈果、朱博伟、樊苗苗、刘畅、乔滢锦的无私支持和帮助，在此一并表示感谢。

作者于2023年5月